厚**基础**·促**应用**·强**交叉**

新一代人工智能创新人才培养精品系列

人工智能多媒体计算

（微课版）

刘江 李三仟 聂秋实 章晓庆◎著

*A*rtificial Intelligence
Multimedia Computing

人民邮电出版社

北 京

图书在版编目（CIP）数据

　人工智能多媒体计算：微课版 / 刘江等著.
北京：人民邮电出版社，2025. -- （新一代人工智能创
新人才培养精品系列）. -- ISBN 978-7-115-66170-8

　Ⅰ. TP183
　中国国家版本馆 CIP 数据核字第 202576LJ56 号

内 容 提 要

　　本书内容主要包括人工智能多媒体计算概述、人工智能多媒体计算的理论基础、人工智能多媒体文本信息计算、人工智能多媒体语音信息计算、人工智能多媒体图像信息计算、人工智能多媒体动画信息计算、人工智能多媒体图形信息计算、人工智能多媒体视频信息计算、融媒体及生成式融媒体经典应用、人工智能多媒体信息融合系统、人工智能多媒体计算的未来。

　　本书涵盖了人工智能多媒体 6 大模态的概念、算法、系统及应用，适合人工智能、数字媒体技术、计算机科学与技术、信息工程等专业的学生学习，既可作为多媒体信息处理、多媒体技术、多媒体计算、多媒体应用等课程的教材，也可作为相关领域的参考书籍。

　◆ 著　　　　刘　江　李三仟　聂秋实　章晓庆

　　责任编辑　孙　澍

　　责任印制　陈　犇

　◆ 人民邮电出版社出版发行　　北京市丰台区成寿寺路 11 号

　　邮编　100164　电子邮件　315@ptpress.com.cn

　　网址　https://www.ptpress.com.cn

　　涿州市京南印刷厂印刷

　◆ 开本：787×1092　1/16

　　印张：16　　　　　　　　　　2025 年 2 月第 1 版

　　字数：399 千字　　　　　　　2025 年 2 月河北第 1 次印刷

　　　　　　　　　　定价：69.80 元

读者服务热线：(010)81055256　印装质量热线：(010)81055316

反盗版热线：(010)81055315

前　言

　　近年来，随着人工智能和多媒体技术的飞速发展与深度融合，自然语言处理、语音自动识别与生成、人脸识别、VR/AR、自动动画和视频生成等技术逐渐成熟并落地应用，极大地改变了人们的生活和娱乐方式。因此，掌握这些多媒体技术成为各行各业，特别是计算机相关专业人员的迫切需求。

　　"人工智能多媒体计算"是一门深入探索计算机领域中多媒体信息处理技术和相关人工智能计算算法的课程。这门课程旨在帮助学生全面了解人工智能多媒体计算的基本原理、技术和应用，包括文本、音频、图像、动画、图形和视频等各个模态及模态之间的交叉融合的智能计算算法。在 Google 的 Gemini、OpenAI 的 ChatGPT、GPT-4o 和 Sora，特别是 2025 年中国自主开发的影响世界人工智能行业的 DeepSeek 开源大模型等生成式大模型的推动下，人工智能多媒体计算领域不断焕发新的活力。

　　随着多媒体技术在 20 世纪的飞速发展，自 21 世纪开始，这门课的前身——多媒体信息处理课程也逐渐不再开设，单一的多媒体信息处理课程被分解成了自然语言处理、语音处理、图像处理、动画制作、计算机图形学、视频处理等多个独立的课程。然而，随着近几年机器学习和人工智能技术的不断进步和应用需求的日益多样化，多媒体各个模态人工智能计算之间的融合与借鉴变得日益重要。同时，融媒体和新媒体的快速发展，以及多媒体与人工智能技术的深度融合，都为多媒体信息处理带来了新的机遇和生机。因此，学生对于整体了解和掌握人工智能多媒体信息处理技术的需求也日益强烈。

　　南方科技大学作为一所创新型大学，始终致力于教学模式的创新。自 2020 年起，为了紧跟时代步伐并且满足学生掌握多媒体信息处理技术知识的需求，计算机科学与工程系特别开设了多媒体信息处理课程，该课程受到学生的普遍欢迎。此课程的目的是让学生深入了解并掌握多媒体信息处理技术的理论与最新发展，以适应科技发展的快速变化。这门课程不仅能帮助学生建立对多媒体信息处理及人工智能多媒体计算学习的兴趣，还注重引导学生深入学习和实践多媒体和融媒体技术并关注人工智能的最新发展动态，提高学生的应用创新能力。

　　然而，在多年的教学实践中，我们发现传统出版的多媒体信息处理教材已无法体现多媒体信息处理与现代人工智能技术的深度融合，且无法满足现代教学的需求，同时，市面上也没有适合的人工智能多媒体计算教材。因此，结合本书主编多年在"人工智能多媒体计算"课程的教学经验、研究团队长期在医学图像处理等多媒体技术和相关人工智能算法领域的科研与开发经验，以及助教和学生的反馈，我们共同打磨出了这本新教材。

　　本书在内容设计上力求平衡广度与深度，不仅涵盖了多媒体的六大模态——文本、音频、图像、动画、图形、视频的基本概念，还深入探讨了各模态的特性和人工智能算法技术。本书特别强调了各模态之间的共性和相互借鉴，展现了多媒体的多模态交叉融合趋势。同时，我们也关注到了多媒体技术日新月异的发展，本书在夯实基础理论的同时，介绍前沿知识并展望未来趋势。此外，本书还融入了大量中国科技人员开发的原创人工智能多媒体计算算法和系统案例，旨在培养学生的工匠精神、科技报国的情怀和使命感，实现育人与育才的统一。

本书精心划分为四部分：引言篇、理论基础篇、人工智能多媒体计算篇以及多媒体融合和应用篇。引言篇概述了多媒体的基本概念和研究热点；理论基础篇介绍了人工智能多媒体计算的数学基础、信号处理基础、信息论基础和人工智能基础；人工智能多媒体计算篇详细探讨了六大模态的处理技术；多媒体融合和应用篇则重点关注跨模态融媒体系统和多媒体技术在各行业的应用。此外，在后记部分，我们收录了学生对这门课程的真实评价，展现了教学相长的美好画面。

本书全面涵盖了多媒体六大模态的概念、算法、系统及应用，非常适合计算机科学与技术、信息工程、电子信息等专业的本科生和研究生学习。它既可作为人工智能多媒体计算、多媒体信息处理、融媒体计算、多媒体技术、多媒体计算、多媒体应用等课程的教材，也可作为相关领域的参考书籍。教师们可根据课程计划和专业需求，灵活选择并重点讲解教材中的相关内容。我们相信，通过学习这本教材，学生将能够深入理解和掌握人工智能多媒体计算技术的核心知识，为未来的科技发展和创新做出自己的贡献。

本书由南方科技大学的刘江、李三仟、聂秋实、章晓庆等多位老师与同学共同编著。在此，我们特别感谢 iMED 智能医疗影像团队的集体智慧与贡献，特别是直接参与本书编写和本课程教学的张慧红、侯文俊、张嘉奇、邱忠喜、孙清扬、郭梦杰、李衡、俞向阳、胡凌溪、卢小汐、杨冰、虞快、林俊杰、彭佳欣等团队成员。他们的专业知识与丰富经验为本书增色不少，也让我们对人工智能多媒体计算技术的未来充满信心。

在此，笔者衷心感谢南方科技大学教学工作部、工学院和计算机系的大力支持。正是有了学校各方的鼎力相助，本课程的研发与实施才得以顺利推进，并且同期上线了配套的慕课。同时，感谢南方科技大学过去 5 年学习过"多媒体信息处理"课程的同学们，你们的热情与支持是本书写作的动力。期待我们和广大读者共同推动人工智能多媒体计算技术的发展与应用！

然而，由于笔者水平有限，加之人工智能多媒体计算技术日新月异，书中内容难免存在不足之处。我们诚挚地欢迎广大读者提出宝贵的批评与建议，帮助我们不断完善和提高。您的反馈将是我们改进的动力，也是我们不断提升教学质量的重要参考。我们深知，学习是一个永无止境的过程，特别是在人工智能多媒体计算这一充满挑战与机遇的领域。我们将持续关注行业动态，不断更新课程内容，努力为学生提供最前沿、最实用的知识和技能。

刘江

2025 年 2 月

目　录

第1章
人工智能多媒体计算概述

2021 年，Facebook 宣布更名为 Meta，并表示其未来发展的战略重心是元宇宙（Metaverse）。一时间，元宇宙这一名词引起了全世界的广泛关注，这背后离不开近些年来人工智能多媒体计算技术的快速发展。

本章首先介绍什么是媒体、常见媒体类型以及数字媒体，其次介绍多媒体与融媒体以及人工智能多媒体计算的概念，然后介绍人工智能多媒体计算发展历程中的 7 个里程碑式成果，接着分别介绍贯穿本书且能够体现人工智能多媒体技术发展特色的 6 大多媒体模态人工智能计算技术的发展阶段，最后总结人工智能多媒体计算的产业结构和具有代表性的行业应用领域。

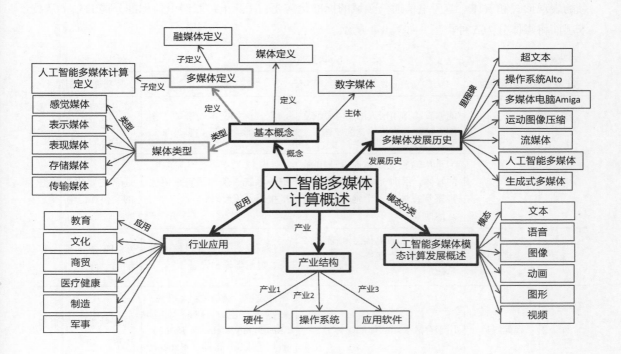

1.1 媒体与人工智能多媒体计算的基本概念

1.1.1 媒体定义及类型

媒体（Media）这一名词源自拉丁语"Medius"，字面意思为"两者之间"，旨在突出它是信息发送者与信息接收者之间的桥梁或工具。简单来说，媒体就是信息传递的媒介，如日常生活中的书籍、报纸、电视、互联网等。它们以各自独特的方式，将信息传递给广大受众，满足人们对不同层面的信息的需求，同时也促进了不同文化之间的交流和进步。

在人工智能多媒体计算领域中，媒体根据两种不同形式有以下对应的含义。

（1）从表现形式上看，媒体是人类为传递和获取信息而创造的工具、渠道与载体，其涵盖了文本、音频、图像、动画、图形、视频等多种信息模态。其中，每一种模态都有其独特的表达方式和信息传递效果，它们相互作用，从而共同构成了多姿多彩的信息世界。

（2）从信息存储载体形式上看，媒体指代存储信息的实体，如书籍、光盘、录像带和磁盘等。在不同的时期，它们对信息的广泛传播和有效传承起着关键作用，特别是确保社会中信息的真实性和准确性。

总之，媒体是一个随时代进步而不断变化的概念。它不仅是信息的传播者和传承者，也是信息的表现形式和载体。鉴于电信通信领域的标准化需要，国际电信联盟电信标准分局 ITU-T 从技术层面将媒体分为 5 种类型，如表 1-1 所示。

表 1-1　　　　　　　　　　　　　　　　5 种媒体类型

序号	媒体类型	定义	示例	功能或用途
1	感觉媒体	能够直接作用于人的感觉器官，使人接收到直接感觉的媒体	信息，例如文本、音频、图像、动画、图形、视频	可以直接被人类感知和接收，是构成多媒体的基本元素
2	表示媒体	为了传输感觉媒体而设计出来的媒体，借助于某种编码形式，将感觉媒体从一个地方发送到其他地方	编码系统，例如语言编码、电报码、条形码	通常主要用于数据的交换和传输
3	表现媒体	用于通信中的电信号和感觉媒体各个模态之间产生转换用的媒体	硬件设备，例如键盘输入设备、显示器输出设备	承担信息的输入和输出
4	存储媒体	用于存放表示媒体的媒体	硬件设备，例如硬盘、软盘、磁盘、光盘、只读存储器（Read-Only Memory，ROM）、随机存取存储器（Random Access Memory，RAM）	负责数据的存储和保留
5	传输媒体	用于传输某种媒体的物理媒体	硬件设备，例如双绞线、电缆、光纤	支撑数据的传输和通信

这 5 种媒体类型在电信通信领域中各自扮演着重要的角色，共同构成了信息表示、存储、传递和接收的完整过程。

1.1.2　数字媒体

数字媒体是指以二进制数的形式记录、处理、传播、获取信息的载体。这些载体不仅包括文本、音频、图像、动画、图形和视频等感觉媒体，还有表示这些感觉媒体的表示媒体，以及用于存储、传输和呈现表示媒体的传输媒体、存储媒体和表现媒体，它们统称实物媒体。实物媒体不仅包括计算机、手机等智能终端设备，还包括各种传感器、摄像头、麦克风等输入设备，以及显示器、打印机、音响等输出设备。

2005 年，科技部牵头制定的《2005 中国数字媒体技术发展白皮书》中也对数字媒体这一概念进行了定义：数字媒体是数字化的内容作品，以现代网络为主要传播载体，通过完善的服务体系，分发到终端和用户进行消费的全过程。这一定义强调数字媒体的传播载体是互联网和移动网络，将书籍、光盘、录像带等传统信息载体排除在数字媒体的范畴之外。

从学科角度来看，数字媒体技术是一门专业，主要是学习和研究数字媒体信息的获取、处理、存储、传播、管理、安全、输出等相关的理论、方法、技术与系统，主要涉及计算机技术、通信技术和艺术设计等知识的综合应用。

1.1.3　多媒体及人工智能多媒体计算

多媒体这一名词源自英文单词"Multimedia"，其由"Multiple（多样的，多功能的）"和"Media（媒体）"复合而成。从字面上来理解，多媒体就是两种及两种以上媒体的组合或综合，包括文本、音频、图像、动画、图形、视频等媒体模态。从信号处理角度来看，多媒体的本质是对自然存在的各种媒体进行数字化，随后利用计算机对这些数字信息进行处理或加工，并通过一种友好的人机互动方式呈现给用户。

多媒体与多媒体信息处理

在人工智能多媒体计算领域，多媒体通常指两种或两种以上表示媒体的一种人机交互式信息交流和传播的媒体。

多媒体技术一般指通过计算机技术对文本、音频、图像、动画、图形、视频等各种媒体信息进行数字化采集、编码、存储、传输、解码和再现，并且使多种媒体信息之间建立逻辑关系，从而形成一个用户友好的交互系统。简而言之，多媒体技术就是对多样化的媒体模态信息进行综合处理和管理的技术，使用户能够通过与多种智能设备进行实时信息交互，丰富多媒体信息的呈现方式，增强用户的交互体验。多媒体技术具有以下特点。

1. 多样性

早期的计算机只能处理数值、文本以及经过特殊处理的图形或图像等单一的媒体模态，而多媒体计算机可以综合处理文本、图形、图像、动画、音频和视频等媒体模态，这不仅改变了计算机处理信息的单一模式，也使人们可以快速交互地处理各种信息的混合体。

2. 集成性

多媒体技术可以说是包含了当今计算机领域最新的硬件和软件技术，它将不同性质的媒体和设备集成为一个整体，并以计算机为中心综合地处理各种信息。

各种类型的信息媒体在计算机内不是孤立、分散的，而是互相关联的。这种关联并不是简单的罗列叠加，而是对信息进行各种重组、变换和加工，把它们集成为一个新的应用系统。

3. 交互性

交互性是指用户与计算机之间的信息双向处理，这是多媒体应用区别于传统信息交流媒体的主要特点之一。传统的信息交流媒体（如报刊、电影等）只能单向地、被动地传输信息；而多媒体技术的交互性（指人通过计算机系统进行信息的加工、处理和控制）通过交互与反馈，使人们更加注意和理解信息，增加了人们的参与积极性，同时增强了有效控制和使用信息的效率。

4. 实时性

实时性是指在多媒体系统中，音频和视频是实时的，多媒体技术需要提供对这些与时间密切相关的媒体进行快速处理的能力。

融媒体（Convergence Media）又称媒体融合，最早由尼古拉斯·尼葛洛庞帝（Nicholas Negroponte）提出。美国麻省工学院普尔（Ithiel de Sola Pool）教授在《自由的技术》一书中提到，媒体融合是指各种媒体呈现多功能一体化的趋势。它是一个理念，以发展为前提，旨在综合多媒体的优势和特点，使单一媒体的竞争力变为传统媒体和新媒体共同的竞争力。融媒体不是一个独立存在的媒体形态，而是整合与利用广播、电视、互联网的优势，使其功能、手段、价值得以全面提升的一种运作模式。融媒体十分符合新质生产力的定义，新质生产力代表了先进生产力的演进方向，是由技术革命性突破、生产要素创新性配置、产业深度转型升级而催生的先进生产力质态。

在本书中，融媒体的定义是对现有多媒体的定义的一种延伸，对文本、音频、图像、动画、图形、视频等两种及两种以上媒体模态信息进行有机融合，生成已明确定义的或不确定的媒体信息，是人工智能多媒体计算技术发展到一定阶段的里程碑式成果，对推动社会发展和文明进步具有重要作用。

人工智能多媒体计算是多媒体技术和人工智能计算（Artifical Intelligent Computing）技术的有机结合体，目前，学术界和工业界对人工智能多媒体计算还没有一个统一的定义。从字面上来定义，人工智能多媒体计算是指利用多媒体技术和人工智能技术对文本、音频、图像、动画、图形、视频等不同媒体信息类型进行处理加工、分析和理解，以智能且方便用户使用的方式将媒体信息呈现给用户。

从学科角度来看，人工智能多媒体计算是一门高度综合且交叉的学科。它不仅涉及多媒体信息的采集、处理、存储、传输和显示，还融合了计算机科学与技术、数字媒体技术、人工智能、电子科学与技术、通信与信号处理、信息论、控制论、哲学、认知科学、神经生理学等多种不同学科的知识与技术，是一个动态发展的学科。

从新质生产力角度来看，人工智能多媒体计算技术或学科是发展新质生产力的时代产物，有利于推动社会进步和生产力发展。

1.2 人工智能多媒体计算的发展历史

人工智能多媒体计算的发展历史可追溯至 20 世纪 50 年代，在过去的 70 多年时间里，在计算机技术、电信通信技术和人工智能技术的推动下，人工智能多媒体计算领域经历了多轮快速且全面的变革。本书主要列举了人工智能多媒体计算技术发展过程中的 7 个里程碑式成果，如图 1-1 所示。

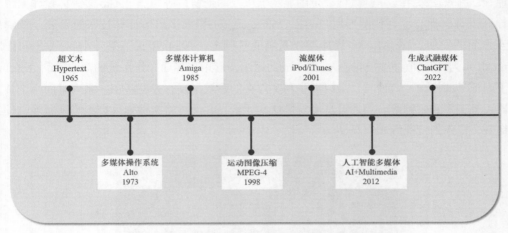

图 1-1　人工智能多媒体计算发展的 7 个里程碑式成果

1.2.1　人工智能多媒体计算发展的第 1 个里程碑：超文本

超文本（Hypertext）简单来说是一种电子文档，用超链接的方法将其中的文字链接到其他文字或文档，通常使用超文本标记语言（Hyper Text Markup Language）来实现。牛津英语词典对"超文本"的定义为：一种并不形成单一系列、可按不同顺序来阅读的文本，特别是那些以让这些材料（显示在计算机终端）的阅读者可以在特定点中断对一个文件的阅读以便参考相关内容的方式相互连接的文本与图像。

超文本的概念源于万尼瓦尔·布什（Vannevar Bush），他在 20 世纪 30 年代提出了一种叫作Memex（Memory Extender，存储扩充器）的设想，同时预言了文本的一种非顺序性结构，并写成了文章，即 1945 年在《大西洋月刊》正式发表的"As We May Think"。他建议在有思维的人和所有的知识之间建立一种新的关系。然而，限于当时的条件，布什的思想并没有变成现实，但是他的思想对人工智能多媒体计算的发展产生了巨大影响。后来，美国斯坦福研究院的道格拉斯·英格尔伯特（Douglas Engelbart）将布什的思想付诸实施，开发的联机系统 NLS（No-Line System）已经具备了若干超文本的特性。

然而，超文本这一新创造的术语，是美国学者特德·纳尔逊（Ted Nelson）于 1965 年正式提出的。纳尔逊对超文本的解释是：非连续性写作（Non-Sequential Writing），即分叉的、允许读者做出选择、最好在交互屏幕上阅读的文本。这种非线性的文本组织方式极大地提升了信息获取的便捷性，对人工智能多媒体计算领域和现代文化的发展起着重要的作用。

超文本的出现有助于构建不同媒体模态信息的集合，从而加快了多媒体信息传输和传播速度，同时也对融合不同媒体模态信息处理的多媒体操作系统提出了迫切需求。

1.2.2　人工智能多媒体计算发展的第 2 个里程碑：多媒体操作系统 Alto

人工智能多媒体计算发展的第 2 个里程碑是由 PARC（Palo Alto Research Center）公司于 1973

年推出的多媒体操作系统 Alto，如图 1-2 所示。Alto 系统集成了视窗、图标、菜单和指针等先进设计理念，并首次采用了三键鼠标、位图显示器以及图形窗口等功能。Alto 多媒体操作系统的出现使计算机首次拥有了现代图形用户界面，推动了人工智能多媒体计算技术的发展，特别是人机交互方面的发展。在 Alto 多媒体操作系统的基础上，1984 年，苹果（Apple）公司推出了 Macintosh 系列计算机（简称 Mac），是首个成功运用图形用户界面操作系统的商业产品。Macintosh 引入了虚拟桌面概念，文件与目录以纸张和文件夹的形式呈现，并配备了一系列桌面小工具，如计算器、笔记本和时钟等。用户可自由安排这些元素，并通过将文件拖入废纸篓来删除文件，极大地提升了操作的便捷性和直观性。

图 1-2　Alto 操作系统

Alto 多媒体操作系统的出现和发展，为以后的多媒体计算机的诞生奠定了基础。

1.2.3　人工智能多媒体计算发展的第 3 个里程碑：多媒体计算机 Amiga

人工智能多媒体计算发展的第 3 个里程碑是 1985 年多媒体计算机 Amiga 的出现。许多人将 Amiga 出现的 1985 年定义为多媒体的元年。Amiga 计算机最开始由 Amiga 公司开发，随后 Commodore International 公司收购了 Amiga 公司，并在 1985 年正式推出 Amiga 计算机，如图 1-3 所示。Amiga 不仅仅是一台能够处理多媒体信息的计算机，也是一个能够为用户提供全方位、高质量多媒体体验的人机交互平台。下面从人工智能多媒体计算系统的硬件、操作系统以及软件 3 个方面来分析 Amiga。

（1）硬件方面：Amiga 的处理器主频为 50MHz 或更快，确保了流畅的用户体验和高效的多媒体模态信息处理能力。通过添加加速卡，用户甚至可以为其配备一个 G4 处理器，从而进一步提升系统的性能，满足复杂和高级的多媒体模态信息处理需求。同时，Amiga 还是第一代具有真彩显示的计算机之一。

（2）操作系统方面：Amiga 所搭载的专属 AmigaOS 由 C 语言和汇编语言写成，十分精简，所有的操作系统都在 512KB 的 RAM 空间中。AmigaOS 不仅能够高效处理 32 位的指令集，还引入了优先级别任务处理机制，显著提升了多任务处理的能力，使用户在进行多媒体操作时能够体验到流畅和高效的计算环境。AmigaOS 的这些特性使其在人工智能多媒体计算领域具有显著优势，其精简的设计和高效的性能使 Amiga 计算机在处理图像、音频、视频等多媒体信息时表现出色。

（3）软件方面：Amiga 能够通过软件仿真运行 Windows 和 macOS 操作系统的应用程序。值得注意的是，macOS 1984 年推出，而 Windows 在 1985 年才刚刚起步，能够在那个时期实现跨平台的应用程序运行，无疑是一个了不起的创新。这种跨平台运行 Windows 和 macOS 操作系统的能力，进一步拓宽了 Amiga 多媒体计算机的应用范围。

图 1-3　Amiga 多媒体计算机

自 Amiga 多媒体计算机发布以后，人工智能多媒体计算进入了一个高速发展期。苹果公司研发的 Macintosh 媒体计算机产品具有强大的支持多媒体的硬件设计与友好的图形界面。微软公司发布了基于视窗的 Windows 系列操作系统，全面支持多媒体功能。其中 Windows 98 系统更是直接用 Internet Explorer 取代了传统的窗口形式，全面支持多媒体及互联网。

多媒体计算机的发展促进了多媒体信息的获取与传播，以及人工智能多媒体计算技术的应用，但也暴露了多媒体计算机的存储空间不足与传输速率过慢等弊端，限制了人工智能多媒体计算技术的进一步发展。为此，研究人员通过尝试开发人工智能多媒体计算算法和制定相应的国际标准来突破这些限制。

1.2.4　人工智能多媒体计算发展的第 4 个里程碑：运动图像压缩 MPEG-4 标准

人工智能多媒体计算发展的第 4 个里程碑是 1998 年 10 月推出的运动图像压缩 MPEG-4 标准（如图 1-4 所示），主要内容包括视频、音频、系统、一致性测试、软件仿真和多媒体综合框架等。MPEG 实际上是运动图像专家组（Moving Picture Experts Group）的缩写，是国际标准化组织（ISO）和国际电工委员会（IEC）共同建立的联合技术委员会 1（JTC1）的第 29 分委员会（SC29）第 11 工作组（WG11），该工作组主要是对多媒体视频、音频和系统进行标准化。相较于之前的 MPEG-1 和 MPEG-2，MPEG-4 具有更高的交互性及灵活性，是主要针对数字电视、交互式绘图应用、交互式多媒体等整合及压缩技术的需求而制定的国际标准。MPEG-4 不仅拓展了视频变换编码、视频运动估计与运动补偿、量化技术、熵编码技术，也实现了基于内容的交互功能。

MPEG-4 通过引入现代图像编码，实现了视频和视频中的音频、图像、文本等多种媒体类型的融合。它对运动图像中的内容进行编码，具体的编码对象就是图像中的"AV（Audio and Video）对象"，即音频和视频。连续的 AV 对象组合在一起通常称为 AV 场景。这种基于对象的编码方式使 MPEG-4 能够针对特定的媒体对象采用有针对性的编码策略，从而在保证高效压缩空间的同时，最大限度地保留了原媒体的特性。

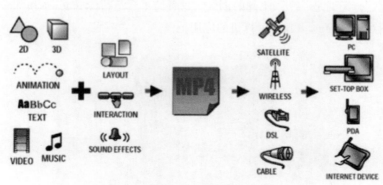

图 1-4　MPEG-4 标准

　　MPEG-4 标准的诞生带来了多媒体视频处理技术的全新时代，在技术上实现了真正意义上的融媒体创新。它不仅能够提供高质量的视频压缩，确保信息的有效传递与存储，而且支持音频、图像、文本等多种媒体类型的集成，实现了多媒体元素的深度融合。这种技术上的优化使多媒体视频在表达形式和内容上变得更为丰富多样，为用户带来了更为沉浸式的体验，进一步推动了多媒体产业的创新与发展。

　　在 MPEG-4 标准的推动下，多媒体视频处理技术在多个领域得到了广泛应用。从电影制作、实时监控、电视广播，到在线教育和远程会议，多媒体视频已经成为人们信息传播和交流的重要手段。

　　MPEG-4 标准缓解了存储空间不足与传输速率过慢的限制，多媒体内容的实时传输和播放技术也随即被开发并投入到实际应用中。

1.2.5　人工智能多媒体计算发展的第 5 个里程碑：iPod/iTunes 及流媒体

　　人工智能多媒体计算发展的第 5 个里程碑是苹果公司于 2001 年推出的 iPod（如图 1-5 所示）/iTunes 以及日益普及的流媒体技术。第一款 iPod 便携式数字音频播放器配备了 5GB 的硬盘，可播放约 1000 首歌曲，并提供了长达 10 小时的播放时间，使用户可以方便地浏览和选择音乐。

　　iTunes 则是苹果公司开发的一款媒体播放器、媒体库、互联网广播播放器以及移动设备管理工具。用户可以使用 iTunes 来管理自己的音乐、影片、电视节目等媒体内容，还可以将这些内容同步到 iPod 等苹果设备上。iPod 与 iTunes 的结合为用户提供了无缝的多媒体体验。作为数字音乐播放器的代表产品，iPod 和后来的 iPod mini、iPod shuffle、iPod

图 1-5　iPod

nano、iPod touch 等系列产品改变了人们享受音乐的方式，并对整个音乐行业产生了深远的影响。直到 2022 年，苹果宣布 iPod touch 将在库存耗尽后停止销售，标志着 iPod 结束了其历史使命。

流媒体（Streaming Media）技术的历史可以追溯至 20 世纪 90 年代，用户对多媒体视频和音频的实时传输和播放的强烈需求促进了其诞生。1994 年，RealNetworks 公司开发的 C/S 架构音频接收系统 RealAudio 标志着流媒体技术正式在互联网上应用，并引领了后来网络流式技术的发展潮流。

流媒体技术是通过离散余弦变换（Discrete Cosine Transform，DCT）或者 MPEG-4 等算法将一连串的多媒体数据压缩后，利用流媒体缓冲技术，在互联网上分段发送数据，实现在线即时传输影音以供观赏的一种技术。例如，在 iPod 的初期阶段，用户需要将音乐文件从计算机传输到 iPod 中进行播放。而随着流媒体技术的兴起和发展，iPod 也开始支持流媒体音乐播放。用户可以直接在 iPod 上通过互联网流媒体服务收听和下载音乐，极大地拓宽了用户获取音乐的渠道，也促进了流媒体技术的发展。

流式传输是实现流媒体的关键技术，主要有两种实现方式：顺序流式传输（Progressive Streaming）和实时流式传输（Real-Time Streaming）。顺序流式传输是按照前后次序下载多媒体，即用户只能看到下载的部分。这种方式很适合标准的 HTTP 服务器（包括 FTP 服务器），不需要特殊的传输协议。其优点是播放质量高，传输途中无损耗，适合在影视片的片头、广告或细节内容等高质量的短片段中采用；但用户等待的时间稍长，尤其是连接速度慢的时候。它采用流媒体服务器和专用的传输协议，保证媒体信号带宽与网络连接相匹配，实时传送节目，用户还可以和使用录像机一样用快进键或后退键重复观看前后的内容。实时流式传输很适合实况转播，它对带宽有一定要求，网络拥挤时视频质量难以得到保证。实时流式传输不但需要专用服务器，还需要特殊的网络传输协议。

流媒体数据传输需要缓冲，以弥补网络在包传输时带来的时延和抖动的影响，保证数据包的顺序正确，使媒体数据能够连续输出，不会因网络阻塞而使播放停顿。流媒体都需要采用高效的压缩算法，将庞大的多媒体文件压缩成适合流式传输的短小文件，经过流媒体服务器，修改 MIME（Multipurpose Internet Mail Extensions，多用途互联网邮件扩展）标识，通过各种网络实时协议传送。RTP（Real-Time Transport Protocol，实时传输协议）和 RTCP（Real-Time Transport Control Protocol，实时传输控制协议）的配合使用可有效地提供流量控制和拥塞控制服务，特别适合传送网上的实时数据。RTSP（Real-Time-Streaming Protocol，实时流协议）使多媒体数据能有效地通过 IP 网络传送，从而使一对多应用程序可以通过 IP 网络进行多媒体数据的传送，多个客户端可以同时播放同一数据流或不同的数据流，并且客户端可以动态地改变数据流。这些技术极大地促进了多媒体的广泛传播。RSVP（Resource ReSerVation Protocol，资源预留协议）则预留一部分网络资源（即带宽），以减少音视频对网络时延的敏感度，从而为流媒体的传送提供一定的服务质量保证。

与此同时，2001 年微软推出的操作系统 Windows XP 标志着多媒体操作系统在用户界面设计上已经可以优化用户体验。GUI（Graphical User Interface，图形用户界面）以其直观、易用的特点逐步取代了命令语言界面，成为现代软件界面的主导形式，改变了人们与计算机的交互方式。

进入 21 世纪以后，随着计算机硬件的快速发展，特别是 GPU（Graphics Processing Unit，图形处理器）、人工智能技术与多媒体处理技术的进一步结合，推动人工智能多媒体计算进入了一个黄金发展阶段。

1.2.6 人工智能多媒体计算发展的第 6 个里程碑：人工智能多媒体

人工智能多媒体计算发展的第 6 个里程碑是人工智能多媒体，其起源于 2006 年人工智能顶级科学家杰弗里·辛顿（Geoffrey Hinton）等人在国际顶级期刊《自然》上发表的《深度学习》论文。华人科学家李飞飞领导构建的 ImageNet 图像数据库在推动基于深度学习的人工智能多媒体计算领域发展方面起着重要的作用。2012 年，辛顿和他的学生亚历克斯·克里切夫斯基（Alex Krizhevsky）提出的深度神经网络算法 AlexNet（如图 1-6 所示）在 ImageNet 大规模视觉识别挑战赛（ImageNet Large Scale Visual Recognition Challenge，ILSVRC）中以巨大优势获得了冠军，展现了人工智能深度学习技术在推动人工智能多媒体计算领域发展方面的巨大潜力。2016 年，人工智能顶级科学家何恺明博士提出的残差神经网络模型 ResNet 解决了构建深度神经网络中的梯度消失问题。各种不同的深度神经网络模型和深度学习技术被开发出来用于处理不同的多媒体信息处理任务（涉及图像识别、语音识别、自然语言处理、视频处理、图形重建和动画制作等），并不断取得成功。这些科研进展推动了多媒体处理技术与人工智能的深度融合，也使这两个学科的边界变得日益模糊。

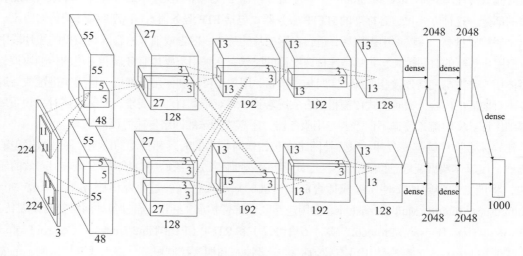

图 1-6 AlexNet

生成式人工智能（Artificial Intelligence Generated Content，AIGC）的快速发展，进一步推动了人工智能多媒体计算的发展。如 Open AI 公司研发的 ChatGPT 以及 Sora，为多媒体内容的生成与处理提供了全新的解决路径和思路，同时也为人工智能多媒体计算领域的发展注入了新的内涵，使其进入下一个发展阶段。

1.2.7 人工智能多媒体计算发展的第 7 个里程碑：生成式融媒体

人工智能多媒体计算发展的第 7 个里程碑是生成式融媒体的兴起，这背后离不开近些年来 AIGC 技术的飞速发展。AIGC 是指基于生成对抗网络、大型预训练模型等人工智能技术方法，通过对已有数据的学习和识别，以适当的泛化能力生成相关内容的技术。生成式融媒体具有代表性的产品或软件是 OpenAI 公司开发的 ChatGPT 和 Sora。

ChatGPT 作为一个基于 AIGC 和人工智能多媒体计算技术研发的生成式对话系统，可以根据用户的输入进行个性化回复。它融合了多种先进的技术，如语言模型、Transformer 模型、预训练、微调、分词、集束搜索以及 GPU 加速等。这些技术（如表 1-2 所示）的结合使 ChatGPT 能够生成连贯、上下文相关的回复，并在各种多轮对话任务中展现出强大的生成能力。

表 1-2　　　　　　　　　　　　　　　　ChatGPT 的技术基础

序号	组件/原理	描述
1	语言模型	基于 OpenAI GPT 语言模型构建，通过大规模语料库学习自然语言，生成自然的文本
2	Transformer 模型	基于注意力机制的序列到序列模型，通过编码器和解码器将输入序列转换为输出序列
3	预训练	在大规模文本数据上进行自监督学习，学习语言模式和语义表示，通过预测下一个词或掩码来学习词汇、语法和上下文关联
4	微调	在特定任务上进行训练，根据任务目标优化模型行为，生成符合特定任务需求的响应
5	分词	将输入文本转换为一系列标记（tokens），使用字节对编码算法（Byte Pair Encoding，BPE）进行分词，将单词或其他符号分解成更小的子单元
6	集束搜索	一种启发式图搜索算法，在生成回复时，会选择最佳的 N 个候选回复，并从中选择得分最高的作为最终回复
7	GPU 加速	利用 GPU 提高模型训练和推断的速度，增加计算效率

Sora 的主要深度神经网络模型是 Transformer 架构，同时还包括 Spacetime Patch 和 Diffusion Transformer 技术（如表 1-3 所示）。这些技术的成功融合使 Sora 在生成视频的质量和时长上远超以前的其他算法和产品（如 Runway 的 Gen-2、Pika Labs 的 Pika 1.0 和 Google 的 VideoPoet 等），它能够生成长达 1 分钟的有运动、多机位视频，并且带有世界模型的特质。ChatGPT 和 Sora 的出现进一步拓展了生成式多媒体在其他领域的应用前景，如文学创作、电影动画制作、商业营销、工业制造、医疗健康和生物制药等。

SORA

表 1-3　　　　　　　　　　　　　　　　Sora 的技术基础

序号	技术/架构	描述
1	Transformer 架构	为自然语言处理任务提供强大的处理能力，是 Sora 技术的重要组成部分
2	Spacetime Patch 技术	作为 Sora 的核心技术之一，允许用户通过文本描述精确指定图像或视频中的特定区域，并进行时间或空间上的修改，提高了视频编辑的灵活性和精度
3	Diffusion Transformer 技术	结合扩散模型和 Transformer 架构，为 Sora 提供更强大的生成能力，生成高质量视频内容，处理复杂场景和细节表现出色

1.3　人工智能多媒体模态计算技术发展概述

在人工智能多媒体模态计算发展的 70 多年时间里，文本、音频、图像、图形、动画以及视频这 6 个媒体模态人工智能计算在各自领域的发展过程中，都出现了许多重要的里程碑式成果，这些成果极大地推动了人工智能多媒体计算技术的发展。本节将对每个模态的 7 个里程碑式技术成果进行阐述，以便读者对每个模态的发展进程有清晰的认识。

1.3.1　人工智能多媒体文本信息计算的发展阶段

在人工智能多媒体文本信息计算领域的历史发展过程中，研究学者们提出的许多关键性算法对文本信息处理领域的发展起到了推动作用。本节根据时间顺序，列举 7 个人工智能多媒体文本信息计算发展的里程碑。

第 1 个里程碑是词袋（Bag of Words）模型，它是于 1954 年提出的文本表示方法，是文本信息人工智能计算的理论基础与概念。它将文本信息看作一系列词的集合，不考虑词序和语法结构。这种方法简单直接，为后续的词频统计等方法奠定了基础。

第 2 个里程碑是词频-逆文档频率（Term Frequency–Inverse Document Frequency，TF-IDF），由研究学者克伦·施拜克·琼斯（Karen Sprck Jones）于 1972 年提出。它引入统计方法来计算词在文档中的频率和词在整个文档集合中的稀有度。TF-IDF 能够量化词在特定文档中的重要性，为文本分类、信息检索等任务提供了有效的特征表示。

第 3 个里程碑是潜在语义分析（Latent Semantic Analysis，LSA）方法，又称潜在语义标引（Latent Semantic Indexing，LSI），是研究学者斯科特·迪尔韦斯特（Scott Deerwester）等人于 1990 年提出的。LSA 主要通过语义层面的探索从大量文本数据中提取潜在的主题或概念，将词和文档映射到低维的潜在语义空间，从而捕捉文本的深层语义信息。

第 4 个里程碑是知识图谱（Knowledge Graph，KG），最早由 Google 公司在 2012 年提出。同年，Google 公司正式发布了他们的知识图谱技术，旨在提升搜索引擎的智能化水平和搜索结果的相关性。知识图谱通过知识表示与推理以图的形式表示实体、概念及其之间的关系，为文本信息的理解提供了丰富的背景知识和上下文信息，促进了自然语言理解和知识推理的进步。

第 5 个里程碑是 Word2Vec 词嵌入（Word Embedding），最早涉及 Word2Vec 词嵌入技术的是由托马斯·米科洛夫（Tomas Mikolov）等人于 2013 年提出的 CBOW（Continuous Bag of Words）和 Skip-Gram 算法。Word2Vec 词嵌入是一种生成词向量的模型，旨在通过表示学习和神经网络的探索将词映射到连续的向量空间，使语义上相似的词在向量空间中也相近，为后续的文本信息人工智能计算任务提供了有效的特征表示。

第 6 个里程碑是基于循环神经网络（Recurrent Neural Network，RNN）和长短期记忆网络（Long Short-Term Memory，LSTM）的序列到序列（Sequence to Sequence，Seq2Seq）模型。Seq2Seq 模型在 2014 年由伊尔亚·苏茨克维（Ilya Sutskever）、奥里奥尔·维尼亚尔斯（Oriol Vinyals）和 Quoc Le 在论文 "Sequence to Sequence Learning with Neural Networks" 中提出。其编码器与解编码器通常基于 RNN 或 LSTM 实现，利用表示学习技术捕捉文本中的长期依赖关系，能够处理长度不固定的输入和输出序列，特别适合处理自然语言处理任务，并在文本信息人工智能计算领域中被大规模应用。

第 7 个里程碑是基于注意力机制的 ChatGPT 大模型。2020 年，OpenAI 推出聊天机器人 ChatGPT，是基于注意力机制构建设计的 Transformer 神经网络架构开发的，利用了大规模预训练和微调技术。ChatGPT 能够理解用户输入的文本，并生成连贯且符合上下文的响应，其强大的功能和灵活的生成能力，推动了生成式融媒体的出现和发展。

　　通过以上对人工智能多媒体文本信息计算领域的 7 个里程碑算法的简单介绍，可以清晰地梳理出人工智能多媒体文本信息计算技术从简单的词频统计到复杂的语义理解，再到深度学习和生成式模型的发展历程。本书在第 3 章将基于这 7 个里程碑算法来介绍人工智能多媒体文本信息计算的相关知识。

1.3.2　人工智能多媒体语音信息计算的发展阶段

　　类似于人工智能文本信息计算领域的发展历史介绍，人工智能多媒体语音信息计算也通过 7 个里程碑算法来概述其发展现状。

　　第 1 个里程碑是以语音特征分析及梅尔频率倒谱系数（Mel-Frequency Cepstral Coefficient，MFCC）为代表的语音处理早期方法。语音特征分析于 1980 年被提出，而 MFCC 则更早，它们为语音处理领域的发展奠定了理论基础与概念。

　　第 2 个里程碑是隐马尔可夫模型（Hidden Markov Model，HMM），于 20 世纪 80 年代开始流行，其通过有效的时间序列建模和特征表示能力，推动了语音识别技术的发展。

　　第 3 个里程碑是基音同步叠加（Pitch Synchronous Overlap and Add，PSOLA）算法，其于 1980 年被提出，并在 20 世纪 90 年代得到发展。PSOLA 是一种用于时间尺度修改（Time-Scale Modification，TSM）和音高调整（Pitch Modification）的信号处理技术，其基本原理是通过在基音周期位置上对信号进行切片、调整和叠加，从而实现对信号的时间或频率特性进行修改。PSOLA 的提出标志着语音合成技术取得了重大突破，推动了该领域的进一步发展。

　　第 4 个里程碑是语音压缩技术 MPEG-1 Audio Layer 3（MP3），最早是由德国工程师卡尔海因茨·勃兰登堡（Karlheinz Branenburg）及其团队在 1987 年至 1991 年期间开发和推广的。这一技术的出现极大地改变了音频的存储和传输方式，使音频文件能够以较小的体积保存，并且音质依然保持较高水准。随后，MP3 技术得到了广泛的应用和推广，特别是在数字音乐领域，它成了主流的音乐格式之一。

　　第 5 个里程碑是说话人语音识别算法中的高斯混合模型（Gaussian Mixture Model，GMM），于 1993 年被提出。该模型不仅提高了说话人语言识别的准确性，还降低了计算复杂度，使实时语音识别成为可能。

　　第 6 个里程碑是基于深度学习的语音通用技术，从 2014 年开始，深度学习语音通用技术逐渐取代传统的统计方法，并成为主流的技术路线。其通过深度学习模型来构建从语音信号到文本的映射关系，并在不同场景下实现高精度的语音识别效果。

　　第 7 个里程碑是 Whisper 语音预训练大模型，由 OpenAI 公司于 2022 年发布。它集成了多语种自动语音识别（Automatic Speech Recognition，ASR）和语音翻译的功能，采用了弱监督训练的方法，可以直接进行多任务的学习，而不需要针对特定任务进行微调。这使得 Whisper 在各种语音处理任务中都能展现出优秀的性能。

　　在本书的第 4 章会对人工智能语音信息计算的 7 个里程碑算法进行介绍，从而引出该领域的经典算法和其在医学领域的具体应用。

1.3.3　人工智能多媒体图像信息计算的发展阶段

　　人工智能图像信息计算领域是本书介绍的第 3 个人工智能多媒体模态信息计算算法，本节同样概述 7 个里程碑算法。

第 1 个里程碑是 Canny 边缘检测（Edge Detection）算法，由约翰·坎尼（John Canny）在 1986 年提出。边缘检测是计算机视觉和图像处理中的基本任务，为后续的数字图像分析和识别提供了基础。Canny 算法作为具有代表性的边缘检测算法之一，可通过计算图像中每个像素点的梯度强度和方向来检测边缘。

第 2 个里程碑是 JPEG（Joint Photographic Experts Group）图像压缩（Image Compression）算法，最早发布于 1992 年，并在之后的几年内进行了多次修订和扩展。其基本原理是利用人眼对图像细节的敏感度不同，对图像进行有损压缩，常用于存储和传输静态图像，被广泛应用于数字摄影、网络传输、打印和存储等领域。

第 3 个里程碑是经典的图像复原（Image Restoration）算法——暗通道先验（Dark Channel Prior），由何恺明等人于 2009 年在 "Single Image Haze Removal Using Dark Channel Prior" 论文中提出。暗通道先验基于一个观察，即在没有雾的图像中，大多数非天空区域中包含了一些很暗的像素。这个观察可用作先验知识估计图像中的雾气传输图，从而实现了显著的图像复原效果，已成为该领域的经典方法之一。

第 4 个里程碑是图像识别（Image Recognition）算法 AlexNet，于 2012 年被提出，推动了深度学习技术在图像识别领域的广泛应用。它通过多层卷积操作逐步抽象出更高层次的特征表示，用于更好地识别和分类图像。AlexNet 也极大地推动了深度学习技术在人工智能多媒体计算领域的应用。

第 5 个里程碑是图像生成（Image Generation）算法 GAN（Generative Adversarial Network，GAN），于 2014 年由古德费洛（Goodfellow）等人提出，其基本原理是通过设计的生成器和判别器进行对抗训练，当生成器生成的假数据足够逼真、判别器无法区分真假时，GAN 模型训练达到平衡。GAN 的出现标志着图像生成任务的飞跃发展。

第 6 个里程碑是图像目标检测（Image Target Detection）算法 YOLO（You Only Look Once），由约瑟夫·雷德蒙（Joseph Redmon）等人于 2015 年提出，其主要特点是将目标检测问题转换为一个单一的回归问题，大大提高了目标检测的速度和效率，它的出现极大地推动了该领域和人工智能多媒体视频信息计算等多媒体领域的发展。

第 7 个里程碑是图像分割大模型 SAM（Segment Anything Model），于 2023 年被 Meta AI（原 Facebook AI）公司公开发布。SAM 的核心思想是创建一个通用的、适用于各种图像分割任务的大模型，可以通过不同的提示来执行图像分割任务。SAM 展示了图像分割领域的创新和突破，为图像处理应用提供了强有力的工具，推动了该领域的快速发展。

本书的第 5 章以多模态图像信息处理任务为基础，并结合 7 个人工智能多媒体图像信息计算的里程碑算法介绍该领域的基本知识和这些算法在医学领域的具体应用实例。

1.3.4　人工智能多媒体动画信息计算的发展阶段

人工智能多媒体动画信息计算领域的算法发展根据时间线，具有从简单到复杂的特点，符合动画发展的规律。下面简单介绍 7 个人工智能多媒体动画信息的里程碑算法及技术。

第 1 个里程碑是经典的动画关键帧插值（Key Frame Interpolation）算法——贝塞尔曲线（Bézier Curve）。贝塞尔曲线最先由法国工程师皮埃尔·贝塞尔（Pierre Bézier）提出，其核心是基于控制点的线性组合来生成曲线。它通过提供平滑过渡、控制运动速度、精确运动路径等功能在动画关键帧插值中极大地丰富了动画的表现力和控制力。

第 2 个里程碑是光学动作捕捉（Optical Motion Capture）算法，其基本概念可以追溯到 20 世纪 70 年代，但真正落地应用是 1983 年，汤姆·卡尔弗特（Tom Calvert）等人开发了早期的光学动作捕捉系统。光学动作捕捉算法的提出使得动画效果高度逼真，并且显著减少了制作成本，目前还广泛应用于虚拟现实、游戏开发和医学仿真等领域，成为计算机动画制作中不可或缺的重要工具。

第 3 个里程碑是动画路径规划（Path Planning）中的 Dijkstra 算法。1987 年左右，Dijkstra 算法开始被用于角色动画和虚拟环境中角色的运动路径规划。Dijkstra 算法是一种用于计算加权图中单源最短路径的算法，能够为角色在复杂的环境中找到最短或最优路径，在不断演变和优化的人工智能动画信息计算中发挥着重要作用。

第 4 个里程碑是动画蒙皮（Skinning）算法。1988 年，艾伦·巴尔（Alan Barr）提出的局部和全局变形方法成为动画蒙皮算法的基石。动画蒙皮算法是将骨骼动画的效果应用到角色或物体表面的关键技术，在骨骼动画中，角色或物体的形状由一组顶点构成，这些顶点通过蒙皮技术绑定到骨骼上，当骨骼运动时，顶点会根据骨骼的变换进行相应的移动和变形，从而实现角色或物体表面的动画效果。动画蒙皮算法的关键在于如何分配顶点的权重和计算骨骼的变换矩阵，以确保动画效果的准确性和真实性。

第 5 个里程碑是动画物理模拟中的布料模拟（Cloth Simulation）算法。1990 年，Breen 等人提出了使用基于粒子系统的方法来预测织物的褶皱和悬垂。这一方法成功模拟了布料粒子间的相互作用，显著提高了布料的真实性。布料模技拟术的核心是物理模型的构建和数值方法的实现。通过不断地研究和优化，布料模拟能够生成高度逼真的布料效果，广泛应用于人工智能多媒体动画处理领域。

第 6 个里程碑是 Flock-and-Boid 群体动画模型，该模型在主流动画电影中的首次重要应用是 1994 年的著名电影《狮子王》的制作。但其核心思想可追溯到 1987 年克雷德·雷诺德（Craig Reynold）开发的能够模拟鸟群、鱼群和其他群体动物行为的计算及模型。《狮子王》中角马奔跑场景的制作标志这一技术的成功应用，此后该模型在计算机动画中得到了广泛应用，推动了动画群体行为模拟技术的发展和应用。

第 7 个里程碑是动画生成（Animation Generation）模型算法 GANimation，由 Aliaksandr Siarohin 等人于 2019 年正式提出，其核心是基于 GAN 的方法从单个静态图形中生成逼真的人类动画。GANimation 代表了动画生成技术的一种新方向，推动了动画技术的发展和创新，为更高效、更逼真的计算机智能动画生成方法打下了基础。

本书的第 6 章将以人工智能多媒体动画信息计算领域中出现的核心技术和算法出现的时间点为主线，分别介绍 7 个里程碑算法。

1.3.5　人工智能多媒体图形信息计算的发展阶段

人工智能多媒体图形信息计算是人工智能多媒体计算领域的一个重点发展方向，其发展与多个研究领域和学科密切相关,本节将介绍 7 个与人工智能多媒体图形信息计算发展相关的里程碑。

第 1 个里程碑是计算机图形学的诞生，伊万·萨瑟兰（Ivan Sutherland）于 1963 年完成了关于人机通信的图形系统的博士论文"Sketchpad"，这标志着图形信息处理领域的开拓。早期的计算机图形学主要关注二维图形的生成和显示，如简单的线条、形状和文本，随着计算能力的增强和算法的发展，计算机图形学的研究范围逐渐扩展到三维图形和真实感渲染。

第 2 个里程碑是图形用户界面（Graphical User Interface，GUI）。GUI 最早于 1973 年出现，它是用户与计算机等设备进行交互的图形化界面。与传统的命令行界面相比，GUI 通过直观的图形元素（如窗口、按钮、菜单等）极大地提高了用户的使用体验，使计算机变得更加易用，促进了计算机技术的普及以及人机交互领域的发展。

第 3 个里程碑是虚拟现实（Virtual Reality，VR）技术。VR 这一术语是 VPL 公司的创始人杰伦·拉尼尔（Jaron Lanier）和托马斯·齐默尔曼（Thomas Zimmerman）在 1989 年正式提出的，本质是一种可以创建和体验虚拟世界的计算机技术，它利用计算机生成的三维图形和声音，通过特殊的硬件设备（如 VR 头盔、手套等）为用户提供沉浸式的体验。虚拟现实技术最初主要用于模拟和训练，如今已广泛应用于游戏、娱乐、教育、医疗等领域。

第 4 个里程碑是 GPU。英伟达（NVIDIA）公司在 1999 年发布 GeForce 256 图形处理芯片时首先提出 GPU 的概念。GPU 是专门用于处理图形的计算机芯片，与传统的中央处理器（CPU）相比，GPU 在处理图形数据时具有更高的并行性和计算效率。GPU 的引入极大地提高了图形渲染的速度和质量，使复杂的图形效果和实时渲染成为可能。GPU 现在也被广泛应用于深度学习、高性能计算等领域。

第 5 个里程碑是 Google Glass 增强现实（Augmented Reality，AR）技术，它是一款由谷歌（Google）开发的智能眼镜，于 2013 年首次推出。Google Glass 采用 AR 技术，通过在眼镜上显示信息来扩展用户的视野和体验。它的推出标志着 AR 技术在消费电子产品的应用，也为其他 AR 产品的开发奠定了基础，推动了人工智能多媒体图形信息计算的发展和应用。

第 6 个里程碑是 Neural Radiance Fields（NeRF）图形表达，由本·米尔登霍尔（Ben Mildenhall）等人于 2020 年提出。它是一种用于生成逼真 3D 场景的神经网络模型，从有限的 2D 图像中恢复出完整的 3D 场景，并可以在新的视觉场景下渲染出极具真实感的图像。NeRF 图形表达具有直观、易理解的特点，能够更好地呈现数据的内在规律和关系，为人工智能多媒体图形信息计算带来了新的可能性。

第 7 个里程碑是三维高斯泼溅（3D Gaussian Splatting，3D-GS）图形渲染算法，由伯恩哈德·凯博（Bernhard Kerbl）等人在 2023 年提出。其利用多个各项异性的三维高斯分布球来表达静态的三维场景，并通过 Splatting 技术渲染出不同视角下的二维图像，是一种强大的点云图形渲染技术。它能通过对场景中的点云数据进行高效的渲染，从而实现逼真的效果。

在第 7 章，本书将从计算机图形学的诞生开始，按照时间线分别介绍对人工智能多媒体图形信息计算发展起着重要作用的图形学应用、硬件以及技术。

1.3.6 人工智能多媒体视频信息计算的发展阶段

鉴于人工智能多媒体视频信息计算与前面 5 个人工智能多媒体模态计算的众多方法重合，本书主要从视频的实际应用需求角度来概述人工智能多媒体视频信息计算发展中的 7 个里程碑。

第 1 个里程碑是逐行倒相（Phase Alternating Line，PAL）模拟视频，PAL 技术是德国人沃尔特·布鲁赫（Walter Bruch）在 1967 年提出的，是通过电视广播实现的，利用模拟信号将图像和声音信号传输到接收端，再通过电视机进行解码和显示。PAL 模拟视频技术在人工智能多媒体视频信息计算中具有十分重要的作用，特别是在视频传输、编码和处理等方面，提高了视频处理的效率和质量。

第 2 个里程碑是 CCIR 601 数字视频。国际电信联盟于 1982 年制定的 CCIR 601 数字视频技术逐渐取代模拟视频成为主流，数字视频技术将模拟信号转换为数字信号，通过计算机进行存储、编辑和传输。数字视频技术的出现，大大提高了视频处理的精度和效率，使视频编辑、特效制作和传输变得更加方便和高效。

第 3 个里程碑是 MPEG-4 数字视频压缩，于 1998 年提出。为了解决数字视频存储和传输过程中的数据量庞大的问题，数字视频压缩技术应运而生，该技术去除了视频信号中的冗余信息，减少了数据量，同时保持了视频质量。而 MPEG-4 数字视频压缩技术的出现，使得高清、超高清等高质量视频内容的存储和传输成为可能，推动了视频产业的发展。

第 4 个里程碑是流媒体。2001 年流媒体技术逐渐兴起，它允许用户在互联网上实时观看视频内容，无须等待整个文件下载完成。通过流媒体技术，用户可以在线观看电影、电视剧、直播等视频内容，为视频内容的传播提供了更加便捷的方式。

第 5 个里程碑是 YouTube 互联网视频。YouTube 的首个视频由贾德·卡林姆（Jawed Karim）在 2005 年上传，这标志着 YouTube 正式进入公众视野，并开始发展成为全球最大的视频分享平台之一。YouTube 的出现改变了互联网视频传播的方式，推动了用户生成内容的普及，使得互联网视频逐渐成为人们获取视频内容的主要渠道，改变了传统媒体的格局。

第 6 个里程碑是 Musical.ly 短视频。2014 年 Musical.ly 在中国上海正式发布，它以时间短、内容精炼、易于传播为特点，逐渐成为人们记录生活、分享经验的重要方式。Musical.ly 的创新和成功很大程度上塑造了现代短视频平台的特点和功能，为抖音、快手等其他短视频平台的兴起提供了基础，为短视频内容创作产业带来了新的机遇和挑战。

第 7 个里程碑是 Sora 视频生成。2024 年发布的 Sora 是随着近年来生成式人工智能技术的发展而兴起的一种视频处理技术，它利用深度学习、多模态融合等算法，让计算机自动生成视频内容。视频生成技术的出现，为视频制作领域带来了革命性的变化，同时，也为用户提供了更加个性化、定制化的视频体验。

本书的第 8 章会以不同于前面 7 章的思路来讲解人工智能多媒体视频信息计算的 7 个里程碑及其在医学领域的具体应用实例。

近年来，跨媒体和生成式融媒体技术正在飞速发展，是人工智能多媒体计算领域的主流发展方向。它们是现有两个及两个以上人工智能多媒体模态信息计算算法的有机融合，很难从单一算法的角度来较为清楚地介绍。为此，本书的第 9 章将从应用到技术视角来介绍生成式融媒体技术。

1.4　人工智能多媒体计算的行业发展现状

1.4.1　人工智能多媒体计算的产业结构

参考多媒体系统的结构，本节内容从硬件和设备、操作系统和平台、应用软件 3 个层面来简单介绍人工智能多媒体计算的产业结构现状，如图 1-7 所示。其中，硬件和设备是推动人工智能多媒体计算产业发展的基础，操作系统和平台是人工智能多媒体计算产业发展的基石，应用软件是促进人工智能多媒体计算产业发展的引擎。

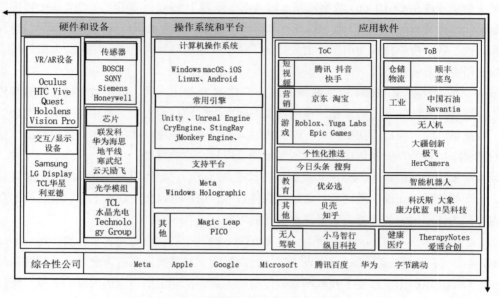

图 1-7　人工智能多媒体计算的产业结构现状

1.4.1.1　人工智能多媒体计算的硬件和设备

人工智能多媒体计算的硬件和设备主要包括常见的计算机硬件、音频设备、图像设备、视频设备、存储设备、VR 设备和 AR 设备。其中，CPU、GPU、人工智能专用芯片、存储芯片、语音芯片、视频处理芯片等是这些硬件的核心。高通、因特尔、谷歌、英伟达、AMD 这些国际公司在芯片领域处于领先位置，国内芯片产业整体落后于欧美国家。近些年来，在国家的大力支持下，我国芯片产业整体发展形势向好，并且在 CPU、GPU、人工智能专用芯片、存储芯片、语音芯片和视频处理芯片方面实现了自主设计。同时，许多中国本土芯片公司也崭露头角，如华为海思、中科龙芯、长江存储、紫光展锐、寒武纪和兆易创新等。

目前，全球比较出名的 VR 设备和 AR 设备有 Meta Quest 2、微软 HoloLens、Magic Leap、Google Glass。国内公司在这方面与国际公司还有较大差距，但新一轮人工智能多媒体计算和人工智能技术的推动，将会促进新的消费需求，为国内公司带来发展机遇。

1.4.1.2　人工智能多媒体计算的操作系统和平台

人工智能多媒体计算的操作系统主要包括计算机的操作系统和支撑人工智能多媒体计算应用的系统。具体而言，有 Windows、macOS 和 Linux，以及包含 Android 和 iOS 在内的移动操作系统。它们在个人计算机、智能手机、工作站服务器等设备上提供丰富的功能和服务。与芯片行业发展情况类似，国内公司在操作系统方面起步较晚，但目前已经研发了比较出名的麒麟操作系统、红旗 Linux 操作系统、YunOS 操作系统、龙芯操作系统以及 HarmonyOS 操作系统。此外，目前国外已研发了专门的操作系统用于 AR 和 VR 领域，如用于 AR 设备的 HoloLens 操作系统和用于 VR 设备的 Oculus 操作系统。

人工智能多媒体计算的平台主要是指用于支撑人工智能多媒体计算应用和服务运行的平台。常见的平台包括各种云平台，如亚马逊 AWS、微软 Azure、谷歌云、阿里云、百度云和腾讯云。

1.4.1.3　人工智能多媒体计算的应用软件

人工智能多媒体计算的应用软件在操作系统或平台上运行，与教育、商业、医学、制造等行业相融合，形成新质生产力。与硬件和设备、操作系统和平台的情况不同，我国人工智能多媒体计算的应用软件在各个领域的应用情况处于世界前列，推动着相应的行业发展。例如，社交软件领域有腾讯；在教育领域，新东方、好未来、中公教育、科大讯飞、作业帮等公司颇具影响力；视频领域有优酷、腾讯、抖音、爱奇艺等。随着 AIGC 的兴起，新型应用软件如 ChatGPT、文心一言、Gemini、智普清言等也逐渐受到关注，但其具体应用类型尚未明确定义。

1.4.2　人工智能多媒体计算的应用领域

本小节对人工智能多媒体计算技术的应用领域进行着重介绍，主要涉及教育、文化、商贸、医疗健康、制造和军事等领域的应用。

1.4.2.1　人工智能多媒体计算技术在教育行业的应用

人工智能多媒体计算技术在教育领域的应用非常广泛，对教育现代化、信息化、平等化的发展起着很大作用，逐渐形成了人工智能多媒体教育雏形。人工智能多媒体教育是将多媒体信息处理和人工智能技术有机融合至现代教育学科中，不同学科的专家共同开发和使用人工智能多媒体教育工具或平台，从而赋能教育行业。人工智能多媒体教育的主要目标是让不同地区的人都有机会享受到教育资源。人工智能多媒体教育的建设不仅涉及多媒体技术基础设施和教学硬件设备，还包括多媒体教学信息平台、教学软件和线上教学资源。通过对多媒体软硬件教学和在线人工智能多媒体资源的整合，形成了人工智能多媒体教育的基本框架，其主要应用领域包括多媒体课件智能制作、数字虚拟老师、智能电子白板和互动多媒体教学系统、智能在线多媒体学习平台和课程管理系统、模拟实验和仿真系统、多媒体智能教育游戏和互动学习工具等。

1.4.2.2　人工智能多媒体计算技术在文化行业的应用

文化是一个国家、一个民族的灵魂和精神追求的载体，是人类社会发展的重要标志和精神财富。近年来，人工智能多媒体计算技术的飞速发展为文化的传播、保护和创新提供了强大的工具和平台，主要涉及的应用有数字博物馆和虚拟展览、文化遗产保护与修复、文化纪录片与影视动画制作、互动文化体验、数字图书与电子出版、文化游戏和互动应用、智能导览和语音解说、音乐制作、广告创意设计、社交媒体和网络传播平台的开发等。而 AIGC 的快速发展，也为文化行业的各种应用提供了新的契机。

1.4.2.3　人工智能多媒体计算技术在商贸行业的应用

在过去几十年时间里，人工智能多媒体计算技术已经被广泛应用于商贸行业，不仅改变了传统的商业模式和营销手段，还提升了用户体验和商业效率。人工智能多媒体计算技术在商贸行业的应用主要涉及数字广告制作、社交媒体营销（例如视频直播带货）、产品展示、虚拟试衣间和试妆、在线客户服务、虚拟现实体验、员工培训、商业数据分析和决策支持、在线商业会议和研讨会、产品市场营销和品牌推广、个性化和定制服务等。

1.4.2.4　人工智能多媒体计算技术在医疗健康行业的应用

医疗健康是一个受大众关注程度比较高的领域和行业，人工智能多媒体计算技术也同样渗透到了各种医疗健康应用中并进行赋能，从各个层面提升了医疗服务的质量和效率。人工智能多媒体计算技术在医疗健康行业的主要应用有医学影像智能分析及辅助诊断、手术规划和模拟培训、医学教育和培训、虚拟解剖和模拟实验、数字虚拟医生、患者教育和健康管理、健康教育视频和动画、多媒体智能健康互动应用、远程诊疗和咨询、病历和信息管理、康复和治疗、个性化医疗和精准医学等。人工智能多媒体计算技术对医疗健康行业来说是一种新质生产力，有利于提高我国国民的医疗健康水平。

1.4.2.5　人工智能多媒体计算技术在制造行业的应用

制造业是国民经济的主体，是立国之本、兴国之器、强国之基。一个国家要发展先进的制造行业，离不开人工智能多媒体计算技术的支持。人工智能多媒体计算技术在制造业的主要应用有产品辅助设计和制造、产品虚拟测试和验证、产品可视化监控和管理、产品质量控制和检测、设备维护和故障诊断、员工职业技能培训、产品供应链和可视化物流管理、人机界面和操作系统、产品协同设计和制造等。人工智能多媒体计算技术与传统工业制造的融合，不仅提升了制造业的生产效率和产品质量，还增强了员工培训效果和客户体验，推动了制造业向智能化、信息化和可视化方向发展。

1.4.2.6　人工智能多媒体计算在军事领域的应用

人工智能多媒体计算技术在军事领域的应用，不仅有助于推动军队的现代化、信息化、智能化建设，还会对未来战争的作战、指挥以及后勤补给方式产生重大影响。它在军事领域的主要应用涉及军事训练和模拟、战术规划和虚拟现实战争演练、军事情报分析和态势感知、通信和指挥控制、心理战和宣传、装备维护和故障诊断、后勤保障和资源管理等。

1.5　本章小结

本章从媒体的定义出发，对媒体、媒体类型以及数字媒体进行了简要介绍，进而深入定义了多媒体、融媒体以及人工智能多媒体计算。在人工智能多媒体计算的发展历史部分，详细阐述了7个重要的里程碑，包括超文本、多媒体操作系统、多媒体计算机、图像压缩标准、流媒体、人工智能多媒体，以及以 ChatGPT 和 Sora 为代表的生成式融媒体。随后，概述了多媒体文本、语音、图像、动画、图形以及视频6个多媒体基本模态信息的人工智能计算的发展阶段，并重点讲解了各自发展过程中的里程碑算法。最后，对人工智能多媒体计算的产业结构行业发展现状进行简单梳理，以帮助读者更好地理解这个新兴的领域。

习题

（1）什么是媒体？什么是多媒体？

（2）请列出媒体的5种类型。举一个包含5种类型媒体的系统的例子，并简要说明系统中各个类型媒体的作用。

（3）简单介绍一下 ChatGPT 及其技术基础。

（4）列举一些中国科学家在人工智能多媒体计算方面的突出贡献。

第2章
人工智能多媒体计算的理论基础

为了深入理解人工智能多媒体计算，我们需要了解一些理论基础。本章将简单介绍人工智能多媒体计算的理论基础，涵盖数学、信息论、信号处理和人工智能等方面。这些基础知识不仅为理解人工智能多媒体计算提供了必要的工具和方法，也为进一步研究和应用人工智能多媒体计算奠定了坚实的理论基础。

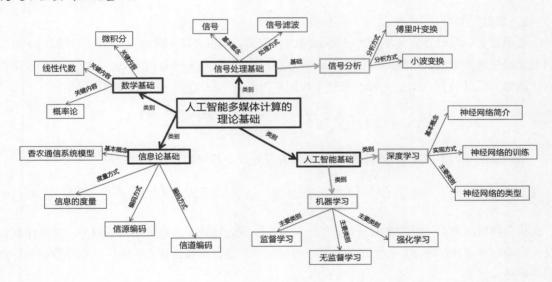

2.1　人工智能多媒体计算的数学基础

在人工智能多媒体计算领域，数学起着至关重要的作用。本节将介绍人工智能多媒体计算所需的核心数学知识，包括微积分、线性代数以及概率论与统计。这些数学工具不仅为算法设计和分析提供了理论支持，还在实际应用中帮助解决复杂的多媒体系统问题。掌握这些数学知识，能够更好地理解人工智能多媒体计算技术。

2.1.1　微积分

2.1.1.1　函数

设有两个非空实数集合 D, M，若存在确定的对应法则 f，使得对于集合 D 中的任意一个数 x，在

集合 M 中都有且仅有一个确定的数 y 与之对应，则称该对应法则为定义在集合 D 上的一个函数，记作 $y = f(x)$。其中，x 为自变量，y 为因变量，f 为函数。函数的定义域、值域和对应关系是其三要素。

连续函数是指当函数 $y = f(x)$ 中自变量 x 的变化很小时，所引起的因变量 y 的变化也很小，即没有函数值突变。相反地，不连续函数则存在这种突变。函数 $f(x)$ 在点 x_0 处连续，需要满足以下条件。

（1）函数在该点处有定义。

（2）函数在该点处极限存在。

（3）极限值等于函数值。

2.1.1.2 导数

1. 极限

设函数 $f(x)$ 在点 x_0 的某个去心邻域内有定义。如果存在常数 C，对于任意给定的正数 ε，总存在一个正数 δ，使得当 x 满足不等式 $0 < |x - x_0| < \delta$ 时，对应的函数值 $f(x)$ 均满足 $|f(x) - C| < \varepsilon$，那么常数 C 记作函数 $f(x)$ 的自变量趋近于 x_0 时的极限：

$$\lim_{x \to x_0} f(x) = C \tag{2.1}$$

2. 导数

设函数 $y = f(x)$ 在点 x_0 的某个去心邻域内有定义，当自变量 x 在点 x_0 处有微小增量 Δx 时，因变量相应地取得函数增量 $\Delta y = f(x_0 + \Delta x) - f(x_0)$。当 Δx 趋向于 0 时，Δy 与 Δx 之比的极限存在，则称 $y = f(x)$ 在点 x_0 处可导，且这个极限称为函数 $f(x)$ 在点 x_0 处的导数，记为：

$$f'(x_0) = f'(x)|_{x = x_0} = \frac{\mathrm{d}f(y)}{\mathrm{d}x}\Big|_{x = x_0} = \lim_{\Delta x \to 0} \frac{f(x_0 + \Delta x) - f(x_0)}{\Delta x} \tag{2.2}$$

当该极限分别为左极限和右极限时，所求为左导数、右导数：

$$\lim_{\Delta x \to 0^-} \frac{f(x_0 + \Delta x) - f(x_0)}{\Delta x} \text{ 及 } \lim_{\Delta x \to 0^+} \frac{f(x_0 + \Delta x) - f(x_0)}{\Delta x} \tag{2.3}$$

从几何角度来看，函数在某一点处的一阶导数值就是函数在该点处切线的斜率。需要注意的是，并非所有函数都可导。一个函数在某点可导的条件是：函数在该点连续，且左导数和右导数都存在并且相等。

2.1.1.3 微分

微分是对函数局部变化率的线性近似，其基本思想是"无限细分"和"等效替代"。设函数 $y = f(x)$ 在某个区间内有定义，给定该区间内一点 x_0 有函数值 $f(x_0)$，当 x 有增量 Δx 时，函数相应地取得增量 $\Delta y = f(x_0 + \Delta x) - f(x_0)$。也可记作为 $\Delta y = C\Delta x + o(\Delta x)$，其中 C 是不依赖 Δx 的常数，那么称函数 $y = f(x)$ 在点 x_0 处对应自变量增量 Δx 的微分，记作 $\mathrm{d}y$，即 $\mathrm{d}y = C\Delta x$。

从几何角度来看，$\mathrm{d}y$ 就是曲线 f 在 (x, y) 点处切线纵坐标的增量。具体而言，在直角坐标系中，函数 $y = f(x)$ 的图形是一条曲线。对于某一固定的 x_0 值，曲线上有一个确定点 $M(x_0, y_0)$，当自变量 x 有微小增量 Δx 时，就得到曲线上另一点 $N(x_0 + \Delta x, y_0 + \Delta y)$。如图 2-1 所示，$MQ = \Delta x$，$QN = \Delta y$。过点 M 作曲线的切线 MT（与 NQ 相交于点 P），它的倾角为 α，则 $QP = MQ \cdot \tan\alpha = \Delta x \cdot f'(x_0)$，即 $\mathrm{d}y = QP$。因此，对于可微函数 $y = f(x)$ 而言，当 Δy 是曲线 $y = f(x)$ 上的点的纵坐标的增量时，

dy 就是曲线的切线上的纵坐标的相应增量。

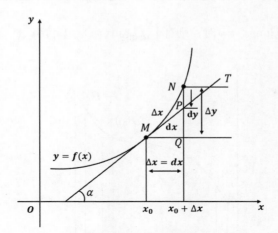

图 2-1　微分的几何意义

需要注意的是，并非所有函数都可微。可微条件包括：
函数对 x 和 y 的偏导数在这点的某一邻域内都存在且连续，
则函数在该点可微。连续、可导与可微的关系如图 2-2 所示。

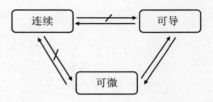

图 2-2　连续、可导与可微的关系

2.1.1.4　偏导数与偏微分

设二元函数 $z = f(x_1, x_2)$ 在点 (a,b) 的某一邻域内有定
义，将 x_2 固定在 b，而 x_1 在 a 处有增量 Δx_1 时，函数相应地
有增量 $\Delta_{x_1} z = f(a + \Delta x_1, b) - f(a,b)$，如果

$$\lim_{\Delta x_1 \to 0} \frac{f(a + \Delta x_1, b) - f(a,b)}{\Delta x_1} \tag{2.4}$$

存在，则称此极限为函数 $f(x_1, x_2)$ 在点 (a,b) 处对 x_1 的偏导数，记作 $\left.\dfrac{\partial f}{\partial x_1}\right|_{\substack{x_1 = a \\ x_2 = b}}$。

相应地，我们可以定义二元函数 $z = f(x_1, x_2)$ 的偏增量和偏微分。二元函数对变量 x_1 和 x_2 的偏增
量分别定义为 $\Delta_{x_1} z = f(a + \Delta x_1, b) - f(a,b)$ 和 $\Delta_{x_2} z = f(a, b + \Delta x_2) - f(a,b)$。将 x_2 固定在 b，如果

$$\lim_{\Delta x_1 \to 0} f(a + \Delta x_1, b) - f(a,b) = f_{x_1}(a,b) \Delta x_1 \tag{2.5}$$

存在，则称此极限 $f_{x_1}(a,b) \Delta x_1$ 为二元函数 $z = f(x_1, x_2)$ 在点 (a,b) 处关于 x_1 的偏微分。同理，
可以定义关于 x_2 在点 (a,b) 处的偏微分 $f_{x_2}(a,b) \Delta x_2$。

2.1.1.5　定积分

函数 $f(x)$ 的自变量 x 在区间 $[a,b]$ 上的定积分运算记为 $\int_a^b f(x) \mathrm{d}x$。其中，$a$ 为积分下限，b
为积分上限，$[a,b]$ 为积分区间，$f(x)$ 为被积函数。定积分的值是一个常数。

如图 2-3 所示，计算曲边梯形的面积时可以先将其分割成多个小区间，随后"以直代曲"近
似计算每个小区间的面积，最后求和得到总面积。由曲边梯形面积的求解过程，可以给出定积分
的定义：当 $f(x)$ 在 $[a,b]$ 上连续时，该区间可以均分成 n 个小区间 $[x_{i-1}, x_i]$，每个小区间的间隔为

Δx_i。函数与横轴所夹区域 A 的面积近似于 n 个小区间对应矩形面积之和，即 $S_A = \sum_{i=1}^{n} f\left(x_i\right)\Delta x_i$。

当这种分区足够精细，即 $\lim \Delta x_i = 0$ 时，则有 $\int_a^b f\left(x\right)\mathrm{d}x = \sum_{i=1}^{n} f\left(x_i\right)\Delta x_i$。

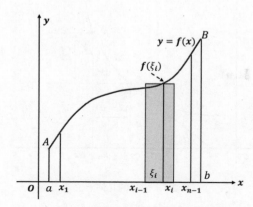

图 2-3　曲边梯形面积与定积分的定义

然而，并非所有函数都可积，可以用以下两个定理判断函数可积性。

定理 1：设 $f\left(x\right)$ 在区间 $\left[a,b\right]$ 内连续，则 $f\left(x\right)$ 在该区间内可积。

定理 2：设 $f\left(x\right)$ 在区间 $\left[a,b\right]$ 内有界，且只有有限个间断点，则 $f\left(x\right)$ 在区间内可积。

2.1.2　线性代数

线性代数是数学的一个重要分支，主要研究向量空间及其线性变换，为多种类型的数据分析提供了强大的工具和方法。本小节将对线性代数中的向量、向量空间及其变换、矩阵、特征值与矩阵分解等核心概念进行介绍。

2.1.2.1　向量

1. 向量的定义

向量是由一组数组成的有序数组，同时具有大小和方向。向量由 n 个元素有序排列构成，称为 n 维向量。例如：$\boldsymbol{x}_1 = [1,3,5,7]$，$\boldsymbol{x}_2 = \begin{bmatrix} 2 \\ 4 \\ 6 \end{bmatrix}$，$\boldsymbol{x}_1$ 为四维行向量，$\boldsymbol{x}_2$ 为三维列向量。向量一般用字母表示。

范数是数学中的一个基本概念，用于表示向量的"长度"，为向量赋予非零的正长度或大小。给定一个 n 维列向量 $\boldsymbol{x} = \left[x_1, x_2, \cdots, x_n\right]^{\mathrm{T}}$，其 L_p 范数定义为：

$$\|\boldsymbol{x}\|_p = \left(\left|x_1\right|^p + \left|x_2\right|^p + \cdots + \left|x_n\right|^p\right)^{\frac{1}{p}} \tag{2.6}$$

其中，L_2 范数代表向量的长度，也叫向量的模，等价于欧几里得距离：

$$\|\boldsymbol{x}\|_2 = \sqrt{x_1^2 + x_2^2 + \cdots + x_n^2} \tag{2.7}$$

式中 $\|\boldsymbol{x}\|_2$ 的下角标可省略，也就是说默认 $\|\boldsymbol{x}\|$ 为 L_2 范数。范数具有非负性。当式（2.6）中的 p

取负数时，式子有定义，但是我们不能称之为范数。

2. 向量空间

（1）定义

向量空间也称线性空间，是指由向量组成的集合，并满足两个向量的和向量属于向量空间，向量的数乘向量也属于向量空间。

给定域 $F \in \mathbb{R}$，F 上的向量空间 V 是一个对加法和标量乘法运算封闭的非空集合。即：对于 V 中的每一对元素 u 和 v，可以唯一对应 V 中的一个元素 $u+v$；而且，对于 V 中的每一个元素 v 和任意一个标量 k，可以唯一对应 V 中的元素 kv。

给定向量空间 V 中的一组向量 $[v_1, v_2, \cdots, v_n]$，如果存在不全为 0 的一组标量 $[k_1, k_2, \cdots, k_n]$ 使得下式成立，则称该向量组 V 线性相关；反之则称 V 线性无关：

$$k_1 v_1 + k_2 v_2 + \cdots + k_n v_n = 0 \tag{2.8}$$

（2）线性映射与仿射变换

线性映射是指从一个向量空间 V 到另外一个向量空间 W 的映射；线性变换是一种特殊的线性映射，从一个空间 V 到其自身。线性映射保持加法和数量乘法运算封闭。

仿射变换是指通过一次线性变换和一次平移，将一个向量空间变换为另一个向量空间。当平移为 0 时，仿射变换退化为线性变换。仿射变化可以实现线性空间中的旋转、平移、缩放变换。仿射变换不改变原始空间的相对位置关系，具有以下性质。

① 共线性不变：在同一条直线上的 3 个或 3 个以上的点，在变换后依然在一条直线上。

② 比例不变：不同点之间的距离比例在变换后不变。

③ 平行性不变：两条平行线在转换后依然平行。

④ 凸性不变：一个凸集在转换后依然是凸的。

3. 向量的基本运算

下面将介绍包括向量加减、标量乘法、向量内积、逐项积和张量积在内的基本运算。其中，向量加减满足交换律和结合律，标量和内积运算均满足分配律和结合律。为进一步让读者了解基本运算过程，我们以行向量 $a=[1,3]$，$b=[2,4]$，以及标量 $m=3$ 为例进行具体介绍。

（1）向量加减

对维度一致的向量 a,b 两者的加减为对应位置的元素分别相加减。例如：

$$a+b=[1,3]+[2,4]=[3,7] \tag{2.9}$$

（2）标量乘法

对标量 m 和向量 a 的每个元素分别相乘，结果仍为向量。从几何角度来看，标量乘法将原向量按标量比例缩放。例如：

$$ma=3\times[1,3]+[3,9] \tag{2.10}$$

（3）向量内积

对维度一致的向量 a,b，两者的向量内积为对应位置的元素分别相乘再累加，其结果为标量。向量内积也称标量积、点积。例如：

$$a \cdot b = [1,3] \cdot [2,4] = 1\times 2 + 3\times 4 = 14 \tag{2.11}$$

从几何角度看，向量内积相当于两个向量的模（L_2范数）与它们之间夹角θ的余弦值三者之积，即：

$$\boldsymbol{a} \cdot \boldsymbol{b} = \boldsymbol{a}\boldsymbol{b}\cos\theta \qquad （2.12）$$

（4）逐项积

逐项积也称元素乘积。对维度一致的向量$\boldsymbol{a},\boldsymbol{b}$，两者的逐项积为对应位置的元素分别相乘，得到同样形状的向量。例如：

$$\boldsymbol{a} \odot \boldsymbol{b} = [1,3] \odot [2,4] = [1\times2, 3\times4] = [2,12] \qquad （2.13）$$

（5）张量积

张量积又叫克罗内克积，两个列向量$\boldsymbol{c} = \begin{bmatrix} 1 \\ 3 \end{bmatrix}$和$\boldsymbol{d} = \begin{bmatrix} 2 \\ 4 \end{bmatrix}$的张量积$\boldsymbol{c} \otimes \boldsymbol{d}$定义为：

$$\boldsymbol{c} \otimes \boldsymbol{d} = \begin{bmatrix} 1 \\ 3 \end{bmatrix} \otimes \begin{bmatrix} 2 \\ 4 \end{bmatrix} = \begin{bmatrix} 1\times2 & 1\times4 \\ 3\times2 & 3\times4 \end{bmatrix} = \begin{bmatrix} 2 & 4 \\ 6 & 12 \end{bmatrix} \qquad （2.14）$$

2.1.2.2　矩阵

1.　矩阵的定义

矩阵是一个按照长方阵列排列的复数或实数集合。由$m\times n$个数$x_{ij}(i=1,2,\cdots,m;j=1,2,\cdots,n)$排成的矩阵$\boldsymbol{X} \in \mathbb{R}^{m\times n}$可以表示为：

$$\boldsymbol{X}_{m\times n} = \begin{bmatrix} x_{11} & \cdots & x_{1n} \\ \vdots & & \vdots \\ x_{m1} & \cdots & x_{mn} \end{bmatrix} \qquad （2.15）$$

其中，m为矩阵行数，n为矩阵列数，x_{ij}表示该元素位于第i行第j列。

第 5 章介绍的人工智能多媒体图像信息计算中，数字图像数据可表示为矩阵，在灰度图像中，图像的高和宽对应矩阵的行高和列宽，其索引的像素对应矩阵的元素，像素值对应矩阵索引元素值。

2.　特殊形状的矩阵

（1）向量

向量是一种特殊的矩阵。在数学计算中，行向量是一个$1\times n$的矩阵，列向量是一个$n\times1$的矩阵。

（2）方阵

① 方阵指的是行、列数相等的矩阵，即$n\times n$矩阵也称为n阶方阵。

② 对称矩阵是指一个方阵，其元素关于主对角线对称。即对角矩阵$\boldsymbol{X}_{m\times n}$中，所有的$i$和$j$都满足$x_{ij}=x_{ji}$。

③ 对角矩阵是所有非主对角线元素皆为 0 的矩阵。

④ 单位矩阵是一种特殊的方阵，其主对角线上的元素全为 1，其余元素全为 0。

⑤ 零矩阵是指值元素全为 0 的矩阵，其可以是任意尺寸的矩阵。

⑥ 三角矩阵也是特殊的方阵，具有三角形状的非 0 元素分布。如果方阵主对角线以下元素均为 0，则这个矩阵叫作上三角矩阵；反之，如果方阵对角线以上元素均为 0，则这个矩阵叫作下三角矩阵。

3. 矩阵基本运算

（1）矩阵加减

两相同大小的矩阵 $A \in \mathbb{R}^{m \times n}$ 和 $B \in \mathbb{R}^{m \times n}$ 可以相加或相减，指的是把这两个矩阵对应位置的元素分别做加法或减法：

$$A_{m \times n} \pm B_{m \times n} = \begin{bmatrix} a_{11} \pm b_{11} & \cdots & a_{1n} \pm b_{1n} \\ \vdots & & \vdots \\ a_{m1} \pm b_{m1} & \cdots & a_{mn} \pm b_{mn} \end{bmatrix}_{m \times n} \tag{2.16}$$

（2）标量乘法

当矩阵乘以某一标量时，矩阵的每一个元素均乘以该标量。标量 k 与矩阵 $A \in \mathbb{R}^{m \times n}$ 的乘积记作 kA，例如：

$$kA_{m \times n} = \begin{bmatrix} k \cdot a_{11} & \cdots & k \cdot a_{1n} \\ \vdots & & \vdots \\ k \cdot a_{m1} & \cdots & k \cdot a_{mn} \end{bmatrix} \tag{2.17}$$

（3）矩阵乘法

当矩阵 $A \in \mathbb{R}^{n \times D}$ 的列数等于矩阵 $B \in \mathbb{R}^{D \times m}$ 的行数时，A 和 B 两个矩阵可以相乘。则两个矩阵的乘积结果 $C = AB$ 的形状是 $n \times m$，即当 $A_{n \times D} = \begin{bmatrix} a_{11} & \cdots & a_{1D} \\ \vdots & & \vdots \\ a_{n1} & \cdots & a_{nD} \end{bmatrix}$，$B_{D \times m} = \begin{bmatrix} b_{11} & \cdots & b_{1m} \\ \vdots & & \vdots \\ b_{D1} & \cdots & b_{Dm} \end{bmatrix}$

时，有：

$$C_{n \times m} = A_{n \times D} B_{D \times m} = \begin{bmatrix} c_{11} & \cdots & c_{1m} \\ \vdots & & \vdots \\ c_{n1} & \cdots & c_{nm} \end{bmatrix} \tag{2.18}$$

其中 $c_{ij} = \sum a_{i1}b_{1j} + a_{i2}b_{2j} + \cdots + a_{in}b_{nj}$。

矩阵乘法满足以下性质。

① $(AB)C = A(BC)$。

② $A(B + C) = AB + AC$。

③ $(B + C)A = BA + CA$。

④ $kAB = (kA)B = A(kB)$。

（4）逐项积

矩阵的逐项积与向量的逐项积计算规则一致。即两个形状相同的矩阵的逐项积是矩阵对应的元素分别相乘，结果形状不变：

$$A_{m \times n} \odot B_{m \times n} = \begin{bmatrix} a_{11}b_{11} & \cdots & a_{1n}b_{1n} \\ \vdots & & \vdots \\ a_{m1}b_{m1} & \cdots & a_{mn}b_{mn} \end{bmatrix}_{m \times n} \tag{2.19}$$

4. 矩阵的转置、逆、行列式、迹

（1）转置

矩阵的转置是将矩阵的行和列互换得到的新矩阵，对 $m \times n$ 的矩阵 A，其转置矩阵记作 A^{T}，

A^{T} 是一个 $n \times m$ 的矩阵，其元素满足 $\left(A^{\mathrm{T}}\right)_{ij} = A_{ji}$。矩阵的转置有如下性质。

① $\left(A^{\mathrm{T}}\right)^{\mathrm{T}} = A$。

② $\left(A + B\right)^{\mathrm{T}} = A^{\mathrm{T}} + B^{\mathrm{T}}$。

③ $\left(kA\right)^{\mathrm{T}} = kA^{\mathrm{T}}$。

④ $\left(AB\right)^{\mathrm{T}} = B^{\mathrm{T}} A^{\mathrm{T}}$。

（2）逆矩阵

对于 n 阶方阵 A，如果 A 可逆，则当且仅当存在矩阵 B 使得 $AB = BA = I$ 时，B 为 A 的逆，记作 $B = A^{-1}$。其中 I 为单位矩阵。

矩阵逆具有如下性质。

① $\left(A^{-1}\right)^{-1} = A$。

② $\left(A^{\mathrm{T}}\right)^{-1} = \left(A^{-1}\right)^{\mathrm{T}}$。

③ $\left(kA\right)^{-1} = \dfrac{1}{k} A^{-1}, k \neq 0$。

④ $\left(AB\right)^{-1} = B^{-1} A^{-1}$。

（3）行列式

方阵 $A \in \mathbb{R}^{n \times n}$ 的行列式值可以表达为 $|A|$ 或 $\det(A)$。n 阶方阵 A 的行列式为：

$$A_{n \times n} = \begin{bmatrix} a_{11} & a_{11} & \cdots & a_{1n} \\ a_{21} & a_{22} & \cdots & a_{2n} \\ \vdots & \vdots & & \vdots \\ a_{n1} & a_{n2} & \cdots & a_{nn} \end{bmatrix}$$

$$\det(A) = \sum_{j_1 j_2 \cdots j_n} (-1)^k a_{1,j_1} a_{2,j_2} \cdots a_{n,j_n} \tag{2.20}$$

式中 $j_1, j_2, \cdots, j_n$ 是将序列 $1, 2, \cdots, n$ 的元素次序交换 k 次所得到的序列。如果方阵的行列式值非零，则称方阵可逆或非奇异。

（4）迹。

给定一个方阵 $A \in \mathbb{R}^{n \times n}$，其迹定义为矩阵主对角线元素之和，记作 $\mathrm{tr}(A)$，其值为标量：

$$\mathrm{tr}(A) = \sum_{i=1}^{n} a_{ji} = a_{11} + a_{22} + \cdots + a_{nn} \tag{2.21}$$

2.1.2.3 矩阵特征值与矩阵分解

1. 特征值与特征空间

对 n 阶方阵 $A \in \mathbb{R}^{n \times n}$，若存在实数 λ 及 n 维非零列向量 x，使得 $Ax = \lambda x$ 成立，则称 λ 为 A 的一个特征值，x 是 A 对应于 λ 的特征向量。

求解 n 阶方阵 A 的特征值和特征向量，可以按照以下基本步骤进行：

（1）求解特征方程：特征值 λ 是满足方程 $\det(A - \lambda I) = 0$ 的根，其中 I 是单位矩阵，这个方程称为特征方程。

（2）计算特征向量：对于每个特征值 λ，求解方程 $(\lambda I - A) x = 0$，得到对应的特征向量 x。

通常，特征向量可以通过高斯消元法或其他数值方法来求解。

方阵特征值在人工智能多媒体计算处理中有多种应用，尤其是在人工智能图像、语音和视频信息计算等领域。在第 4 章介绍的语音特征分析中，特征值分解和相关特征值技术可以用于音频信号的频谱分析和特征提取，如通过自相关矩阵计算声音信号的主要频率成分。在第 5 章介绍的图像压缩中，通过计算图像的协方差矩阵或奇异值分解，可以得到最重要的特征向量和特征值，进而实现图像的降维和压缩，同时保留图像的主要特征。此外，特征值分解还可用于第 8 章介绍的人工智能视频信息计算，其可分析视频帧之间的相关性和运动模式，从而实现视频帧的运动估计和补偿。

2. 矩阵分解

矩阵分解是指将一个矩阵分解为几个子矩阵或特定形式的矩阵乘积。常见的矩阵分解方法包括 LU 分解、QR 分解、特征值分解、奇异值分解等。

（1）LU 分解

LU 分解也称三角分解，将方阵 $A \in \mathbb{R}^{n \times n}$ 分解成一个下三角矩阵 $L \in \mathbb{R}^{n \times n}$ 和一个上三角矩阵 $U \in \mathbb{R}^{n \times n}$ 乘积的形式，即 $A = LU$。这种方法适用于非奇异方阵的分解，主要用于求解线性方程组、计算行列式及矩阵的逆。

LU 分解在人工智能多媒体计算中应用广泛，在第 5 章介绍的图像复原过程中，LU 分解可以用于解决线性系统问题；第 6 章介绍的动画布料模拟是一个复杂的物理过程，涉及到大量的线性方程组的求解，LU 分解可以用来高效地求解这些线性方程组，从而实现逼真的布料模拟效果；第 7 章介绍的光线追踪算法需要求解大量的线性系统来计算光线与物体的交点，LU 分解可以加速这些系统的求解，从而提高图形渲染的效率。

（2）QR 分解

QR 分解将矩阵 $A \in \mathbb{R}^{m \times n}$ 分解成一个正交矩阵 $Q \in \mathbb{R}^{m \times m}$ 和一个上三角矩阵 $R \in \mathbb{R}^{m \times n}$ 的乘积，即 $A = QR$。这种方法适用于任意矩阵，被广泛用于求解线性最小二乘问题、特征值问题及数值稳定的矩阵运算。

QR 分解在人工智能多媒体计算中有多种重要的应用，主要集中在人工智能语音、图像和视频信息计算等领域。例如，在音频处理特别是回声消除中，QR 分解用于解决最小二乘问题，计算最优滤波器系数，从而减少回声干扰。

（3）特征值分解

特征值分解将方阵 $A \in \mathbb{R}^{n \times n}$ 分解为其特征向量矩阵 $P \in \mathbb{R}^{n \times n}$ 和一个对角矩阵 $D \in \mathbb{R}^{n \times n}$，即 $A = PDP^{-1}$ 的形式，其中 D 的主对角线元素是 A 的特征值。这种方法适用于具有 n 个线性无关特征向量的矩阵分解，如在第 5 章和第 8 章分别提及的图像压缩和视频压缩，特征值分解帮助减少图像或视频数据的维度，保留主要特征。

（4）奇异值分解（Singular Value Decomposition，SVD）

SVD 将矩阵 A 分解为三个矩阵的乘积，即 $A = U\Sigma V^{\mathrm{T}}$ 的形式，其中 $U \in \mathbb{R}^{m \times m}$ 和 $V \in \mathbb{R}^{n \times n}$ 是正交矩阵，$\Sigma \in \mathbb{R}^{m \times n}$ 是对角矩阵，其对角线元素为 A 的奇异值。奇异值是指 A 的特征值分解中的非负平方根。SVD 分解以其独特的数学性质使其在人工智能多媒体计算中的文本、语音、图像和视频等多个模态信号中发挥着重要作用。例如，在第 3 章介绍的文本信息潜在语义分析中，通过对词频矩阵进行 SVD 分解，提取出文档和词汇的潜在语义结构，可以提高文本分类和检索的效果。

2.1.3　概率论

概率论是研究人工智能多媒体计算的理论基础，是数学的一个重要分支，主要研究随机现象及其数量规律。在传统多媒体信号处理中，概率论在各模态信号建模、滤波、压缩、去噪和检测等方面中至关重要。在现代人工智能多媒体计算中，概率论中的最大似然函数估计与贝叶斯定理等经典知识常用于人工智能计算的优化过程。因此，本小节将集中介绍人工智能多媒体计算中常见的概率论知识。

2.1.3.1　随机试验与样本空间

自然界的现象一般可分为必然现象和随机现象。必然现象是在具备一定条件下必定出现的现象。随机现象则是指在一定条件下，个别试验呈现不确定性，但在大量重复试验中其结果呈现出规律性的现象。

在同一条件下，对现实世界中的某一问题重复进行多次试验或观测，如果试验满足以下 3 个特点，我们称之为随机试验。

① 可以在相同条件下重复执行。

② 事先就能知道可能出现的结果。

③ 试验开始前并不知道这一次的结果。

随机试验中可能出现的每一个结果称为样本点，样本点全体构成的集合则称为样本空间。

2.1.3.2　随机事件与概率

在概率论中，随机事件是样本空间的子集，表示在某次随机试验中可能发生的结果集合。

概率则是用来反映随机事件出现的可能性大小的量度，通常取值在 0 到 1 之间。对一定会发生的事情，概率值为 1（100%）；一定不会发生的事情，概率值为 0（0%）；不一定会发生的事情，概率值在 0 到 1 之间。比如，一个事件的概率为 0.5 表示该事件发生的可能性为 50%。

2.1.3.3　条件概率与全概率公式

条件概率和全概率公式是概率论中两个基本的概念和定理，用于描述随机事件之间的相关性和复杂事件的概率计算。条件概率和全概率公式之间存在密切的关系。条件概率描述了在给定某一事件发生的条件下，另一事件发生的概率，而全概率公式则是利用了条件概率来计算某一事件的总概率。

具体来说，设事件 $B_1, B_2, \cdots, B_n$ 是样本空间 S 的一个划分（即互斥且并集为整个样本空间），且 $P(B_i) > 0$。那么对于任意事件 A，其条件概率和全概率如下。

1. 条件概率

在事件 B_i 发生的条件下，事件 A 发生的概率为 $P(A \mid B) = \dfrac{P(AB)}{P(B)}$。

2. 全概率

事件 A 的概率可以表示为在所有事件 B_i 发生的条件下，事件 A 发生的概率的加权和：

$$P(A) = \sum_{i=1}^{n} P(B_i) P(A \mid B_i) \tag{2.22}$$

全概率公式的推导利用了条件概率的定义，将事件 A 分解为在不同事件 B_i 下发生的概率的加权和。这样，全概率公式提供了一种计算事件 A 总概率的方法，特别适用于处理复杂的概率分布情况。

值得一提的是，人工智能多媒体计算中常用的贝叶斯定理的理论基础就是条件概率和全概率公式。贝叶斯定理可以描述两个条件概率之间的关系，常用于在给定先验信息的情况下计算某一事件的概率：

$$P(A_i \mid B) = \frac{P(B \mid A_i)P(A_i)}{P(B)} \tag{2.23}$$

本书第 4 章介绍的隐马尔可夫模型和第 5 章、第 8 章介绍的图像/视频经典生成模型都是基于贝叶斯定理的应用。

2.1.3.4　随机变量

随机变量表示随机试验各种结果的实值单值函数。根据变量的域不同，可以将随机变量分为连续型随机变量和离散型随机变量。

1. 连续型随机变量

连续型随机变量即在一定区间内变量取值有无限个，可根据变量维度细分为一维连续型随机变量和二维连续型随机变量。

（1）一维连续型随机变量：因为不能给出变量的每一个值的概率，因此用概率密度来表示其概率分布。随机变量 X 的分布函数为 $F(X)$，若存在一个非负的可积函数 $f(x)$，使得对任意实数 x 有 $F(x) = P(X \le x)$。

（2）二维连续型随机变量 (X, Y) 的分布函数 $F(x, y)$ 如果存在非负函数 $f(x, y)$，则对于任意 x, y 有 $F(x, y) = \int_{-\infty}^{y} \int_{-\infty}^{x} f(u, v)\mathrm{d}u\mathrm{d}v$，则称 (X, Y) 为连续的二维随机变量，$f(x, y)$ 为其概率密度。

二维随机变量 (x, y) 作为整体，有分布函数 $F(x, y)$，其中 X 和 Y 都是随机变量，它们的分布函数记为 $F_x(x)$，$F_y(y)$，也称边缘分布函数。在分布函数 $F(x, y)$ 中，令 $y \to \infty$，就能得到 $F_x(x)$；令 $x \to \infty$，就能得到 $F_y(y)$。

$$F_x(x) = P\{X \le x, Y < +\infty\} = F(x, +\infty) \tag{2.24}$$

$$F_y(y) = P\{X < +\infty, Y \le y\} = F(+\infty, y)$$

2. 离散型随机变量

随机变量在一定区间内取值为有限个数时称作离散型随机变量，可根据变量个数细分为一维离散型随机变量和二维离散型随机变量。

（1）一维离散型随机变量：设 X 为离散型随机变量，它的一切取值可能为 $X_1, X_2, ..., X_N$，记为 $P(x) = P(X = x)$。

（2）二维离散型随机变量：若二维随机变量 (X, Y) 全部可能取到的不同值是有限对，则称 (X, Y) 是离散随机变量。

二维离散型随机变量的联合概率分布为：设 (X, Y) 所有可能的取值为 $(x_i, y_j), i, j = 1, 2...$，即 $P\{X = x_i, Y = y_j\} = P(x_i, y_j) = p_{ij}, i, j = 1, 2, ...$。

对于离散型随机变量 (X, Y)，X, Y 的边缘分布律分别为：

$$P\{Y = y_j\} = P\{X < +\infty, Y = y_j\} = \sum_{i=1}^{\infty} p_{ij} \tag{2.25}$$

$$P\{X = x_i\} = P\{Y < +\infty, X = x_i\} = \sum_{j=1}^{\infty} p_{\{ij\}}$$

2.1.3.5 随机变量的数字特征

随机变量的数字特征是用于描述随机变量分布特征的重要指标。这些特征可以帮助我们理解随机变量的分布和行为。以下是随机变量的几个主要数字特征。

1. 数学期望

数学期望（或均值）是随机变量的平均值，代表一组数据的集中趋势。均值常用字母 μ 表示。对于离散型随机变量 X，期望计算如下：

$$E(x) = \sum_i x_i P(X = x_i) \tag{2.26}$$

其中，x_i 是随机变量 X 的取值，$P(X = x_i)$ 是 X 取值为 x_i 时的概率。

连续型随机变量 X 的期望 $E(X) = \int_{-\infty}^{+\infty} x f(x) \mathrm{d}x$，其中 $f(x)$ 是随机变量 X 的概率密度函数。

2. 方差

方差是随机变量的取值与其期望值之间的平均平方偏差，反映了随机变量的离散程度。

离散型随机变量 X 的方差 $\mathrm{Var}(X)$：

$$\mathrm{Var}(X) = E\left[\left(X - E(X)\right)^2\right] = \sum_i \left(\left(x_i - E(X)\right)^2 \cdot P(X = x_i)\right) \tag{2.27}$$

连续型随机变量 X 的方差 $\mathrm{Var}(X)$：

$$\mathrm{Var}(X) = E\left[\left(X - E(X)\right)^2\right] = \int_{-\infty}^{+\infty} \left(x - E(X)\right)^2 \cdot f(x) \mathrm{d}x \tag{2.28}$$

3. 协方差与相关系数

协方差与相关系数是用于衡量两个随机变量之间关系的数字特征。其中，协方差 $\mathrm{Cov}(X,Y)$ 用于度量两个随机变量之间的线性关系。

$$\mathrm{Cov}(X,Y) = E\left[\left(X - E(X)\right)\left(Y - E(Y)\right)\right] \tag{2.29}$$

相关系数是用来衡量两个随机变量之间线性关系的强度和方向的标准化指标。其取值范围为 $[-1,1]$。其计算公式如下：

$$p_{X,Y} = \frac{\mathrm{Cov}(X,Y)}{\sigma_X \sigma_Y} \tag{2.30}$$

在人工智能多媒体计算中，协方差矩阵和相关系数用于多模态数据融合。例如，在音频和视频数据的融合中，通过分析音频和视频特征的协方差和相关性，可以实现多模态信息的有效融合，提高多媒体内容的分析和理解能力。

2.1.3.6 概率分布

概率分布是描述随机变量可能取值及其对应概率的函数，它提供了对随机变量在不同取值上的可能性的定量描述。常见的概率分布函数包括均匀分布、正态分布、指数分布等。

（1）均匀分布：描述了随机变量在一定区间内取值的概率均匀分布的情况，即每个取值的概率相等。

（2）正态分布：最常见的连续型概率分布，具有钟形曲线。它在自然界和人类行为中都有着广泛的应用，如测量误差、生物特征、社会经济现象等。

（3）指数分布：描述了独立随机事件发生的时间间隔的概率分布，常用于描述随机事件的持续时间或间隔。

2.2　人工智能多媒体计算的信号处理基础

信号处理是人工智能多媒体计算的核心技术之一，它涉及对信号的获取、分析和处理。本节将介绍信号处理的基础知识，涵盖信号的主要形式、信号滤波和信号分析等关键技术。我们将探讨如何通过信号处理技术抑制噪声、平滑信号以及提取有用信息，这些方法在音频处理、图像处理、视频处理等多媒体信号领域有着广泛的应用。掌握这些基础知识，有助于提升人工智能多媒体计算的效率。

2.2.1　信号

在数学上，信号可以表示为具有一个或多个变量的函数。本小节主要介绍以时间为自变量的两种信号形式：模拟信号和数字信号。

（1）模拟信号：连续的信号，其取值在时间上连续变化。例如，声音波形、电压信号等都可以用模拟信号来描述。模拟信号通常使用连续函数表示，我们用 $x(t)$ 表示连续时间信号，其中 t 是连续的时间变量。

（2）数字信号：也称为离散时间序列，其取值在时间上是离散的。数字信号是模拟信号经过采样和量化处理后得到的结果，方便信号的传输与处理。数字信号通常使用序列或数组表示，其中信号值仅在离散的时间点上定义。我们用 $x[n]$ 表示离散时间信号，其中 n 是离散的时间变量。

此外，本书介绍的六大多媒体数据均可用信号的方式表达。

（1）文本信息通常被视为离散信号，由一系列离散的字符或符号组成。

（2）语音信息是一种随时间连续变化的模拟信号。

（3）图像是一种二维空间上的信号，可以是模拟信号或数字信号。模拟图像信号是连续变化的信号，通常在其空间域内具有连续的灰度级或颜色值。数字图像信号是将模拟图像信号经过采样和量化后得到的信号，它以离散的形式表示。

（4）动画可以被视为一种特殊的图像序列，因此它也可以被归类为图像信号。

（5）图形可以指多种不同的信号类型，模拟图形信号是连续变化的信号，数字图形信号是通过对模拟图形信号进行数字化处理而得到的信号。

（6）视频可以被视为一种复合信号，通常包含连续的图像序列和相关的音频信号。

2.2.2　信号滤波

信号滤波是信号处理中常用的一种技术，通过对输入信号的滤波达到改变信号频谱的目的。其主要应用包括抑制噪声、平滑信号、提取感兴趣的信号成分等。以下是一些常用的信号滤波技术。

（1）低通滤波器：允许低于某个截止频率的信号通过，而阻止高于该频率的信号，通常用于去除高频噪声或平滑信号。

（2）高通滤波器：允许高于某个截止频率的信号通过，而阻止低于该频率的信号，通常用于去除信号中的低频干扰。

（3）带通滤波器：只允许特定频率范围内的信号通过，并阻止其他频率的信号，通常用于信号分析和频谱选择。

（4）带阻滤波器：允许特定频率范围之外的信号通过，并阻止特定频率范围内的信号，通常用于去除特定频率范围内的噪声或干扰。

这些信号滤波技术在人工智能多媒体计算中发挥着关键作用，通过应用合适的滤波方法和技术，可以显著改善音频、图像和视频等不同模态的数据质量，去除噪声和失真，增强特定的频率成分，从而提升用户体验和信息传输的效率。

2.2.3 信号分析

信号分析是对信号进行诸如时域分析、频谱分析和统计分析的过程。常见的信号分析技术包括傅里叶变换、小波变换、时频分析和功率谱密度估计等。本小节将介绍人工智能多媒体计算中最常用的傅里叶变换与小波变换的基本原理。

2.2.3.1 傅里叶变换

傅里叶变换（Fourier Transform，FT）是一种在信号处理和频谱分析中广泛应用的数学工具，用于将一个时域（时间域）的信号转换为频域（频率域）表示。它将信号分解成不同频率的正弦和余弦成分，从而揭示了信号中包含的频率信息。根据不同应用场景，傅里叶变换又可细分为以下几种。

1. 连续傅里叶变换

连续傅里叶变换（Continuous Fourier Transform，CFT）适用于连续时间信号，将信号在整个时间轴上进行积分，并将其转换为连续的频谱表示。

$$X(j\omega) = \int_{-\infty}^{+\infty} x(t)\mathrm{e}^{-j\omega t}\mathrm{d}t \tag{2.31}$$

$$x(t) = \frac{1}{2\pi}\int_{-\infty}^{+\infty} X(j\omega)\mathrm{e}^{j\omega t}\mathrm{d}\omega \tag{2.32}$$

这一对公式［式（2.31）和式（2.32）］称为连续时间傅里叶变换对。其中，公式（2.31）称为连续傅里叶变换函数，即 $X(j\omega)$ 称为 $x(t)$ 的傅里叶变换或傅里叶积分；有时 $X(j\omega)$ 也称为 $x(t)$ 的频谱，因为它给出了 $x(t)$ 表示为不同频率正弦信号的信号组合所需要的信息。反之，公式（2.32）称为傅里叶逆变换函数。

2. 离散傅里叶变换

离散傅里叶变换（Discrete Fourier Transform，DFT）适用于离散时间信号，将信号在一段有限的时间内进行采样，并将其转换为离散的频谱表示。

$$X(\mathrm{e}^{j\omega}) = \sum_{n=-\infty}^{+\infty} x[n]\mathrm{e}^{-j\omega n} \tag{2.33}$$

$$x[n] = \frac{1}{2\pi}\int_{2\pi} X(\mathrm{e}^{j\omega})\mathrm{e}^{j\omega n}\mathrm{d}\omega \tag{2.34}$$

这一对公式［式（2.33）和式（2.34）］称为离散时间傅里叶变换对，公式（2.33）是离散傅里叶变换，公式（2.34）则表示离散傅里叶逆变换。$X\left(e^{j\omega}\right)$ 称为 $x[n]$ 的离散时间傅里叶变换，也可看作是 $x[n]$ 的频谱，因为它给出了这样的信息：$x[n]$ 是怎样由这些不同频率的复指数序列组成的。

3. 快速傅里叶变换

快速傅里叶变换（Fast Fourier Transform，FFT）是一类用于高效、快速计算离散傅里叶变换（DFT）方法的统称。它可以在 $O(n\log_{10}n)$ 的时间复杂度内计算长度为 n 的离散信号的傅里叶变换，相比传统的直接计算方法，FFT 可以显著地提高计算效率。

FFT 的基本思想是利用信号的对称性和周期性，将一个长度为 n 的序列分解成多个长度为 $n/2$ 的子序列，然后通过递归地应用 DFT，将其分解成更小的子序列，直到最终得到长度为 1 的子序列，即完成傅里叶变换的计算。

除了理解信号的频率特性，傅里叶变换还可以用于滤波、频谱分析、信号压缩等方面。在人工智能多媒体计算领域，傅里叶变换有着广泛的应用，包括音频处理、图像处理、视频处理等，如利用傅里叶变换，将第 4 章介绍的语音信号转换到频域后，可以通过低通滤波、高通滤波或带通滤波等方法去除噪声。

2.2.3.2 小波变换

小波变换（Wavelet Transform，WT）是一种信号处理技术，通过将信号分解为不同频带的子信号，能够在不同尺度下分析信号的局部特性和全局特性。与傅里叶变换相比，小波变换不仅能提供信号的频域信息，还能提供时间信息，因此在处理非平稳信号时更加有效。小波变换的灵活性和高效性使其成为处理非平稳信号和多尺度问题的重要工具。小波变换主要分为连续小波变换和离散小波变换。

1. 连续小波变换

连续小波变换（Continuous Wavelet Transform，CWT）通过连续变化的尺度和平移参数，可以分析信号在不同频率和时间位置上的特性。

在 CWT 中，小波函数首先通过尺度参数 a 和平移参数 b 进行缩放和平移，形成一个小波基函数族：

$$\psi_{a,b}(t)=\frac{1}{\sqrt{|a|}}\psi\left(\frac{t-b}{a}\right) \tag{2.35}$$

其中，尺度参数 a 为伸缩信号：$a>1$ 时，小波函数被拉伸，适用于捕捉低频成分；$a<1$ 时，小波函数被压缩，适用于捕捉高频成分。平移参数 b 决定小波函数的位置。

随后，将信号 $x(t)$ 与小波基函数族中的函数进行卷积，得到不同尺度和时间位置的小波系数：

$$W(a,b)=\int_{-\infty}^{+\infty}X(t)\psi_{a,b}{}^{*}(t)\mathrm{d}t \tag{2.36}$$

其中，$\psi_{a,b}{}^{*}(t)$ 是小波函数的复共轭。

2. 离散小波变换

离散小波变换（Discrete Wavelet Transform，DWT）通过离散化的尺度和位置参数对离散信号进行分析。DWT 变换对可以表示为：

$$W_{\varphi}(j_0,k)=\frac{1}{\sqrt{M}}\sum_{x}x[n]\varphi_{j_0,k}(n) \tag{2.37}$$

$$W_{\psi}(j,k) = \frac{1}{\sqrt{M}} \sum_{x} x[n] \psi_{j,k}(n) \qquad (2.38)$$

其中，$x[n]$，$\varphi_{j_0,k}(n)$ 和 $\psi_{j,k}(n)$ 都是关于离散变量 $n = 0,1,\cdots,M-1$ 的函数。W_{φ} 是尺度函数，也称低通滤波器，用于提取信号的低频成分，也称近似系数，表示信号的整体结构或粗略部分。W_{ψ} 是小波函数（族），也称高通滤波器，用于提取信号的高频成分，表示信号的细节部分或局部变化。通过反复应用这些滤波器，可以将信号逐层分解，得到多尺度的近似和细节表示，即完成了 DWT 过程。

通过对近似和细节系数进行上采样、滤波和合并，DWT 分解得到的信号可以逐层重构回原始信号。这个重构过程被称为逆离散小波变换（Inverse Discrete Wavelet Transform，IDWT）。

小波变换在人工智能多媒体计算中具有广泛的应用，能实现对音频、图像和视频等多媒体数据的高效处理、分析和传输，从而提高多媒体应用的性能。

2.3　人工智能多媒体计算的信息论基础

信息论是人工智能多媒体计算的重要理论基础之一，奠定了现代通信和数据处理技术的基石。本节将探讨信息论的基本概念和原理，介绍香农通信系统模型、信息的度量、信源编码与信道编码等内容。这些知识不仅为多媒体数据的高效处理和可靠传输提供了关键技术支持，还帮助媒体融合（融媒体）技术进行信息交互并优化智能计算。通过学习信息论基础，我们能够更好地掌握人工智能多媒体计算中的信息处理技术。

2.3.1　香农通信系统模型

克劳德·香农（Claude Shannon）建立的通信系统模型是信息论的基础概念，它为理解和分析信息传输过程提供了理论框架。香农通信系统模型如图 2-4 所示。

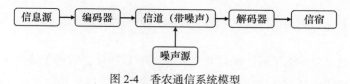

图 2-4　香农通信系统模型

1. 信息源（Information Source）

信息源即信息的来源，也称信源，它直接产生消息或数据，这些消息可以是文本、图像、音频等各种形式。

2. 编码器（Encoder）

编码器对信息源生成的消息进行编码，以便在传输信道上有效且可靠地传输。编码的目的是增加数据的鲁棒性，减少噪声和干扰对信息的影响。按照具体的应用，编码器的类型与功能有所不同，以下是几种主要的编码器。

（1）信源编码器：将信源消息变成符号（通常为二进制代码），旨在减少数据的冗余，提高存储和传输效率。信源编码主要用于压缩和编码音频、视频和图像等多媒体数据。

（2）信道编码器：在数据传输过程中增加冗余，以对抗信道噪声和干扰，从而提高传输的可靠性。在实时音视频融媒体应用中，如视频会议、网络直播和视频通话，信道编码器用于减少数据丢失和错误，确保音视频质量。

（3）加密编码器：用于保护数据的机密性，通过将明文转换为密文，使未经授权的用户无法读取数据。加密编码器可用于多媒体文件的存储和传输，如 YouTube 的视频流服务。

此外，通信系统中的编码器末端常连接一个调制器（Modulator），用于将编码后的数字信号转换为适合传输的模拟信号。调制是通过改变信号的某些特性（如幅度、频率或相位）以提高传输效率，使远距离传输成为可能。

3. 信道（Channel）

信道是信号从编码器传输到解码器的中间媒介，主要可分为狭义信道和广义信道。狭义信道是某些种类的物理通信信道，如电话线、光纤、电磁波等；而广义信道是一种逻辑信道，它和信息所通过的介质无关，只反映信源与信宿的连接关系。信道会引入噪声和干扰，从而可能导致信息的失真或丢失。

4. 解码器（Decoder）

解码器也称译码器，用于实现与编码器相反的功能。解码器对接收到的信号进行解码，恢复原始消息的近似值或原始消息。解码过程需要处理信道引入的噪声和干扰。根据具体的应用，解码器的类型和功能有所不同，以下是几种主要的解码器及其功能。

（1）信源解码器：将经过压缩和编码的符号消息还原为原始数据。信源解码器的主要目标是准确地重建原始信号，尽量减少数据压缩过程中可能的损失。

（2）信道解码器：从收到的信号中提取原始数据，并纠正传输过程中可能出现的错误。信道解码器使用冗余信息来检测和纠正传输错误，从而提高传输可靠性。

此外，通信系统中的解码器首端常连接一个调制器，用于将信道输出的信号恢复成符号。符号依次经过信道解码器和信源解码器，恢复成原始数据。

5. 信宿（Destination）

信宿是通信系统中的最终目的地，负责接收解码后的信息。信宿可以是人，也可以是任何需要接收数据的终端，如计算机、服务器、电视机等。

2.3.2　信息的度量

信息度量是信息论的核心，用于定量描述信息的内容和性质。本小节将介绍信息熵、互信息和条件熵等概念。

1. 信息熵

信息熵是度量信息不确定性的基本概念。香农借鉴热力学的概念，把信息中排除了冗余后的平均信息量称为"信息熵"。它表示在给定概率分布下，事件发生的不确定性。信息熵越大，表示不确定性越高。

对于一个离散随机变量 X，其取值范围为 $\{x_1, x_2, \cdots, x_n\}$，每个取值的概率为 $\{P(x_1), P(x_2), \cdots, P(x_n)\}$，信息熵 $H(X)$ 定义为：

$$H(X) = -\sum_i P(x_i) \log P(x_i) \tag{2.39}$$

当 log 的底数为 2 时，熵的单位为比特；当底数为自然对数时，熵的单位为纳特。

信息熵在人工智能多媒体计算中的应用主要体现在语音编码、图像压缩、视频编码等多个方面，如 MPEG 标准中，信息熵用于衡量和减少视频帧之间的冗余信息，从而提高压缩效率。

2. 互信息

互信息用于衡量两个随机变量之间的相互依赖性或信息共享量。它反映了一个变量包含关于另一个变量的信息量，即知道一个变量可以减少对另一个变量的不确定性的程度。

对于两个离散随机变量 X 和 Y，其互信息 $I(X;Y)$ 定义为：

$$I(X;Y) = \sum_x \sum_y P(x,y) \log \frac{P(x,y)}{P(x)P(y)} \tag{2.40}$$

其中，$P(x,y)$ 是 X 和 Y 的联合概率分布。$P(x)$ 和 $P(y)$ 分别是 X 和 Y 的边缘概率分布。当 X 和 Y 是同一个随机变量时，互信息退化为自信息，即 $I(X;Y) = H(X)$，其中 $H(X)$ 是 X 的信息熵。自信息用来衡量一个事件的不确定性或意外性。

互信息作为衡量不同数据源之间依赖关系的工具，在融媒体中发挥着重要作用。融媒体需要处理和融合多种类型的数据，互信息可以评估和优化不同数据源之间的信息共享。如视频内容分析中，通过最大化视频帧和音频片段之间的互信息，可以提高对视频内容的理解和分类精度。

3. 条件熵

条件熵衡量的是给定条件下的信息量，即已知一个随机变量的情况下，剩余一个随机变量的不确定性。对于两个离散随机变量 X 和 Y，在 Y 已知时 X 的条件熵 $H(X|Y)$ 定义为：

$$H(X|Y) = -\sum_x \sum_y P(x,y) \log P(x|y) \tag{2.41}$$

条件熵与互信息之间存在相关性，可用 $I(X;Y) = H(X) - H(X|Y)$ 表示。

在需要将不同数据模态融合在一起的融媒体生成中，条件熵可用于评估和优化不同模态之间的信息共享和相互依赖。如语音视频生成中，通过计算视频帧与文本之间的条件熵，生成更加精准和相关的语音内容，使语音播报与视频内容高度一致，提高观众的观看体验。

2.3.3 信源编码

信源编码是一种通过对信源符号进行变换以提高通信效率的方法。它的基本原理是根据信源输出符号序列的统计特性，寻找一种能够用尽可能少的比特表示符号序列的方法。

信源编码既可以是无损的，即不损失任何信息内容，也可以是有损的，即在可接受的范围内丢失部分信息以实现更高的压缩率。无失真信源编码定理也称香农第一定理，是判断信源无损编码的重要理论依据。它的主要内容为：如果信源编码码率（编码后传送每个信源符号平均所需比特数）不小于信源的熵，就存在无失真编码，反之则不存在无失真编码。根据香农第一定理，对于一个离散随机变量 X，其信息熵为 $H(X)$，如果存在一种编码方案，使得对于任意长度为 n 的消息序列，平均编码长度大于或等于 $H(X)$，则可实现无损压缩。

本小节将介绍无损信源编码与有损信源编码的常用方法。

2.3.3.1 无损信源编码

无损信源编码确保数据在解编码后能够完全恢复原始数据，这种可逆编码方法常用于需要保留完整信息的场合。常用的无损信源编码有霍夫曼（Huffman）编码、算术编码等。本书第 4 章和第 5 章对语音编码和图像编码的应用中介绍了霍夫曼编码。

（1）霍夫曼编码：一种利用源信号（如文本）中符号出现的概率构建最优前缀的编码方式。它使用较短的编码表示频繁出现的符号，使用较长的编码表示不常见的符号，从而减少编码后的平均长度，实现无损数据压缩。

（2）算术编码：将整个信息映射为一个 0 到 1 之间的实数区间，通过逐步细分区间，实现高效压缩。算数编码能够处理大规模数据，在人工智能多媒体应用中常用于图像、视频压缩。

2.3.3.2　有损信源编码

有损信源编码后的信号在解压缩后得到的数据与原始数据不完全相同。人类的视觉和听觉系统对视频、语音信息中的某些频率成分不敏感，有损信源编码通过舍弃这些不敏感的部分信息，实现较高的压缩比。变换编码是最常用的有损信源编码之一，包括离散余弦变换（DCT）、离散小波变换（DWT）。

（1）DCT：一种高效的压缩方法，将信号从时域（空间域）转换到频域，通过保留能量集中的低频分量，舍弃能量较低的高频分量，达到压缩的目的。DCT 常用于图像和视频压缩。

（2）DWT：将信号分解为不同尺度的近似（低频）分量和细节（高频）分量，可以更好地表示数据的局部特征，尤其适用于处理边缘和细节丰富的图像信号。

2.3.4　信道编码

信道编码是通过在数据传输过程中加入冗余信息来提高传输可靠性的一种技术。其通过将原始数据编码成包含冗余信息的编码数据，使得接收端能够检测并纠正由于信道噪声或干扰引起的错误。

信道编码的理论基础是有噪信道编码定理，也称香农第二定理，它定义了一个信道可以无误传输信息的最大速率，即信道容量。它的主要内容是：如果信息传输速率小于信道容量，则总可找到一种编码方式使得当编码序列足够长时，传输差错任意小，反之不存在使差错任意小的编码。

本小节将介绍现代人工智能多媒体计算中常见的两类信道编码方式：块码和卷积码。

2.3.4.1　块码

块码也称分组，将数据划分成固定长度的块，随后对每个块独立编码。

（1）汉明码：一种常见的块编码方式，具有简单的结构和高效的纠错能力。通过增加奇偶校验位，可以验证数据的有效性，并在数据出错时指出错误位置。汉明码适用于小规模数据传输和数据存储。

（2）里德-所罗门码：一种前向错误更正的信道编码，用于校正过采样数据产生的有效多项式。它通过在多个采样点上计算冗余信息，即使在接收到部分被噪声干扰的采样点时也能恢复原始多项式。

在第 8 章人工智能多媒体视频信息计算的数字视频中，里德-所罗门码用于纠正传输过程中的突发错误，保证视频信号的质量。

2.3.4.2　卷积码

卷积码通过滑动窗口将数据流连续地编码成冗余信息，特别适用于串行传输，具有较小的时延。

（1）基本卷积码：最简单的一种卷积码，通常由一个或多个状态寄存器和一个或多个加法器组成。它通过线性组合输入比特和状态寄存器中的内容来生成输出比特。基本卷积码适用于低速率、低复杂度的无线通信系统。

（2）交织卷积码：通过交织技术将输入序列重新排列后再进行卷积编码。它与基本卷积码相似，但在交织之后进行编码。

（3）循环卷积码：一种特殊类型的卷积码，具有循环结构和特定的性质。它具有循环移位不变性，可以通过生成多项式来描述。

卷积码因其高效的错误纠正能力和灵活的编码率被广泛应用在人工智能多媒体计算中，能显著提高多媒体数据传输的可靠性和质量。

2.4　人工智能多媒体计算的人工智能基础

人工智能推动着现代多媒体技术的发展和应用。目前，人工智能技术已经成为多媒体计算的核心技术之一，也是区分于传统多媒体处理的关键。本节将介绍人工智能技术的基本概念和常用算法，其中很多概念和算法会在后续章节里出现。

在 20 世纪，人工智能主要是指机器学习技术。随着近年来深度学习分支的发展壮大，大家逐渐习惯将深度学习技术独立成章，因此本节也将人工智能基础拆分为机器学习和深度学习两部分。然而，这两部分内容范围宽广且发展日新月异，即使单独成书也难以介绍周全，因此，本节重点阐述机器学习和深度学习在解决多媒体应用中的实际问题时的思想，抛砖引玉，供读者从宏观角度熟悉两者的特点和解决问题的思路。

2.4.1　机器学习

机器学习是一门交叉学科，涉及统计分析、概率论、凸分析、优化等多个领域，旨在利用经验数据来改善系统自身的性能。在实际应用中，机器学习通常是在已有的数据中产生"模型"的算法，然后将算法模型用于预测未知的数据或情况，从而辅助人类解决实际问题。

机器学习是个范围很广的领域，尚无一个统一的理论体系涵盖所有范畴。从学习范式来看，机器学习可以大致分为监督学习、无监督学习、强化学习，在监督学习和无监督学习之间，还包含了半监督学习、弱监督学习和主动学习。其中，监督学习和无监督学习可以说是最主要的机器学习方法。

2.4.1.1　监督学习

监督学习是指用于训练的数据集中所有样本都有一一对应的标签。监督学习的目的就是学习从样本到标签的映射关系，从而在遇到新样本时可以提供准确的预测。

我们首先将一批标注好的样本集（记为 $T = \{(x_1, y_1), (x_2, y_2), \cdots, (x_N, y_N)\}$ ）划分为训练集、验证集和测试集，常见的划分比例有 7：1：2、6：2：2 等。

假设我们选定了模型，即确定了模型的种类和复杂度，记为 f，但是我们并不知道模型的具体参数。此时，我们需要用训练集来训练模型。将训练集中的样本记为 $X = \{x_1, x_2, \cdots, x_M\}$，标签记为 $Y = \{y_1, y_2, \cdots, y_M\}$，则模型的预测结果为：$\hat{Y} = f(X)$。

通常来说，在训练的初始阶段，预测结果 $\hat{Y}$ 和真实标签 Y 一般差异较大。训练过程是通过调整模型 f 的参数，让预测结果 $\hat{Y}$ 逐渐接近真实标签 Y。为了实现这一目标，我们还需要一个损失函数（Loss Function）或称代价函数（Cost Function）来准确度量 $\hat{Y}$ 和 Y 的差异程度，损失函数记为：$L(Y,\hat{Y})$。此时，机器学习问题就被转化为最优化问题，即损失函数 $L(Y,\hat{Y})$ 的最小化。如果我们的最优化问题有显式的解，那么就可以直接通过求解得出模型参数，否则就需要通过其他最优化算法来求解，甚至有时候需要开发这个问题独自的最优化算法。监督学习的范式如图 2-5 所示。通过反复训练，模型在训练集上的表现逐渐提升。从人类学习的角度来看，训练过程类似于学生做课后作业，通过反复练习课后习题和对照参考答案判断正误，从而掌握课堂知识。

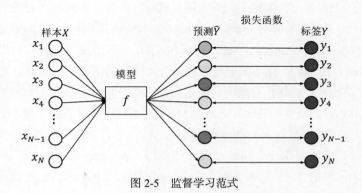

图 2-5　监督学习范式

在训练过程中，训练集用于调整模型参数，即通过模型对训练数据进行拟合，以使模型能够尽可能准确地预测已知的数据。这一过程旨在最小化训练集上的损失函数，以调整模型的参数，使其能够更好地适应训练数据。验证集用于调整模型的超参数，例如学习率、正则化系数等。测试集用于评估最终模型在预测新样本时的表现。

需要注意的是，训练误差能判断我们的问题是否容易学习；而验证误差相对更重要，其可通过在验证集上评估不同超参数配置下的模型性能，来选择表现最好的超参数配置，从而避免在测试集上对模型进行多次评估，进而避免测试集数据泄露和过度拟合。

由于现实问题的复杂性，我们无法提前得知最优模型的类型和复杂度，因此往往需要训练多个不同复杂度的模型，然后从中选择最优的模型，这就是模型选择问题。如果执着于追求对样本集的拟合精度，就容易导致模型的过拟合（Overfitting）；如果执着于追求模型的简单化，就容易导致模型的欠拟合（Underfitting）。因此，模型选择就是要通过设计一些策略来尽可能避免过拟合和欠拟合。典型策略是结构风险最小化策略，一般是通过在经验风险（即损失函数）上加一个正则化项，用于控制模型的复杂度，如下所示：

$$L(w) = L(Y,\hat{Y}) + \lambda J(f) \tag{2.42}$$

其中，第一项是经验风险，第二项是正则化项，λ 是用以调整二者之间重要性关系的权重系数。正则化项一般是模型复杂度的单调递增函数，即模型越复杂，正则化值就越大。

除了结构风险最小化策略，另一种常用的方法是交叉验证（Cross Validation）。最简单的交叉验证方法是：先随机将样本集分为训练集和测试集（例如按 7∶3 比例划分），然后用训练集训出不同的模型，在测试集评价模型的表现，选择误差最小的模型。还有 S-折交叉验证，将样本集均匀切分为 S 个互补相交的子集，其中 $S-1$ 个子集用于训练，剩下的一个子集用于测试；这一过程循环对每个子集进行，一共 S 次，然后从 S 个模型中选出误差最小的模型。当样本集更小时，可以选择"留一法"，即只留一个样本作为测试集，其余用作训练集。留一法是 S-折交叉验证的极限情况，往往在数据极度匮乏时才不得已采用。

以上内容流程不仅仅是监督学习的模型训练和选择流程，也是整个基于统计学的机器学习和深度学习的通用训练范式。监督学习是人工智能多媒体计算中最常用的人工智能算法类型，其充足的标签量使得模型能够有效学习到样本到标签的映射关系，在很多领域取得了媲美人类学习的效果。

监督学习的应用主要有三类问题：分类问题、标注问题和回归问题。分类问题的模型主要有感知机（Perception）、K 近邻（K-Nearest Neighbor，K-NN）、逻辑回归（Logistic Regression）、支持向量机（Support Vector Machines，SVM）、决策树（Decision Trees）、随机森林（Random Forest）和朴素贝叶斯（Naive Bayes）。标注问题可以视为分类问题的拓展，其主要目的是为序列型数据给出标记预测。标记的种类可能是有限的，但是标记的组合数会随序列长度指数级增长。标注问题适用的模型有隐马尔可夫模型（Hidden Markov Models，HMM）、条件随机场（Conditional Random Fields，CRF）、最大熵模型（Maximum Entropy Models）。回归问题的目标是预测连续数值的输出，常用模型有线性回归（Linear Regression）、多项式回归（Polynomial Regression）、支持向量回归（Support Vector Regression，SVR）、决策树回归（Decision Tree Regression）、集成方法（Ensemble Methods）。

2.4.1.2 无监督学习

在机器学习中，无监督学习是指在不需要预先提供标签或目标输出的情况下，模型从未标记的数据中学习，试图找到其中的结构和模式，以揭示数据的结构和关系。无监督学习的目标通常是探索数据的内在结构，进行数据降维、聚类、异常检测等任务。

无监督学习利用无标签的数据 $U = \{x_1, x_2, \cdots, x_N\}$ 进行训练，其中 $x_i \in R^M (i = 1, \cdots, N)$ 是样本，每个样本是 M 维向量，代表 M 维特征。由于没有任何监督信息，因此模型需要大量的样本，才有机会从中发现潜在的规律。无监督学习的基本思想是对大量无标签数据进行"压缩"，并以损失最小的压缩方式掌握最本质的结构。数据压缩可按基本思想分为三大类：聚类、降维、概率模型估计。

1. 聚类

聚类是无监督学习的一个重要任务，其目标是将数据划分为不同的组别，使得每个组别内的数据相似度较高，而不同组别之间的数据相似度较低。聚类的类别数量通常是提前给定的，样本之间的距离度量由任务决定，最终的聚类结果取决于数据自身。图 2-6 为聚类示意图。在实际应用中，聚类可以帮助发现数据中的隐藏结构、识别相似模式，并为进一步的数据分析和决策提供有力支持。

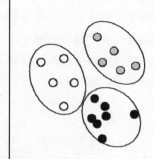

图 2-6　聚类示意图

k 均值聚类是最常见的聚类算法之一。它通过迭代地更新簇的均值来不断优化数据点与簇中心的距离，从而实现数据的聚类。具体流程如下。

（1）初始化：随机选择 k 个初始的簇中心（Centroid）。

（2）分配数据点：对于每个数据点，根据其与各个簇中心的距离，将其分配给距离最近的簇。

（3）更新簇中心：对每个簇，重新计算其中所有数据点的平均值，作为新的簇中心。

（4）重复步骤（2）和步骤（3），直至簇中心不再发生变化或达到预定的迭代次数。

k 均值聚类的优化目标是最小化数据点与其所属簇中心之间的距离总和。这一过程可以通过最小化以下损失函数来实现：

$$L(c,\mu)=\sum_{i=1}^{N}\mathrm{d}\left(x^{(i)},\mu_{c^{(i)}}\right) \tag{2.43}$$

其中，$L(c,\mu)$ 是聚类结果的损失函数，$c^{(i)}$ 表示样本 $x^{(i)}$ 所属的簇，$\mu_{c^{(i)}}$ 是第 $c^{(i)}$ 个簇的中心点，$d(\cdot)$ 表示距离度量函数。

k 均值聚类的优点之一是其算法流程简单易懂，但同时也存在对初始簇中心敏感、对异常值敏感等缺点。针对这些问题，许多改进的聚类算法被提出，以适应不同的数据特征和需求。

2. 降维

降维是另一种数据压缩方式，旨在通过减少数据的维度来简化数据表示。通过降维，我们可以更好地理解数据特点、可视化数据、加快模型训练速度，并且减少维度灾难对模型性能的影响。降维示意图如图 2-7 所示。

主成分分析（Principal Component Analysis，PCA）是最常用的降维方法之一。其核心思想是通过线性变换将原始数据映射到一个新的坐标系中，以使数据在新坐标系中的方差最大化。具体而言，PCA 的步骤如下。

（1）数据中心化：对原始数据进行中心化处理，即减去各特征的均值，以保证数据的均值为 0。

（2）计算协方差矩阵：计算经过中心化后的数据的协方差矩阵。

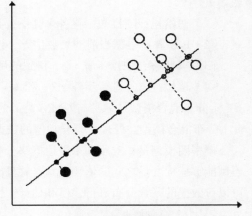

图 2-7　降维示意图

（3）特征值分解：对协方差矩阵进行特征值分解，得到特征向量。

（4）选择主成分：根据特征值的大小，选择最重要的特征向量，构成新的特征空间。

（5）投影：将原始数据投影到所选的主成分上，实现数据的降维。

通过 PCA，我们可以将高维数据映射到低维空间中，从而实现数据的降维。这不仅有利于减少数据的存储空间和计算复杂度，还有助于发现数据的内在结构和规律。此外，PCA 也常被用于数据预处理、特征提取等任务中。

除了 PCA 之外，还有其他降维方法，如线性判别分析（Linear Discriminant Analysis，LDA）、t-分布邻域嵌入（t-Distributed Stochastic Neighbor Embedding，t-SNE）等，它们针对不同的数据特点和需求提供了多样化的降维技术选择。

3. 概率模型估计

概率模型估计也是无监督学习的一个常用模型，它假设样本集由一个概率模型生成，其目的是通过样本集估计出概率模型的结构和参数。通常来说，概率模型的结构可以凭经验事先给定，模型的具体参数需要从数据中自动学习。概率模型估计示意图如图 2-8 所示，圆圈代表样本，曲线代表估计出来的概率分布。常见的概率模型有高斯混合模型、t-分布混合模型和概率图模型。

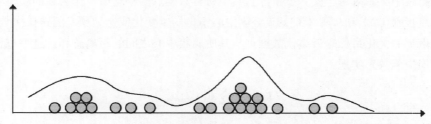

图 2-8　概率模型估计示意图

高斯混合模型（Gaussian Mixture Model，GMM）是一种常用的概率模型，它假设数据是由多个高斯分布组合而成的。在 GMM 中，每个高斯分布代表一个潜在的数据簇，因此可以用于聚类分析。GMM 的参数估计通常使用期望最大化（Expectation Maximization，EM）算法，其基本步骤如下。

（1）初始化：随机初始化各个高斯分布的均值、方差和权重。

（2）E 步骤：根据当前的参数估计，计算每个样本属于各个高斯分布的后验概率。

（3）M 步骤：根据步骤（2）得到的后验概率，重新估计高斯分布的参数。

（4）迭代：重复进行步骤（2）和（3），直至收敛为止。

t-分布混合模型是一种与 GMM 类似的概率模型。由于 t-分布对异常值具有更好的鲁棒性，因此 t-分布混合模型在处理含有异常值的数据时能够更加准确地捕捉数据的分布特征。

概率图模型是一类用图来表达概率分布的模型，包括贝叶斯网络和马尔可夫随机场等。这些模型能够捕捉变量之间的依赖关系，并且能够有效地对联合概率分布进行建模。通过这些模型，可以对数据的联合分布进行建模和估计。

2.4.1.3　强化学习

强化学习是一种机器学习范式，旨在让智能体（Agent）通过与环境的交互，学习如何采取行动以实现长期累积奖励最大化。在强化学习中，智能体需要通过尝试不同的行动来探索环境，并且通过观察环境的反馈来逐步学习如何做出最佳的决策。强化学习的过程主要包含环境、智能体、奖励信号、学习策略和强化学习算法。

在强化学习中，智能体需要与环境进行交互。环境可以是现实世界中的物理环境，也可以是虚拟的计算机模拟环境。智能体根据环境的状态选择行动，并且根据其行动获得环境的奖励或惩罚。奖励信号是强化学习中的核心概念，用于评价智能体每次行动的好坏。当智能体采取某个行动后，环境会返回一个奖励信号，指示该行动的好坏程度。强化学习示意图如图 2-9 所示，智能体的目标是最大化长期累积奖励。

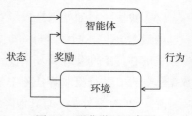

图 2-9　强化学习示意图

学习策略指的是智能体如何根据当前的状态选择行动。这可能涉及探索新行动和利用已知信息之间的权衡。常见的学习策略包括 ε-贪婪策略、Softmax 策略等。强化学习涉及多种算法，其中最著名的是 Q 学习、SARSA、深度强化学习等。这些算法基于不同的原理和技术，用于解决不同类型的强化学习问题。

强化学习在人工智能多媒体计算领域有着广泛的应用，举例如下。

（1）视频编码：强化学习算法可以优化编码参数，从而提高视频传输的效率。

（2）动画生成：在动画领域，强化学习常被用于角色动作生成、智能交互以及场景优化等方面。通过强化学习，动画角色可以学习复杂的运动模式，如跳跃、奔跑等，从而生成更加自然和逼真的动画。

（3）VR/AR：在 VR/AR 环境中，强化学习用于优化用户交互和场景渲染，提供沉浸式体验。

强化学习面临着一些挑战，如样本效率、稳定性等问题。此外，为了提高强化学习在实际环境中的可靠性，也需要不断改进和发展更加鲁棒的强化学习算法。近年来，随着深度强化学习的兴起，结合深度学习和强化学习的方法已经在许多领域取得了突破性进展。

总而言之，强化学习作为一种基于试错学习的范式，在人工智能领域具有重要意义。通过与环境的交互，智能体可以学习并逐渐改善自己的行为策略，从而实现对各种复杂任务的有效处理。

2.4.2　深度学习

深度学习是机器学习的一个分支，也是目前人工智能及人工智能多媒体计算领域最火热的研究方向之一，已经在现实生活中的多个领域取得了显著成就，对当今世界经济、社会格局和人民生活产生了巨大影响。下面就针对深度学习的核心思想做出简要介绍。

2.4.2.1　神经网络简介

受到生物神经元的启发，美国学者弗兰克·罗森布拉特（Frank Rosenblatt）在 1957 年提出了感知机（Perception）算法，它是一种简单的人工神经元模型，用于实现二分类任务。如图 2-10 所示，感知机接收多个输入特征，并通过加权求和与激活函数处理后产生输出。这里的加权求和过程类似于神经元中的突触传递过程，而激活函数则可以看作神经元的兴奋性响应。虽然感知机在当时被证明只能解决线性可分问题，并且存在一些局限性，但它为后来更加复杂的神经网络模型奠定了基础，并且激发了人们对神经网络和深度学习的研究兴趣。

为了克服感知机非线性不可分的缺点，研究人员提出了 S 型神经元。S 型神经元是一种使用 Sigmoid 激活函数的神经元模型，它能够更好地处理非线性问题。Sigmoid 函数具有平滑的 S 形曲线，将输入映射到 0 到 1 之间的连续输出。这种特性使得神经元的输出更加灵活，可以捕捉到更复杂的模式和关系。

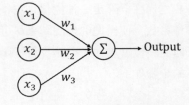

图 2-10　感知机示意图

为了捕捉更复杂的非线性关系，人们将多个 S 型神经元堆叠成神经网络，又被称为多层感知机（Multi-Layer Perceptron，MLP）。多层感知机可以分为输入层、隐藏层和输出层。其中输入层负责接收原始的特征数据，并将这些特征传递到神经网络中。通常情况下，输入层的神经元数量等于输入特征的维度；输入层并不进行任何计算或变换，它只是简单地将原始输入数据传递给下一层，起到了数据传输的作用。隐藏层是神经网络中进行特征提取和表示学习的部分。通过对输入数据进行加权求和与非线性变换，隐藏层可以学习到数据的抽象特征表示。在多层感知机中，通常会有多个隐藏层，每一层都能够捕获不同级别的数据特征。每个隐藏层中的神经元会根据输入信号和相应的权重进行加权求和，并将结果通过激活函数进行非线性变换，产生新的特征表示，然后传递给下一层隐藏层或输出层。输出层负责生成神经网络的最终输出。输出层的结构取决于所解决的具体问题，例如分类问题可能使用 Softmax 激活函数来输出各个类别的概率，回归问题可能直接输出数值。输出层的设计需要与任务的性质相匹配，并

且输出通常会受到损失函数的约束，以便通过反向传播算法进行优化。这种上层输出是下层输入的网络，又被称为前馈神经网络，如图 2-11 所示。

尽管多层感知机并不具备现代深度神经网络的复杂性和规模，但它奠定了神经网络发展的基础。后来的深度学习模型，如卷积神经网络（Convolutional Neural Network，CNN）、循环神经网络（Recurrent Neural Network，RNN）、残差网络（Residual Network，ResNet）等，

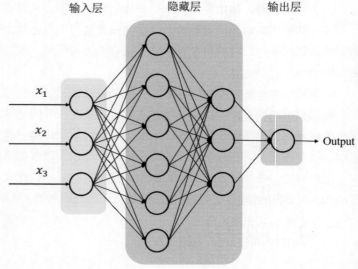

图 2-11　前馈神经网络示意图

都是建立在多层感知机的基础上，并且通过引入更加复杂的结构和技术，取得了显著的进展。

2.4.2.2　神经网络的训练

作为机器学习的一个分支，神经网络的学习范式和机器学习一样，包含监督学习、半监督学习、无监督学习等。神经网络的训练同样包含划分数据集、设定目标函数、超参数调整等环节。然而，由于神经网络的特性，它拥有自己独特的训练算法——梯度下降（Gradient Descent）算法和反向传播（Back Propagation，BP）算法。梯度下降和反向传播是神经网络训练过程中密切相关的两个概念，二者通常一起使用，来更新神经网络的参数。

1. 梯度下降

梯度下降是一种优化算法，用于最小化目标函数（损失函数）。在神经网络中，目标是调整模型参数，使模型的预测结果尽可能接近真实值。梯度下降的基本思想是沿着目标函数的负梯度方向更新模型参数，以减少目标函数的值。以基于监督学习的神经网络的学习范式为例，梯度下降的步骤如下。

（1）计算损失：在给定训练样本上计算模型的预测值，并将其与真实标签进行比较，从而得到损失函数的值。

（2）计算梯度：计算损失函数对每个参数的偏导数，即梯度。这可以使用链式法则和反向传播来高效地计算。

（3）更新参数：使用梯度信息来更新模型的参数，使损失函数值减小。这个更新过程可以使用不同的变体，包括批量梯度下降、随机梯度下降和小批量梯度下降。

2. 反向传播

反向传播是一种用于高效计算梯度的技术，它结合了链式法则和计算图的思想。在神经网络中，反向传播算法允许我们有效地计算目标函数相对于每个参数的梯度。其基本思想是从输出层开始，通过链式法则逐层计算梯度，直到达到输入层。具体来说，反向传播包括以下步骤。

（1）前向传播：从输入数据开始，通过神经网络计算输出，并计算损失函数的值。

（2）反向传播误差：从输出层开始，根据链式法则计算每一层的梯度，然后向前传播。

（3）更新参数：使用梯度下降等优化算法来更新参数，减小损失函数的值。

通过梯度下降和反向传播算法，神经网络能够不断地调整参数，使模型的预测结果更加准确。这两个算法是神经网络训练中至关重要的组成部分，也为深度学习的成功应用提供了关键的理论基础。

2.4.2.3　神经网络的类型

根据神经元连接方式的不同，神经网络可以分为多种类型，下面简要介绍三类常见的神经网络。

1. 卷积神经网络

卷积神经网络（Convolutional Neural Network，CNN）是一种专门用于处理具有网格结构数据（如图像）的神经网络模型，因在计算机视觉任务中的卓越表现而备受关注，并且被广泛应用于人工智能多媒体图像计算，包括图像识别、目标检测、图像分割等领域。

CNN 主要由卷积层、池化层、激活函数和全连接层组成。其中，卷积层通过对输入数据应用滤波器（卷积核），从而提取局部特征。这些滤波器在整个输入图像上滑动，产生一系列特征图（Feature Maps）。卷积操作可以有效地捕获图像中的平移不变性。池化层用于减少特征图的空间尺寸，减少参数数量，并且增强模型的鲁棒性。常见的池化操作包括最大池化和平均池化，它们分别保留局部区域的最大值或平均值作为下一层的输入。在卷积层和池化层之后通常会使用激活函数，以引入非线性特征。常见的激活函数包括 ReLU（Rectified Linear Unit）、Sigmoid 和 Tanh 等。在卷积和池化层之后，通常会跟随一个或多个全连接层，用于整合特征并生成最终输出。全连接层将前一层的所有神经元与当前层的所有神经元相连接。不过，全连接层并不是必需的，需要由具体问题来决定。

2. 循环神经网络

循环神经网络（Recurrent Neural Network，RNN）是一种专门用于处理序列数据的神经网络模型。与传统的前馈神经网络不同，RNN 具有循环连接结构，允许信息在网络中进行传递和持久化，从而能够对序列数据进行建模。

RNN 包含循环连接、隐藏状态和时间步展开。循环连接结构是 RNN 的关键特点，使得当前时刻的隐藏状态可以受到之前时刻隐藏状态的影响，从而允许网络记忆先前的信息。隐藏状态包含网络对过去输入序列的总结和记忆，因此隐藏状态可以被看作网络对历史信息的表示。为了更好地理解 RNN 的工作原理，通常会将 RNN 在时间上展开成多个单元，每个单元对应输入序列中的一个时间步。随着技术的发展，RNN 又被改进为长短时记忆网络（Long Short-Term Memory，LSTM）和门控循环单元（Gated Recurrent Unit，GRU）。RNN 及其变体被广泛应用于人工智能多媒体计算领域，包括文本生成、在自动语音识别（Automatic Speech Recognition，ASR）系统中将语音信号转换为文本、在视频分析中捕捉视频帧之间的时间动态特性等任务。

3. 图神经网络

图神经网络（Graph Neural Network，GNN）是一类专门用于处理图结构数据的神经网络模型。与传统的神经网络处理规则化数据（如文本、图像）不同，GNN 能够对节点和边进行建模，从而有效地捕捉图数据中的复杂关系和结构信息。GNN 旨在利用图结构中的局部连接和全局拓扑信息，对节点进行特征学习和预测。GNN 的核心思想是通过节点之间的信息传播来更新节点的表示，使节点能够考虑其邻居节点的信息。

GNN 主要包含图卷积层、消息传递机制、图池化层。图卷积层是 GNN 的核心组件，它允许节点按照图结构进行信息传播和聚合。GNN 通常采用消息传递机制来实现信息的传播和聚合，即节点接收邻居节点的信息，并且将其汇总以更新自身的表示。与传统卷积神经网络中的池化层类似，图池化层用于减小图的规模，降低计算复杂度，并增强模型的鲁棒性。

近年来，GNN 在人工智能多媒体计算中得到了广泛的应用，例如：在说话人识别任务中，GNN 可以用于建模不同说话人之间的关系，通过图结构分析提高识别准确性；在多模态数据（如文本、图像、音频）的融合中，GNN 可以捕捉不同模态数据之间的关系。

2.5　本章小结

在本章中，我们系统地探讨了人工智能多媒体计算的理论基础。首先，介绍了数学基础知识，包括微积分、线性代数、概率论知识，为理解人工智能多媒体计算的核心算法提供了必备工具。其次，介绍了信号处理基础，详细讲解了信号的两种主要形式以及常用的信号滤波和分析技术，这些方法在多媒体信号处理应用中被广泛使用。随后，探讨了信息论基础，涵盖香农通信系统模型、信息度量、信源编码和信道编码，这些内容帮助我们理解信息的传输和处理方式。最后，探讨了人工智能基础，分为机器学习和深度学习两部分，揭示了人工智能在人工智能多媒体计算中的重要角色和应用前景。通过对这些理论基础的详细介绍，本章提供了一个全面的知识体系，帮助读者在人工智能多媒体计算领域中建立扎实的理论基础和应用能力，为后续章节的深入学习和研究奠定了坚实的基础。

习题

（1）假设有一个多媒体信号 $x(t)$ 在连续时间区间[0，10]上的能量强度定义为 $x(t) = 3t^2 + \cos(t)$。请计算该信号在此时间区间的定积分，并解释其物理意义。

（2）假设有一个多媒体信号 $x(t)$ 在连续时间区间[0，π]上的能量强度定义为 $x(t) = 3 + \cos(t)$。请计算这个信号在该区间的期望和方差，并解释其物理意义。

（3）假设有一个多媒体信号 $x[t]$ 在离散时间区间[0,1,2,$\cdots$,10]上的能量强度定义为 $x[t] = 3t^2 + \cos(t)$。请根据香农第一定律判断该信号是否能进行无损信源编码。

（4）如果用傅里叶变换对习题（3）中的多媒体信号进行分析，能得到哪些信息？这种分析方式有什么优缺点？

（5）试列举生活和工作中一些用到了人工智能技术的多媒体应用或场景。

第 3 章
人工智能多媒体文本信息计算

21世纪以来，随着互联网的快速发展，基于自然语言的网页数量已达到惊人的万亿级别。这些资源成为人们获取信息、交流思想、展开社交活动的重要平台。然而，随着文本数据规模的迅速膨胀，人们面临着如何有效利用如此大批量数据的挑战。人工处理如此海量的文本资源显然不切实际，因此，文本信息处理技术应运而生，这一技术赋予了机器理解、分析和生成人类语言的能力，成为连接人类智慧与机器智能的纽带。

在人工智能多媒体计算领域，文本信息处理不仅限于单一的文本形式，而是与图像、音频、视频等多种媒体类型相结合，以实现更高层次的智能应用和交互。本章将深入探讨人工智能多媒体文本信息计算的相关知识和算法，首先对人工智能多媒体文本信息计算的基础进行概览，随后细致解读该领域的7个里程碑式成果——从构成人工智能多媒体文本信息计算基石的算法开始，包括词袋模型、词频-逆文档频率、潜在语义分析、知识图谱和词嵌入等，逐步过渡到当前备受关注的基于循环神经网络/长短期记忆网络的Seq2Seq方法、基于注意力机制的ChatGPT聊天机器人，为读者勾勒出人工智能多媒体文本信息计算的演进轨迹，并对未来人工智能多媒体文本信息计算的可能走向进行展望。

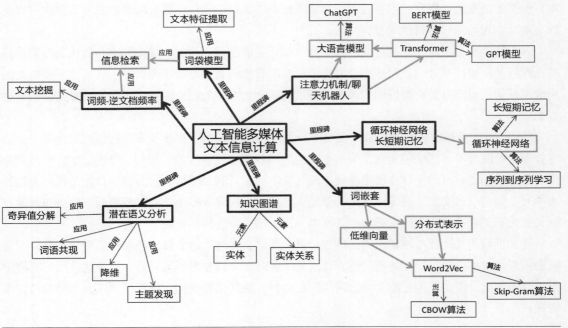

3.1 人工智能文本信息计算基础及里程碑式成果

人工智能文本信息计算作为人工智能多媒体计算的基础，具有悠久的发展历史，许多人工智能算法也成为其他多模态智能计算的基石。本节将介绍人工智能文本信息计算的基础知识，以及该领域的 7 个重要里程碑式成果。

3.1.1 人工智能文本信息计算基础

语言作为人类智慧的基石，不仅能传递逻辑和知识，还承载着交流和思考的核心使命。文本和语音是语言的两种重要表达方式，在人类文明的进程中发挥着关键作用。文本以书面形式展现语言，便于阅读理解；语音则以口头形式传达信息，依赖听觉理解。相比之下，文本更适合作为信息的记录载体，因为它需要更加结构化的组织，而语音则包含语气、语调、重音等额外信息。目前，自然语言是最主流的文本信息之一。自然语言即人类日常交流使用的语言，例如英语、汉语、西班牙语等，通过文字、语音等形式表达信息。在文本形式中，自然语言包括书面语言，如书籍、文章、邮件、社交媒体帖子等。这些文本信息可以包含丰富的语义和情感，是自然语言处理技术的主要处理对象。

在当前的人工智能时代，文本信息计算致力于将自然语言文本转换为计算机可理解和处理的形式，包括文本分类、情感分析、命名实体识别、机器翻译等任务。其目标是从文本中提取有用信息，为后续分析和应用奠定基础。文本处理涵盖两个重要的子领域：文本理解和文本生成。文本理解指计算机通过分析和解释文本输入，提取其中的意义和信息，包括语义理解、语法分析、语境理解等任务。其目标是使计算机准确理解和解释人类语言，以便进行推理、回答问题、执行任务等。文本生成则是计算机根据特定输入数据，利用语言模型和规则生成符合语法和语义的文本，包括生成报告、摘要、回答问题、对话等任务。其目标是让计算机以自然的方式生成可理解的文本，实现与用户的自然交互和沟通。

人工智能文本信息计算通过文本预处理、特征提取、任务分类、模型训练与优化、模型评估与选择以及应用部署等一系列步骤，实现了对文本数据的高效处理、理解和生成。这些步骤共同构成了现代文本信息分析与应用的基本流程，为各种文本相关任务提供了可靠的技术支持和解决方案。

其中，人工智能文本信息计算中的文本分词（Tokenization）是至关重要的预处理步骤，在文本处理中扮演着不可或缺的角色，为文本结构理解和语言处理奠定了基础。将连续字符序列划分为有意义的词语，有助于计算机更准确地理解文本的意义和语法结构。分词的目标是将较大的文本单元（如句子或文章）切分成更小的单元，这些单元称为 tokens，通常是单词、短语或其他有意义的元素，它们将作为语言处理的基本单元用于进一步分析和处理。

分词过程与具体任务密切相关，例如：处理英语文本时，通常按空格和标点符号切分，因为英语词汇以空格分隔；但在处理汉语、日语等语言时，分词变得更加复杂，因为这些语言不使用空格分隔词汇，需要识别连续文字之间的词汇边界，通常依赖词典、统计模型或深度学习模型来实现。

随着分词技术的不断发展，从最初的基于规则和词典的方法，到统计机器学习方法，再到现代基于深度学习的方法，计算机处理复杂文本的能力不断提升。在实际应用中，分词工具和方法的选择取决于具体语言、任务需求和可用资源。本小节将重点介绍中文分词（Chinese Word Segmentation，CWS）和子词分词（Subword Tokenization）的相关内容，探讨其在人工智能文本信息计算中的应用。

1. 中文分词

由于中文文本中的词语是连续书写的，没有明显的分隔符（如空格）来表示词汇边界，因此分词是理解中文文本的第一步。虽然单个字能传达一定的语义信息，但是不明确的词汇边界容易引起歧义，如"中文"和"中心"两词中的"中"字传达了不同的语义信息。CWS 也是句法分析、语义理解等下游任务中的重要前置步骤。除此之外，对中文文本分词，可以提高信息检索与数据分析的准确性。例如：句子"今天是晴天。"的分词结果为"今天/是/晴天/。"，其中"/"为词之间的边界。目前，中文分词技术主要分为基于规则的分词、基于统计的分词和基于深度学习的分词。其中基于深度学习的分词通过在大规模语料上的预训练，获得强大的语义理解能力，并在此基础上通过微调或其他技术进一步提高分词的准确率。

2. 子词分词

子词分词的目的是将单词切分成子词，主要运用在预训练模型中。例如：句子"I am eating."对应的子词分词结果可为"I/am/eat/#ing/."，其中"#ing"即为子词。基于子词分词的模型经过训练后，可以学会不同词之间重叠的语义信息，达到压缩数据的目的。例如："eating"和"working"中的子词"#ing"都能够表示这两个词的时态。常用的子词分词算法有 Byte Pair Encoding（BPE）、WordPiece 以及 SentencePiece 等，这些算法各有特点，可适用于不同场景。其中，BPE 算法可以灵活调整词表的大小，适配不同的语言。同时，由于 BPE 算法的词表一般包含该语言的最小字符单位，因此通过将单词切分为子词，BPE 分词算法能够很好地处理未登录词（Out-of-Vocabulary Words，OOV）的情况。WordPiece 算法可以通过分词保持较小的词汇表，同时覆盖大部分词汇，且能有效处理稀有词汇和未见词汇，增强模型的鲁棒性。与 WordPiece 等传统分词方法相比，SentencePiece 算法不依赖于特定的语言学特性或分词规则，可以处理任何语言，包括没有明确分词规则的语言（如汉语、日语等）。为方便读者进一步了解分词过程，我们以 BPE 分词算法为例介绍子词分词的过程。

（1）统计字符频率：首先统计文本数据中每个单个字符的出现频率。

（2）初始化词表：以单个字符作为初始的词表条目。

（3）迭代合并：在词表中寻找出现频率最高的相邻字符对，将其合并成一个新的字符，并加入到词表中。

（4）更新频率：在合并字符后，更新各个字符的出现频率。

（5）重复合并过程：重复步骤（3）和（4），直到达到预设的词表大小或合并次数上限。

3.1.2　人工智能文本信息计算发展里程碑

人工智能文本信息计算技术的发展历程可以概括为 7 个重要里程碑，如图 3-1 所示。它们分别是：词袋模型（Bag-of-Words，BOW）、词频-逆文档频率（Term Frequency-Inverse Document Frequency，TF-IDF）、潜在语义分析（Latent Semantic Analysis，LSA）、知识图谱（Knowledge Graph，

KG）、词嵌入（Word Embedding）模型 Word2Vec、Sequence-to-Sequence（Seq2Seq）Learning 以及 ChatGPT。这些技术的不断创新和发展，推动了自然语言处理领域从早期基于统计的方法，发展到后来基于深度学习的方法，再发展到当前融合多种技术的综合解决方案，最终实现了对文本信息的更加全面和深入的理解和处理。

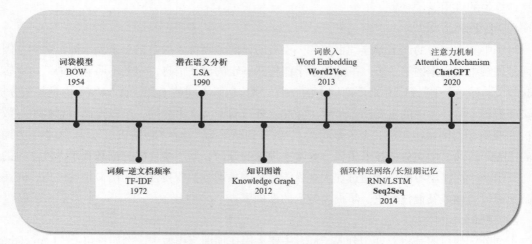

图 3-1　人工智能文本信息计算发展里程碑

1950 年，艾伦·图灵提出了图灵测试作为判断智能的标准，从而开启了人工智能的先河。人工智能文本信息计算的发展经历了多个重要的里程碑，其中 7 个具有代表性的里程碑如图 3-1 所示。

第 1 个里程碑是 1954 年，泽里格·哈里斯（Zellig Harris）提出的词袋模型的概念。这一模型将文档表示为词的向量，忽略了词在文档中的顺序，因此得名"词袋"。词袋模型最早应用于 IBM 机器翻译演示系统，并在自然语言处理和信息检索领域得到广泛应用。

第 2 个里程碑是 TF-IDF 技术，由词频（Term Frequency，TF）和逆文档频率（Inverse Document Frequency，IDF）组成，最早可追溯至 1972 年。TF 用于衡量词在语料库中的重要性，而 IDF 则衡量词在文档中的重要性。TF-IDF 是词袋模型的改进版本，目前仍广泛应用于信息检索系统中。

1990 年，斯科特·迪尔韦斯特（Scott Deerwester）提出的 LSA 算法是第 3 个里程碑。LSA 通过奇异值分解方法对词-文档矩阵进行降维，从而挖掘不同词语在文档中的语义关联，同样被广泛应用于信息检索领域。

第 4 个里程碑技术是知识图谱，该概念最早由谷歌在 2012 年提出，用于增强搜索引擎功能。知识图谱以"实体-关系-实体"三元组形式描述物理世界中的概念及其关系，被广泛应用于谷歌搜索引擎和苹果语音助手等领域。

词嵌入是一种低维稠密向量的方法，它有效缓解了词语多义性的问题。2013 年，谷歌提出了 Word2Vec 模型，简化了词嵌入的训练方式，推动了自然语言处理任务的发展，成为人工智能文本信息计算的第 5 个里程碑。

第 6 个里程碑是 2014 年谷歌提出的 Sequence-to-Sequence（Seq2Seq）Learning 方法，其能基于循环神经网络（Recurrent Neural Network，RNN）/长短期记忆（Long Short-Term Memory，LSTM）

网络等网络结构提升处理序列数据的效果，被广泛应用于自然语言处理任务的建模和生成。

最后一个里程碑节点是基于注意力机制的 ChatGPT 模型。2020 年，OpenAI 推出了 ChatGPT 模型，专门用于对话生成和互动，利用其强大的语言生成能力，提供了一个能与用户进行自然语言交流的系统。

这 7 个里程碑共同构成了人工智能文本信息计算发展的关键节点，推动了自然语言处理领域从简单模型到基于深度学习的复杂技术的演进，为人工智能文本信息计算打下了坚实的基础。

3.2　人工智能文本信息计算算法

前面我们介绍了人工智能文本信息计算的基础知识以及其中的 7 个里程碑算法。本节我们将详细介绍人工智能文本信息计算中的前 6 个里程碑算法，包括词袋模型、词频-逆文档频率、潜在语义分析、知识图谱、词嵌入 Wor2Vec 算法和循环神经网络/长短期记忆网络。

3.2.1　词袋模型

词袋模型（Bag-of-Words，BOW）是人工智能文本信息计算中最基础和常用的算法，广泛应用于自然语言处理和信息检索等领域，在计算机视觉中也有应用。词袋模型以向量的形式表示一个文档，其中每一维表示文档中的一个词。由于该模型并不考虑词在文档中的顺序，因此被形象地称为"词袋"。词袋的早期应用包括 IBM

词袋模型

机器翻译演示系统，其中 IBM-1 概率模型就是由两个词袋模型组成的。该算法的核心思想是将文档表示为各个词语出现频率的向量，忽略了词语在文档中的顺序和语法结构。

词袋模型的优点在于简单高效、易于实现和应用于大规模文本处理，但它也存在一些局限性。首先，词袋模型忽略了词语顺序信息，导致丢失文本的上下文语义关系。其次，它无法处理单词的多义性和歧义性，可能将相似的词视为不同的特征。另外，词袋模型也无法捕捉词序对结果的影响，而对于某些任务如情感分析和机器翻译，词序是非常重要的。因此，随着自然语言处理技术的发展，后来出现了基于词嵌入、循环神经网络等更加复杂的文本表示模型，能够更好地捕捉文本的语义信息和上下文依赖关系。但是词袋模型仍然是一种简单高效的文本表示方法，在某些应用场景如信息检索系统中仍然广为使用。

词袋模型的构建包含构建词汇表、编码文本、创建文档向量等步骤。首先，构建词汇表的目的是创建一个包含语料库中所有唯一词汇的列表。其次，编码文本是将文档中的词映射到词汇表中的词汇，并记录其出现的次数或权重。最后，创建文档向量则是将每个文档表示为一个向量，向量的维度等于词汇表的大小，而每个元素则对应词汇表中的一个词汇，并表示该词汇在文档中的权重。在文本编码过程中，有时会遇到词汇表中没有收录的词语，称为未登录词汇（Out-of-Vocabulary，OOV）。词袋模型往往会先移除这些 OOV 词语，然后再对文档进行编码。下面是构建词袋模型的一个例子。

对于语料库 $\mathcal{D} = \{d_1, d_2, d_3\}$，其中每个文档分别为：$d_1 =$ "眼睛/是/心灵/的/窗户/。"，$d_2 =$ "眼睛/是/一种/人体/器官/。"以及 $d_3 =$ "白内障/是/一种/眼睛/疾病/。"。首先利用分词算法对每个文档分词，然后收集词汇，收集得到的词汇表为 $\mathcal{V} = \{$ "眼睛"，"是"，"心灵"，"的"，"窗户"，"一种"，

"人体"，"器官"，"白内障"，"疾病"，"。"}，则各文档对应的词袋模型向量如表 3-1 所示。

表 3-1 各文档对应的词袋模型向量

语料库	眼睛	是	心灵	的	窗户	一种	人体	器官	白内障	疾病	。
d_1	1	1	1	1	1	0	0	0	0	0	1
d_2	1	1	0	0	0	1	1	1	0	0	1
d_3	1	1	0	0	0	1	0	0	1	1	1

其中 1 表示单词出现在文档中，0 表示没有出现。得到文档向量后，我们可以利用余弦相似度（Cosine Similarity）计算两个文档之间的相似度，其中文档 1 与文档 2 的相似度为

$$\cos(d_1, d_2) = \frac{d_1 \cdot d_2}{\|d_1\| \|d_2\|} \text{。}$$

3.2.2 词频–逆文档频率

词频-逆文档频率（Term Frequency-Inverse Document Frequency，TF-IDF）是一种衡量文档中词的重要性的人工智能文本信息计算算法，常用于信息检索、文本挖掘等任务中。词频-逆文档频率这项技术最早可以追溯到 1972 年，是一种改进的词袋模型，考虑了每个词在文档以及语料库中的重要性。该算法融合了两种统计特征，即词频（TF）和逆文档频率（IDF）。其中 TF 用于衡量一个词在某个文档中出现的频率。一个词在特定文档中出现的频率越高，通常意味着它与该文档的主题相关性越强，因此具有较高的重要性。而 IDF 用于衡量一个词在整个语料库中出现的频率。如果一个词出现在大部分文档中，则说明它是一个常用词，相对于整个语料库而言，它的重要性较低。IDF 的设计就是为了降低这种常用词的影响。TF-IDF 算法将这两个因素相乘，得到一个综合评分。具体来说，一个词语的 TF-IDF 值等于它的词频乘以它的逆文档频率。这样既考虑了词语在某个文档中的重要性，也考虑了它在整个语料库中的重要性。对于文档 d 中的词 t，$\text{TF}(t,d)$ 表示该词在文档中出现的频率，具体计算方法如下：

$$\text{TF}(t,d) = \frac{\text{COUNT}(t,d)}{\sum_{t' \in \mathcal{V}} \text{COUNT}(t',d)} \tag{3.1}$$

其中，$\text{COUNT}(t,d)$ 表示文档 d 中出现词 t 的次数，分母为文档中的总词数。对于语料库 $\mathcal{D}$，词 t 的逆文档频率 $\text{IDF}(t)$ 表示词占全体文档比例的对数反比关系：

$$\text{IDF}(t) = \log \frac{|\mathcal{D}|}{\sum_{d \in \mathcal{D}} 1 \cdot [t \in \mathcal{D}]} \tag{3.2}$$

其中，$|\mathcal{D}|$ 表示语料库中的文档数量，分母则为包含词 t 的文档数。最后，词 t 在文档 d 中的 TF-IDF 表示为词频 $\text{TF}(t,d)$ 与逆文档频率 $\text{IDF}(t)$ 的乘积：

$$\text{TF} - \text{IDF}(t,d) = \text{TF}(t,d) \cdot \text{IDF}(t) \tag{3.3}$$

TF-IDF 算法将文档 d 表示为 $|\mathcal{V}|$ 维的向量，其中每一个维度表示一个词 t，其数值的意义为词 t 在文档 d 中的重要性。TF-IDF 算法对文档中高频出现，但是在语料库中出现频率较低的词赋与较高的重要性，因此可以筛选文档中的高频词，并过滤掉其中的常见词，保留反映主要内容的关

键词。在实际应用中，往往需要先对语料库进行预处理，包括分词和去停用词（Stopword）等。在 TF-IDF 算法之上，还衍生出了其他的文本处理算法，如 BM25（Best Matching）算法。

3.2.3　潜在语义分析

潜在语义分析

1990 年，斯科特·迪尔韦斯特（Scott Deerwester）提出的潜在语义分析（Latent Semantic Analysis，LSA）算法是人工智能文本信息计算发展的第 3 个重要里程碑。传统的词袋模型和 TF-IDF 算法主要关注词语在文档中的出现频率及其相对重要性，反映了词与词之间的浅层关系。而 LSA 或隐含语义索引（Latent Semantic Indexing，LSI）则试图挖掘词语背后的潜在语义信息。LSA 算法通过构建词-文档共现矩阵来表示词语与文档之间的关联。在这个矩阵中，每个词的权重是通过 TF-IDF 算法计算得到的。TF-IDF 考虑了词频和逆文档频率的乘积，能够反映词语在文档中的重要性。然而，TF-IDF 得到的词-文档矩阵维度通常很高，不利于后续的计算和分析。为此，LSA 利用第 2 章介绍的奇异值分解技术对矩阵进行降维，捕捉词语之间的潜在语义关系。通过这种方式，LSA 能够发现文本中隐藏的语义联系，在信息检索、文本分类和推荐系统等任务中发挥重要作用。相比于仅关注词语出现频率的模型，LSA 能够更深入地理解文本的语义内涵。具体而言，在 LSA 中，词-文档共现矩阵 X 可表示为：

$$X = \begin{bmatrix} x_{1,1} & \cdots & x_{1,n} \\ \vdots & & \vdots \\ x_{m,1} & \cdots & x_{m,n} \end{bmatrix} \tag{3.4}$$

其中 $x_{i,j}$ 表示为词 t_i 在文档 d_j 中的 TF-IDF 值。LSA 通过对矩阵 X 进行奇异值分解，表示为：

$$X = U\Sigma V^{\mathrm{T}} \tag{3.5}$$

其中 $U \in \mathbb{R}^{m \times m}$ 和 $V \in \mathbb{R}^{n \times n}$ 为正交矩阵，$\Sigma \in \mathbb{R}^{m \times n}$ 为对角矩阵。其中 U 的列向量是 X 的左奇异向量，V 的列向量是 X 的右奇异向量，Σ 对角线上的元素为奇异值（Singular Values），按从大到小的顺序排列。在完成奇异值分解后，Σ 表示主题的重要性，U 表示词与主题的关系，V 表示文档与主题的关系，然后根据 Σ 中奇异值的大小，选择最重要的 K 个奇异值及对应的列向量，将 U 和 V 矩阵截断，实现降维的效果。

总的来说，词袋模型和 TF-IDF 算法主要关注词语的直接含义和表面关系，而 LSA 则试图通过分析词语的上下文信息和利用词-文档共现矩阵，来挖掘文本中隐含的语义关联。词袋模型、TF-IDF 和 LSA 体现了文本分析从表层到深层的逐步发展，为后续更复杂的语义理解奠定了基础。

3.2.4　知识图谱

知识图谱（Knowledge Graph，KG）是一种结构化的知识表示方法，最早由谷歌公司于 2012 年提出。Knowledge Graph 一词最早来自于谷歌 2012 年的博客 "Introducing the Knowledge Graph: things，not strings"，其最初的目的是增强搜索引擎功能。知识图谱是结构化的语义知识库，用于以符号形式描述物理世界中的概念及其相互关系，旨在将现实世界的实体、属性和关系组织成图形结构，以使机器能够更好地理解和推理。

传统搜索引擎主要依靠关键词匹配，难以理解用户的搜索意图和语义关系。知识图谱的引入改变了这一局面。它将实体、属性和实体间的关系表示为图中的节点和边，建立起丰富的实体关联和语义联系，这为搜索引擎提供了更准确、更丰富的信息。

知识图谱的应用非常广泛，不仅用于搜索引擎，还可用于问答系统、智能助手和推荐系统等。它为机器提供了更深入的语义理解和推理能力，使其更好地满足用户需求，提供智能化服务。知识图谱的典型应用如谷歌搜索引擎和苹果语音助手等。在这之后，百度等国内互联网公司也开始构建自己的知识图谱。同时，其他垂直领域（如医疗领域）的知识图谱也不断发展。知识图谱的出现，大大提高了自然语言处理应用的效果。

知识图谱的构建主要包括三个关键步骤：知识抽取（Knowledge Extraction）、知识表示（Knowledge Representation）和知识链接（Knowledge Linking），如图 3-2 所示。

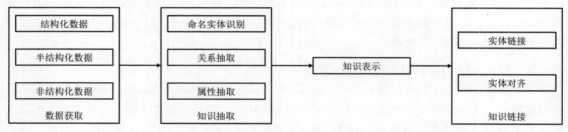

图 3-2　知识图谱构建流程

其中知识抽取旨在从结构化数据源（如数据库、表格等）和非结构化数据源（如文本文档、网页、社交媒体等）中提取有用的知识信息。常用的知识抽取技术包括命名实体识别、关系抽取和属性抽取等，用于识别和提取实体（人物、地点、组织等）、关系（人物之间的关系、事件的参与者等）和事件（新闻、社交媒体上的事件等）等。知识表示将提取的知识以机器可理解的方式进行表示，常见方法包括三元组（主语-谓语-宾语）和图结构表示。其中，三元组表示将知识建模为事实或关系，而图结构表示则使用节点（实体）和边（关系）来展示实体间的联系。知识链接将抽取的知识与现有的知识库或外部资源进行链接。通过将实体、属性或关系映射到已有的标准化知识库（如维基百科、Freebase 等）或其他外部资源，可以丰富知识图谱的内容，并提供更多的上下文信息和交叉引用。

在知识图谱的构建过程中，可能会从多个来源获取知识，这些知识可能存在冗余、不一致或不完整的情况。知识融合可以将来自不同来源的知识进行整合和清洗，消除冲突和重复，使知识图谱具有一致性和完整性。还可以在知识图谱上进行逻辑推理和推断，通过应用推理规则、逻辑规则和语义关系，可以从已有的知识中推导出新的知识，填补知识的空白或发现隐藏的关联关系，这一过程称为知识推理。知识推理可以帮助发现新的知识、解决复杂的问题，并支持更高级的知识应用。

1. 知识抽取

知识抽取的主要过程包括命名实体识别（Named Entity Recognition，NER）、关系抽取（Relation Extraction，RE）和属性抽取（Attribute Extraction，AE）。

（1）命名实体识别：自然语言处理领域的一项重要任务，其目标是从文本数据中提取出具有特定类型或语义的命名实体。这些实体可以包括人名、地名、组织机构、日期、时间、货币、专业术语等具体的事物或概念。命名实体识别中最常用的算法是基于条件随机场（Conditional Random Field，CRF）的序列标注方法。例如在 BIOE 标签编码方案中，句子"南方科技大学位于深圳。"对应的字级别标注序列如表 3-2 所示。

表 3-2　　　　　　　　　　　　　字级别标注序列

南	方	科	技	大	学	位	于	深	圳	。
B-ORG	I-ORG	I-ORG	I-ORG	I-ORG	E-ORG	O	O	B-LOC	E-LOC	O

其中 B 表示实体的开始，I 表示实体的内部，E 表示实体的结束，O 表示不属于任何实体，ORG 表示组织机构，而 LOC 表示地名。条件随机场可以引入自定义的特征函数，捕捉不同实体表达之间的依赖关系。具体来说，假设特征函数集为：

$$\varPhi(\pmb{x}, \pmb{y}) \tag{3.6}$$

其中 $\pmb{x} = \{x_1, \ldots, x_T\}$ 表示观测序列，$\pmb{y} = \{y_1, \ldots, y_T\}$ 表示状态序列。特征函数一般包括两类，分别是转移特征函数（Transition Feature Function）和状态特征函数（Status Feature Function）。给定 $\pmb{x}$、y_i 以及 y_{i-1}，转移特征函数表示为 $t_j(\pmb{x}, y_i, y_{i-1}, i)$，而状态特征函数则表示为 $f_k(\pmb{x}, y_i, i)$，因此 $\varPhi = \{t_j, f_k\}$。在命名实体识别中，$\pmb{x}$ 为输入文本，$\pmb{y}$ 为对应的标注序列，则转移特征函数为 $t_j(\pmb{x}, y_i, y_{i-1}, i) = [y_i = \mathrm{I\text{-}ORG}] \cdot [y_{i-1} = \mathrm{B\text{-}ORG}]$，表示当 $y_i = \mathrm{I\text{-}ORG}$ 且 $y_{i-1} = \mathrm{B\text{-}ORG}$ 时，特征函数的值为 1，否则为 0。与此类似，状态特征函数 $f_k(\pmb{x}, y_i, i) = [y_i = \mathrm{I\text{-}ORG}] \cdot [x_i = 科]$ 表示当 $y_i = \mathrm{I\text{-}ORG}$ 且 $x_i = 科$ 时，特征函数的值为 1，否则为 0。最后，CRF 使用对数线性模型来计算给定观测序列下状态序列的条件概率：

$$p(\pmb{y}|\pmb{x}; \pmb{w}) = \frac{\exp(\pmb{w} \cdot \varPhi(\pmb{x}, \pmb{y}))}{\sum_{\pmb{y}'} \exp(\pmb{w} \cdot \varPhi(\pmb{x}, \pmb{y}'))} \tag{3.7}$$

其中，$\pmb{y}$ 为所有可能状态序列的合集，w 为 CRF 模型中的参数，表示每个特征函数的权重。CRF 模型对数似然函数的正则化形式如下：

$$L(\pmb{w}) = \sum_{i=1}^{n} \log p(y_i \mid \pmb{x}; \pmb{w}) - \frac{\lambda_2}{2} \| \pmb{w} \|_2 - \lambda_1 \| \pmb{w} \|_1 \tag{3.8}$$

其中 λ_1 和 λ_2 为正则化权重。那么，在模型结束训练后，其最优参数 $\pmb{w}^* = \arg\max_{\pmb{w} \in \mathbb{R}^d} L(\pmb{w})$。对给定的观测序列 $\pmb{X}$，它对应的最优状态序列是：

$$\pmb{y}^* = \arg\max_{\pmb{y}} p(\pmb{y} \mid \pmb{x}; \pmb{w}^*) \tag{3.9}$$

除此之外，基于深度学习的方法，如下文将介绍的 LSTM 和 BERT，也被广泛应用于命名实体识别任务，进一步推动了该领域的发展。

（2）关系抽取：自然语言处理领域的一个重要任务，目标是从文本中提取实体之间的语义关系。在文本中，实体通常指代具体的事物或概念，如人物、地点、组织机构等。而关系则描述了这些实体之间的连接或相互作用。关系抽取的目标是识别和提取这些实体之间的语义关系，这些关系可以是预定义的关系类型，也可以是未知的新关系。

关系抽取可以帮助从大规模文本数据中获取结构化的知识，使计算机能够理解和利用文本中的关系信息。例如，句子"南方科技大学位于深圳。"可以抽取出三元组<南方科技大学，位于，深圳>，其中"位于"描述了头实体"南方科技大学"和尾实体"深圳"之间的关系。

根据所采用的监督方式，关系抽取可分为以下几种方法：有监督关系抽取、远程监督关系抽取和开放关系抽取。在有监督关系抽取任务中，基于卷积神经网络（Convolutional Neural Network，CNN）的方法和基于图卷积神经网络（Graph Convolutional Network，GCN）的方法是较为常用的算法。这里我们以基于 GCN 的方法为例，介绍关系抽取任务。给定 n 个节点的图，其邻接矩阵可表示为 $n \times n$ 矩阵 A，当 $A_{ij}=1$ 时，表示节点 i 和节点 j 是连通的，GCN 计算方式为：

$$h^l = \sigma\left(\sum_{j=1}^{n} \tilde{A}_{ij} h^{l-1} W^l \Big/ d_i + b^l\right) \tag{3.10}$$

其中 $\tilde{A} = A + I$，I 为单位矩阵，$d_i = \sum_{j=1}^{n} \tilde{A}_{ij}$ 为节点 i 的度，$W^l \in \mathbb{R}^{d \times n}$ 和 $b^l \in \mathbb{R}$ 分别为第 l 层的权重矩阵和偏置，$h^{l-1} \in \mathbb{R}^n$ 和 $h^l \in \mathbb{R}^n$ 分别为第 $l-1$ 层和第 l 层的隐向量表示，σ 为激活函数。最后，一个 L 层的 GCN，其输出的隐向量表示为 $h^L = \{h_1^L, \ldots, h_n^L\}$。

给定句子 $x = \{x_1, \ldots, x_n\}$ 和关系集合 $\mathcal{R} = \{r_1, \ldots, r_{|\mathcal{R}|}\}$，通过对句子 x 进行依存句法分析（Dependency Tree Parsing），可以得到其句法依存树，将依存树转换为对应的邻接矩阵 $\tilde{A}$，利用 GCN 学习句子中的依存关系，从而更好地建模实体之间的关系。

然后我们可以得到 $h_{\text{head}} = f\left(h_{s1:s2}^L\right)$ 为头实体的特征表示，同样地，可以得到尾实体的特征表示 $h_{\text{tail}} = f\left(h_{s3:s4}^L\right)$，以及句子特征表示 $h_{\text{sent}}\left(h^L\right)$，其中 $f(\cdot)$ 表示最大池化函数。最后每类实体关系的概率可计算为：

$$h_{\text{final}}^L = \text{FFNN}\left(\left[h_{\text{sent}}^L, h_{\text{head}}^L, h_{\text{tail}}^L\right]\right) \tag{3.11}$$

$$p(r_k) = \text{Softmax}\left(h_{\text{final}}^L W^o + b^o\right) \tag{3.12}$$

其中 $\text{FFNN}(\cdot)$ 为前馈神经网络，$W^o \in \mathbb{R}^{d \times n}$ 为权重矩阵，$b^o \in \mathbb{R}^{|\mathcal{R}|}$ 为偏置向量，$p(r_k)$ 为实体关系 r_k 的概率。最后，关系抽取的优化函数可表示为 $L = -\log p(r_k)$。由于 GCN 是直接对句子进行建模，忽略了句子内的上下文信息，因此在 GCN 建模之前，我们可以利用后面即将提到的双向长短期记忆单元（BiLSTM）提取上下文表示（Contextualized Representations），大大提高 GCN 的建模能力。

（3）属性抽取：自然语言处理中的一个重要任务，旨在从非结构化文本中提取出特定实体的关键信息。属性抽取在很多领域都有广泛应用，如信息抽取、知识图谱构建和问答系统等。它能够从大量非结构化数据中获取有价值的结构化信息，为各种智能应用提供支撑。例如，句子"南方科技大学简称南科大，正式建校于 2012 年。"中，我们可以抽取出实体"南方科技大学"的以下属性：（简称：南科大），（建校年份：2012 年）。属性抽取的方法通常采用序列标注的思路，即对句子中的每个字进行分类标注，从而解析出目标实体的关键属性。这与命名实体识别的技术路径有一定相似性。通过属性抽取，我们可以将非结构化文本转化为结构化的知识表示，为后续的知识处理和推理提供基础。

2. 知识表示

知识图谱能够表示各种实体之间的关系，其表示方法包括基于符号的表示方法和基于向量的表示方法。常用的基于符号的表示方法有属性图和资源描述框架等。属性图（Property Graph）是一种数据模型，用于表示和存储图形数据。在属性图中，数据以图的形式组织，图由节点（Nodes）

和边（Edges）组成。节点表示实体或对象，边表示节点之间的关系。每个节点和边都可以有属性，用于描述节点和边的特征或属性。节点可以表示各种实体，例如人、地点、物品或概念等。节点的属性可以是任意类型的数据，比如字符串、数字、日期等，用于描述节点的特征或属性。节点还可以被标记为不同的标签（Labels），以便对它们进行分类或查询。边用于表示节点之间的关系或连接。边可以有方向，表示关系的单向性，也可以没有方向，表示关系的双向性。

资源描述框架（Resource Description Framework，RDF）是另一种知识图谱表示模型。RDF 图是由万维网国际提出的一组标记语言的技术规范，用于描述实体/资源的数据模型。RDF 的基本组成单位为 SPO 三元组<主体，谓词，客体>（<Subject，Predicate，Object>），用来表示客观世界的事实。RDF 图中的主体、谓词和客体都可以用统一资源标识符（Uniform Resource Identifier，URI）进行唯一标识，以确保全球唯一性，这样可以实现不同 RDF 图之间的链接和共享。RDF 图中的谓词通常是来自预定义的词汇表或本地定义的词汇表。预定义的词汇表包括 RDF Schema（RDFS）和 Web 本体语言（Ontology Web Language，OWL）等。词汇表中定义了常见的属性和关系，用于描述资源的特征和语义。RDF 图可以表示非常灵活的关系和属性，从简单的陈述到复杂的知识图谱；也可以表示各种语义数据，如元数据、描述性数据、知识图谱、本体等。

基于符号的知识图谱表示方法（如属性图和 RDF）在实际应用中存在一些局限性。由于实体之间的关系往往较为稀疏，这些表示方法的表达能力受到限制，同时，它们的计算效率也相对较低。随着深度学习技术的发展，研究人员开始将表示学习应用到知识图谱中，试图构建高质量、低维度的稠密向量表示。这种基于向量的表示方法能够更好地捕捉实体和关系之间的语义联系。TransE 算法是这类表示学习方法中具有代表性的一种。受 Word2Vec 模型中平移不变性质的启发，TransE 将实体关系看作空间中的平移（Translation）。具体来说，对于一个三元组（头实体、关系、尾实体），TransE 希望头实体加上关系向量能够尽可能接近尾实体的向量表示。对于给定知识图谱 $\mathcal{S}$ 中的三元组 $\langle h,r,t \rangle$，表示空间中头实体 h 的向量加上关系 r 的向量等于尾实体 t 的向量：

$$h+r=t \tag{3.13}$$

为了保证不同三元组之间的区分度，TransE 构造了知识库中不存在的三元组 $\langle h',r,t' \rangle$ 作为负样本，其优化函数为合页损失（Hinge Loss）函数：

$$L=\sum_{\langle h,r,t \rangle \in \mathcal{S}} \sum_{\langle h',r,t' \rangle \in \mathcal{S}'} \left[\gamma + d(h+r,t) - d(h'+r,t') \right] \tag{3.14}$$

其中 γ 为正负例的得分间隔距离，$\mathcal{S}$ 为正样本集合，$\mathcal{S}'$ 为负样本集合。

3. 知识链接

知识链接是知识图谱构建流程中的重要一环，包含实体链接（Entity Linking）和实体对齐（Entity Alignment）两步。

（1）实体链接：一种自然语言处理技术，用于将文本中提及的实体（如人物、地点、组织、日期等）与知识库或数据库中的相应实体进行关联。通过实体链接，计算机可以更好地理解文本内容，识别关键概念和实体，并获取更多背景信息和语义知识。实体链接在许多自然语言处理任务中都扮演着关键角色，如问答系统、信息抽取、文本分类等。未来，随着知识库的不断完善以及实体链接算法的持续优化，这项技术将会在自然语言处理领域发挥更加重要的作用。它有望成为构建智能问答系统、高精度信息抽取系统以及实现更深层次文本理解的关键技术之一。

（2）实体对齐：一种用于将不同知识图谱或数据库中的相似实体进行关联的技术。实体对齐的目标是找到两个或多个不同知识源中具有相同语义的实体，并将它们进行匹配或对齐。实体对齐技术在知识图谱融合、数据集成和跨语言实体对齐等领域具有广泛应用。它可以帮助计算机整合不同来源的数据，建立跨知识源的实体关联，从而提供更全面、更一致的知识表示和查询能力。通过实体对齐，我们可以将分散在不同系统中的同一实体关联起来，建立起跨知识库的语义链接。这不仅有助于数据的整合和融合，还能够为下游的知识推理和问答任务提供更全面、更准确的知识表示。同时，实体对齐技术也为跨语言实体识别和关联提供了重要支撑。在处理多语言知识图谱时，实体对齐可以帮助计算机找到不同语言版本中代表同一实体的节点，从而增强知识图谱的跨语言互操作性。这对于构建全球化的知识库、支持多语言查询和分析至关重要。

3.2.5 词嵌入与 Word2Vec

无论是词袋模型、词频-逆文档频率还是潜在语义分析等技术，都无法解决文本中一词多义的问题。例如："苹果"既可以表示一种水果，也可以表示苹果这家公司，它的语义主要取决于上下文信息。词嵌入（Word Embeddings）的出现能够有效缓解这个问题，它是一种低维度、稠密的向量，也是一种利用词的上下文表示词语义信息的算法。词嵌入通过将词映射到一个低维的实数向量空间中，使得语义相似的词在向量空间中距离更近。这样的向量表示能够捕捉到词之间的语义关系，使模型能够更好地理解和推断词语的含义。

2013 年，谷歌提出了 Word2Vec 词嵌入，其用稠密向量提供丰富的语义信息，实现高效地词语捕捉。Word2Vec 的原理是通过训练一个神经网络模型来预测词语的上下文或预测某个词语的出现概率。在训练过程中，模型通过调整词嵌入的权重，能够准确地预测上下文或目标词。Word2Vec 算法使用自监督的方式从大量无监督文本中训练词嵌入模型，其包含两种神经网络结构，分别是连续词袋模型（Continuous Bag-of-Words，CBOW）和跳字模型（Skip-Gram，SG）。这两种模型的结构如图 3-3 所示。

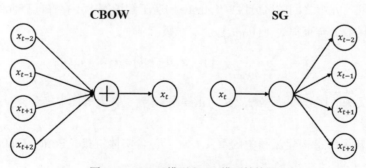

图 3-3　CBOW 模型和 SG 模型结构图

1. CBOW 模型

CBOW 模型的基本假设是文档中的词可以通过其在上下文窗口中的词表示，如图 3-3 左侧所示。对于中心词 x_t，其上下文词为 $x_w = \{x_{t-n},...,x_{t-2},x_{t-1},x_{t+1},x_{t+2},...,x_{t+n}\}$，则 CBOW 的优化目标可表示为：

$$p\left(x_t | x_{t-n},...,x_{t+n}\right) = \frac{\exp\left(x_t^{\mathrm{T}} v_j\right)}{\sum_{i \in \mathcal{V}} \exp\left(x_i^{\mathrm{T}} v_j\right)} \qquad (3.15)$$

其中，v_j 是上下文向量的平均值，用于计算与中心词 x_t 的相似度，而 x_i 则是词表中每个词的表示，$\mathcal{V}$ 为词汇表。上下文向量的计算过程并没有考虑单词的顺序，与前面提到的词袋模型类似，因此该模型被称为连续词袋模型。

2. SG 模型

SG 模型假设文档中的词可以作为上下文窗口中词的表示，如图 3-3 右侧所示。对于中心词 x_t，x_o 为 $\boldsymbol{x}_w$ 中的一个单词，则 SG 的优化目标可表示为：

$$p\left(x_o | x_t\right) = \frac{\exp\left(\boldsymbol{v}_o^{\mathrm{T}} \boldsymbol{u}_t\right)}{\sum_{i \in \mathcal{V}} \exp\left(\boldsymbol{v}_i^{\mathrm{T}} \boldsymbol{u}_t\right)} \qquad (3.16)$$

其中，$\boldsymbol{u}_t$ 是中心词 x_t 的表示，x_o 为上下文词，$\boldsymbol{v}_o$ 是它的表示向量。

3. 词嵌入模型优化算法

由于词表中往往包含数万甚至数十万单词，直接优化基于 Softmax 计算得到的概率效率会很低。因此通常采用负采样（Negative Sampling）或者层次 Softmax（Hierarchical Softmax）的方法降低开销。

（1）负采样：一种常用的优化方法，通过将目标词与一小部分负例词进行对比来训练模型。在这种方法中，每个训练样本都包含一个目标词和随机选择的 K 个负例词 $\boldsymbol{x}^{\mathrm{neg}} = \left\{x_1^{\mathrm{neg}},...,x_K^{\mathrm{neg}}\right\}$。模型的目标就是将目标词的得分提高，同时将负例词的得分降低。这种方式可以大大减少计算量，提高训练速度。以 SG 模型为例，负采样的具体计算方式为：

$$p\left(x_o\right) = \sigma\left(\boldsymbol{v}_o^{\mathrm{T}} \boldsymbol{u}_t\right) \qquad (3.17)$$

其中，x_t 是中心词，x_o 是上下文词。同样地，对于负例词 x_j^{neg}，其概率为 $p\left(x_k^{\mathrm{neg}}\right)$，则优化函数表示为：

$$L = -\log p\left(x_o\right) - \log \sum_{k=1}^{K}\left(1 - p\left(x_k^{\mathrm{neg}}\right)\right) \qquad (3.18)$$

由于词表中的词频是不平均的，因此在采样负例词时需要根据词频进行采样，保证负例词的多样性。具体来说，负采样根据词频计算采样的概率：

$$p\left(x_i\right) = \frac{\mathrm{COUNT}\left(x_i\right)^{\frac{3}{4}}}{\sum_{x_j \in \mathcal{V}} \mathrm{COUNT}\left(x_j\right)^{\frac{3}{4}}} \qquad (3.19)$$

（2）层次 Softmax：在传统的 Softmax 中，需要计算所有词的概率分布，计算复杂度随着词表大小呈线性增加。而层次 Softmax 则通过将词表组织成一个霍夫曼树状结构，每个内部节点代表一个二分类任务，可以有效地减少计算量。由于霍夫曼树为二叉树，因此在计算节点的概率时可将时间复杂度从原来的 $O(N)$ 降低到 $O(\log N)$。在预测时，只需遍历树结构，按照每个节点的概率进行选择，最终得到目标词的概率。以 CBOW 模型为例，假设霍夫曼树层高为 M，每一层的节点的标签为 $\boldsymbol{y} = \left\{y_1,...,y_M\right\}$，则在第 m 层的概率为：

$$p(y_m) = \sigma\left(\boldsymbol{u}_t^{\mathrm{T}} \boldsymbol{v}_m\right) \tag{3.20}$$

其中，$\boldsymbol{v}_m$ 为第 m 层的向量表示，则优化函数可表示为：

$$L = -\sum_{m=1}^{M} y_m \log p(y_m) + (1 - y_m) \log(1 - p(y_m)) \tag{3.21}$$

由于词嵌入蕴含了一定的语义信息，因此其具有一定的词类比（Word Analogy）能力。例如，可以利用词嵌入类比国家与首都之间的关系，其中中国-北京和俄罗斯-莫斯科能通过 Word2Vec 类比：$\text{vector}(China) - \text{vector}(Peking) \approx \text{vector}(Russia) - \text{vector}(Moscow)$。词类比任务可以通过计算词向量之间的关系来完成。词类比在自然语言处理中有多种应用，包括语义关系推理、词语替换和文本生成等。它可以帮助计算机理解词语之间的语义关系，从而提供更丰富和准确的自然语言处理能力。

Word2Vec 是一种广泛应用于人工智能多媒体文本信息计算的词嵌入技术，它生成的词向量能够捕捉词语之间的语义关系，使相似的词在向量空间中彼此接近。

通过将词语转化为语义丰富的向量表示，词嵌入能够提供更准确和有意义的特征，从而改善模型在文本分类、命名实体识别、情感分析等任务上的性能。然而，Word2Vec 技术也存在一些挑战和限制：它无法充分捕捉词语的多义性，上下文窗口需要提前设定，且在稀有词和未登录词上表现不佳。此外，词嵌入的训练需要大规模的语料库和计算资源，而对于某些特定领域或任务，通用的词嵌入可能不适用。2014 年斯坦福大学提出了改进版的词嵌入 GloVe（Global Vectors for Word Representation），它是基于全局词共线信息训练得到的词嵌入表示，因此比 Word2Vec 有更好的语义表示。

词嵌入方法的出现极大地促进了人工智能文本信息计算的发展。除了 Word2Vec 中使用的词级别的稠密表示外，还有句子嵌入（Sentence Embedding）和文档嵌入（Document Embedding）等用于表示不同级别和形式的文本。随着算力的发展，基于深度学习的方法被大规模启用，其中就包括基于循环神经网络的方法。

3.2.6 循环神经网络/长短期记忆与序列到序列

序列到序列（Sequence to Sequence，Seq2Seq）算法是谷歌在 2014 年提出的一种文本生成算法，它在自然语言处理领域引起了广泛关注和研究。Seq2Seq 算法的核心思想是将输入序列映射到输出序列，这一过程通常通过两个循环神经网络（Recurrent Neural Network，RNN）或长短期记忆（Long Short-Term Memory，LSTM）网络来实现。为了更好地理解 Seq2Seq 算法，我们将先介绍 RNN 和 LSTM 的基本概念和工作原理，然后深入探讨 Seq2Seq 算法的具体实现细节及应用场景。

1. RNN

RNN 是一种在序列数据处理中广泛应用的神经网络模型。与传统的前馈神经网络相比，RNN 在处理序列数据时具有一定的记忆能力。RNN 的关键在于引入了循环连接，使信息可以在网络内部持续传递，从而捕捉到序列数据中的时序依赖关系。这种循环连接使 RNN 能够对不定长度的序列进行处理，适用于语言、音频、时间序列等任务，RNN 的结构如图 3-4 所示。每个时间步，RNN 都会接受当前时刻的输入数据，并结合前一个时刻的隐藏状态，产生当前时刻的输出和更新后的隐藏状态。这种循环连接机制使 RNN 能够在处理序列数据时保持记忆，从而更好地捕捉序列中的上下文信息和时序依赖关系。

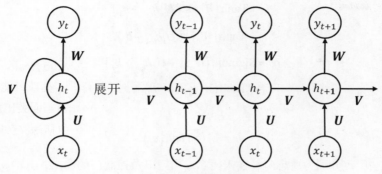

图 3-4　RNN 结构图

RNN 的基本思路是利用当前时刻的输入和上一时刻的隐藏状态来计算当前时刻的隐藏状态。这个隐藏状态可以看作是对之前信息的一种编码表示，它会被传递到下一个时刻，使 RNN 能够对序列中的每个元素进行建模，并在处理过程中保留之前的信息。具体的计算过程如下：

$$h_t = \text{Tanh}\left(W_h x_t + U_h h_{t-1} + b_h\right) \tag{3.22}$$

$$h_t = \text{Softmax}\left(W_y h_t + b_y\right) \tag{3.23}$$

其中 h_t 和 h_{t-1} 分别是 t 时刻和 $t-1$ 时刻的特征表示，W_h，U_h 和 W_y 是权重矩阵，b_h 和 b_y 是偏置向量。

2. LSTM

RNN 在训练过程中易出现梯度消失和梯度爆炸等问题，这限制了它在处理长序列数据时的性能。为了克服这些问题，研究人员提出了一些改进的 RNN 结构，如 LSTM。LSTM 通过引入门控机制，能够更好地捕捉序列数据中的长期依赖关系。具体来说，LSTM 包含 3 种门控单元：遗忘门、输入门和输出门。这些门控单元能够决定哪些信息需要被保留、更新或输出，从而使 LSTM 能够有效地存储和利用长期依赖信息，缓解了梯度消失的问题。LSTM 的结构如图 3-5 所示。

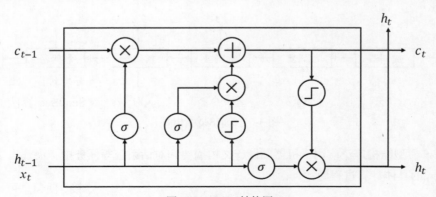

图 3-5　LSTM 结构图

LSTM 的核心是细胞状态（Cell State），它负责存储和传递信息。LSTM 的 3 种门控单元中，遗忘门决定上一时刻的细胞状态中哪些信息应该被遗忘或保留，输入门控制当前时刻输入的哪些信息应该被更新到细胞状态中，而输出门决定细胞状态中的哪些信息会被传递到下一时刻的隐藏状态进行输出，具体计算为：

$$f_t = \text{Tanh}\left(\boldsymbol{W}_f x_t + \boldsymbol{U}_h h_{t-1} + \boldsymbol{b}_h\right) \tag{3.24}$$

$$i_t = \text{Tanh}\left(\boldsymbol{W}_i x_t + \boldsymbol{U}_i h_{t-1} + \boldsymbol{b}_i\right) \tag{3.25}$$

$$o_t = \text{Sigmoid}\left(\boldsymbol{W}_o x_t + \boldsymbol{U}_o h_{t-1} + \boldsymbol{b}_o\right) \tag{3.26}$$

$$\tilde{c}_t = \text{Tanh}\left(\boldsymbol{W}_c x_t + \boldsymbol{U}_c h_{t-1} + \boldsymbol{b}_c\right) \tag{3.27}$$

$$c_t = f_t \odot c_{t-1} + i_t \odot \tilde{c}_{t-1} \tag{3.28}$$

$$h_t = o_t \odot \text{Tanh}\left(c_t\right) \tag{3.29}$$

其中，$f_t, i_t, o_t, \tilde{c}_t$ 分别为遗忘门、输入门、输出门以及控制门的输出，其中 h_t 和 h_{t-1} 分别是 t 时刻和 $t-1$ 时刻的特征表示，$\boldsymbol{W}_h, \boldsymbol{U}_h, \boldsymbol{W}_i, \boldsymbol{U}_i, \boldsymbol{W}_o, \boldsymbol{U}_o, \boldsymbol{W}_c, \boldsymbol{U}_c$ 是权重矩阵，$\boldsymbol{b}_h, \boldsymbol{b}_i, \boldsymbol{b}_o, \boldsymbol{b}_c$ 是偏置向量。LSTM 的门控机制使得网络能够选择性地记忆和遗忘信息，有效地缓解了梯度消失的问题。这种门控机制使 LSTM 在很多序列建模任务中展现出了优异的性能，如在语言建模中能够更好地捕捉句子的语法结构和语义信息。

除了基本的 LSTM 单元，研究人员还提出了一些 LSTM 的变体结构，如双向 LSTM（Bidirectional LSTM，BiLSTM）和多层 LSTM（Stacked LSTM）。双向 LSTM 通过在序列的正向和反向两个方向上分别训练 LSTM 网络，可以获取更全面的上下文信息。多层 LSTM 则通过堆叠多个 LSTM 层来增加模型的表示能力，进一步提升在复杂序列建模任务中的性能。

3. Seq2Seq

Seq2Seq 是一种基于 RNN/LSTM 的文本生成模型，该模型包括两个主要组件：编码器（Encoder）和解码器（Decoder）。编码器的作用是将输入序列（如源语言句子）转换为一个固定长度的上下文向量（Context Vector），这个上下文向量能够捕捉输入序列的语义信息。解码器则使用这个上下文向量作为初始状态，逐步生成输出序列（如目标语言句子）。解码器通常也采用 LSTM 结构，能够根据之前生成的输出和上下文信息预测下一个输出词。这种编码-解码的架构使 Seq2Seq 模型能够在保持输入序列语义信息的同时，生成输出序列。Seq2Seq 的结构如图 3-6 所示。

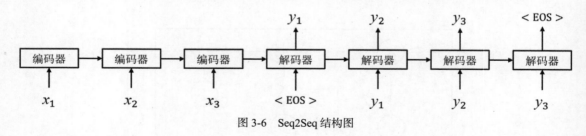

图 3-6 Seq2Seq 结构图

Seq2Seq 模型结构广泛应用于机器翻译、文本摘要和对话系统等任务中，展现出了优异的性能。Seq2Seq 的具体计算过程为：

$$v = \text{Encoder}\left(\boldsymbol{X}\right) \tag{3.30}$$

$$p\left(y_t\right) = \text{Decoder}\left(v, Y_{<t}\right) \tag{3.31}$$

$$p(Y) = \prod_{t=1}^{T} p(y_t \mid \boldsymbol{v}, Y_{<t}) \tag{3.32}$$

其中 $\boldsymbol{v}$ 为上下文向量，编码器和解码器的基座模型可以是 RNN 或 LSTM。训练 Seq2Seq 模型通常需要大量的带有输入和目标输出序列的数据集。通过最小化实际输出序列与模型生成序列之间的差异，使用反向传播算法来优化模型参数，以使模型能够更准确地生成目标序列。Seq2Seq 模型的成功部分归功于 LSTM 的记忆机制，它允许模型在处理长序列时更好地捕捉上下文信息。

3.3　现代人工智能文本信息计算算法：注意力机制与 ChatGPT

前面我们介绍了人工智能文本信息计算中的 6 个里程碑算法，从最早的词袋模型到深度学习时代的循环神经网络。这一节我们将重点介绍现代最常用的文本信息智能计算算法，即基于注意力机制及聊天机器人的 ChatGPT。它也是人工智能文本信息计算的最新里程碑技术，在现代文本信息处理、信息管理和智能交互中发挥着关键作用。为方便读者更好地理解 ChatGPT 技术，我们先来介绍它的一些相关技术：基于注意力机制的 Transformer、GPT 以及 BERT 模型。最后，详细介绍 ChatGPT 的发展历史及核心技术理论。

1. Transformer 模型

2017 年，阿希什·瓦斯瓦尼（Ashish Vaswani）等发表 "Attention is All You Need"，并提出了基于注意力机制（Attention Mechanism）的 Transformer 模型，它由编码器和解码器组成。注意力机制对自然语言处理领域产生了深远影响，推动了

注意力机制与
Transformer 架构

基于 Transformer 模型的注意力机制在各种任务中的广泛应用，包括机器翻译、文本生成、语言理解等。该机制的成功应用使模型能够更好地处理长距离依赖关系，提高了模型性能和泛化能力。

传统神经网络在处理序列数据时，通常采用固定权重的方式，无法有效地捕捉序列中不同位置的重要性差异。注意力机制则通过动态分配权重，使网络能够集中关注输入序列中具有重要信息的部分。注意力机制的基本思路是，在进行序列处理时，网络根据当前的输入和先前的隐藏状态，计算出输入序列中每个位置的注意力权重，这些权重反映了网络对输入序列不同位置的关注程度。然后，网络将输入序列的每个位置与其对应的注意力权重进行加权求和，得到一个加权表示，用于下一步的处理。

注意力机制的核心是注意力权重的计算方法。其中，一种常见的注意力机制是基于点积计算的点积注意力（Dot Product Attention）。它通过计算当前时刻的隐藏状态与输入序列中每个位置的特征之间的点积，经过归一化处理得到注意力权重。这样，网络就可以根据输入序列中每个位置的重要性动态地分配注意力。点积注意力的计算方法为：

$$\text{Attention}(\boldsymbol{Q}, \boldsymbol{K}, \boldsymbol{V}) = \text{Softmax}\left(\frac{\boldsymbol{Q}\boldsymbol{K}^{\mathrm{T}}}{\sqrt{d_k}}\right)\boldsymbol{V} \tag{3.33}$$

其中 $\boldsymbol{Q}, \boldsymbol{K}, \boldsymbol{V}$ 分别为查询（Query）、键（Key）和值（Value）。在 Transformer 的实际实现中，注意力是以多头注意力（Multi-Head Attention）的形式出现的，它引入了多个独立的注意力头，每个头都是一个独立的注意力机制，具体而言：

$$\text{MultiHead}(\boldsymbol{Q}, \boldsymbol{K}, \boldsymbol{V}) = \text{Concat}(\text{Head}_1, \ldots, \text{Head}_h)\boldsymbol{W}^O \qquad (3.34)$$

其中：

$$\text{Head}_i = \text{Attention}(\boldsymbol{Q}\boldsymbol{W}_i^Q, \boldsymbol{K}\boldsymbol{W}_i^K, \boldsymbol{V}\boldsymbol{W}_i^V) \qquad (3.35)$$

$\boldsymbol{W}_i^Q, \boldsymbol{W}_i^K, \boldsymbol{W}_i^V, \boldsymbol{W}_i^O \in \mathbb{R}^h$ 为权重矩阵。通过将 $\boldsymbol{Q}, \boldsymbol{K}, \boldsymbol{V}$ 等切分输入到不同的注意力头函数中，多头注意力能够捕捉到输入中的不同语义信息，提高模型的建模能力。除此之外，多头注意力能够改善对长距离依赖的建模，提高模型的鲁棒性。得到多头注意力的输出后，将其输入到前馈神经网络中：

$$\text{FFN}(\boldsymbol{x}) = \max(0, \boldsymbol{x}\boldsymbol{W}_1 + \boldsymbol{b}_1)\boldsymbol{W}_2 + \boldsymbol{b}_2 \qquad (3.36)$$

其中 $\boldsymbol{W}_1 \in \mathbb{R}^{h \times d}$ 和 $\boldsymbol{W}_2 \in \mathbb{R}^{d \times h}$ 是权重矩阵，$\boldsymbol{b}_1 \in \mathbb{R}^d$ 和 $\boldsymbol{b}_2 \in \mathbb{R}^h$ 是偏置向量。前馈神经网络能够有效地增强模型的表达能力和性能。Transformer 中的残差连接（Residual Connection）能够缓解梯度消失问题，加速模型训练过程并提高模型的性能。除了多头注意力和前馈神经网络，Transformer 中还使用了层归一化（Layer Normalization，LayerNorm）：

$$\text{LayerNorm}(\boldsymbol{x}) = \frac{\boldsymbol{x} - E(\boldsymbol{x})}{\sqrt{\text{Var}[\boldsymbol{x}] + \epsilon}} * \gamma + \beta \qquad (3.37)$$

其中 $E(\boldsymbol{x})$ 表示 $\boldsymbol{x}$ 的期望，$\text{Var}[\boldsymbol{x}]$ 表示 $\boldsymbol{x}$ 的方差，γ 和 β 是可学习的参数。由于输入序列是不包含位置信息的，因此还需要在输入中加入位置编码：

$$\text{PE}(\text{pos}, 2i) = \sin\left(\frac{\text{pos}}{10000^{\frac{2i}{d_{\text{model}}}}}\right) \qquad (3.38)$$

$$\text{PE}(\text{pos}, 2i+1) = \cos\left(\frac{\text{pos}}{10000^{\frac{2i}{d_{\text{model}}}}}\right) \qquad (3.39)$$

其中 pos 表示位置索引，i 是维度索引，d_{model} 是位置编码向量的维度，与输入嵌入的维度相同。那么 Transformer 中编码器的每一层的 $\text{TransformerLayer}(\boldsymbol{x})$ 可以表示为：

$$\text{TransformerLayer}(\boldsymbol{x}) = \begin{cases} \boldsymbol{x} = \text{LayerNorm}(\text{MulitHead}(\boldsymbol{x}, \boldsymbol{x}, \boldsymbol{x}) + \boldsymbol{x}) \\ \boldsymbol{x} = \text{LayerNorm}(\text{FFN}(\boldsymbol{x}) + \boldsymbol{x}) \end{cases} \qquad (3.40)$$

Transformer 中的解码器则是在自注意力和前馈神经网络中间加入了交叉注意力模块，以解码器输入为查询、编码器输出为键和值，获取编码器中与输入相关的信息。与编码器不同的是，解码器的自注意力模块需要加入因果掩码（Causal Mask）防止信息泄漏。

除了点积注意力，还有其他形式的注意力机制，如加性注意力（Additive Attention）。Transformer 的结构如图 3-7 所示。除此之外，在第 5 章将要介绍的人工智能图像信息计算算法中，Transformer 模型也有大规模应用，如基于 Transformer 的视觉预训练模型（Vision Transformer，ViT）。

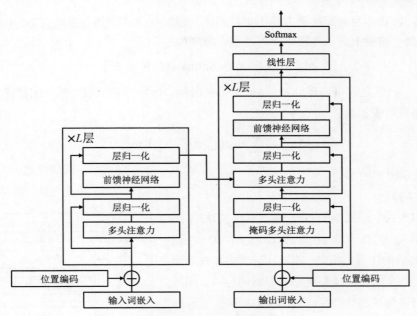

图 3-7 Transformer 结构图

注意力模块是 Transformer 模型中的关键组件，点积注意力机制是其中最基础和常用的一种类型，用于计算输入序列中每个位置与其他位置的关联性权重，从而确定每个位置在编码或解码过程中的重要性。在多种 Transformer 模型中，基于 Attention 和 Transformer 的预训练模型 GPT（Generative Pretraining Transformer）和 BERT（Bidirectional Encoder Representations from Transformers）利用大量的无标注数据和自监督学习（Self-Supervised Learning）大大提高了人工智能文本信息计算的效果。接下来，我们将深入探讨这两种预训练模型。

2. GPT 模型

GPT 模型是一种基于 Transformer 架构的预训练语言模型，它在大规模的语料库上进行预训练，学习了丰富的语言知识和语法规则，其结构如图 3-8 所示。GPT 模型以自回归方式生成文本，通过理解上下文并预测下一个词的概率来实现文本生成任务。具体来说，GPT 模型利用注意力机制捕捉输入序列中的长距离依赖关系。在生成过程中，模型会迭代地预测下一个词，并将预测结果反馈到下一个时间步，形成持续的文本输出。这种自回归的生成方式使

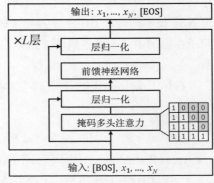

图 3-8 GPT 结构图

GPT 能够生成连贯、自然的文本，在多种文本信息生成任务中表现出色，如写作、对话生成、问答等。

对于给定的文本序列 $\boldsymbol{x} = \{x_1, \ldots, x_i, \ldots, x_T\}$，GPT 首先将每个词 x_i 映射成稠密的向量：

$$\boldsymbol{v}_i = \boldsymbol{v}_i^t + \boldsymbol{v}_i^p \tag{3.41}$$

其中 $\boldsymbol{v}_i^t \in \mathbb{R}^h$ 为词嵌入，$\boldsymbol{v}_i^p \in \mathbb{R}^h$ 为词的位置向量。然后将词嵌入序列 v 输入到 Transformer 中，其中每一层 TransformerLayer 的运算过程表示为：

$$\boldsymbol{h}_i^l = \text{TransformerLayer}^l\left(\boldsymbol{h}_i^{l-1}, \text{CasualMask}\right) \tag{3.42}$$

CasualMask 表示自回归注意力掩码，目的是让模型学会从左到右生成文本。GPT 的输出为 $\boldsymbol{h}_i^L \in \mathbb{R}^h$ ，则每个位置上的条件概率计算过程可表示为：

$$p(x_i \mid x_{i-1},\ldots,x_1) = \text{Softmax}\left(\boldsymbol{h}_i^L \boldsymbol{W}^e + \boldsymbol{b}^e\right) \tag{3.43}$$

其中 $\boldsymbol{W}^e \in \mathbb{R}^{h \times |\mathcal{V}|}$ 是权重矩阵， $\boldsymbol{b}^e \in \mathbb{R}^{|\mathcal{V}|}$ 是偏置向量。最后，利用最大似然函数优化 GPT，其预训练损失函数可表示为：

$$L(\boldsymbol{x}) = -\sum_{i=1}^{T} \log p(x_i \mid x_{i-1},\ldots,[\text{BOS}];\theta) \tag{3.44}$$

其中 θ 表示模型的参数。

3. BERT 模型

与自回归方式生成文本的 GPT 模型不同，BERT 模型是一种双向的预训练语言模型。BERT 利用 Transformer 的双向注意力机制，能够同时考虑输入序列左右两侧的上下文信息，从而更好地理解词与词之间的关系，提高语言理解的准确性，其结构如图 3-9 所示。

BERT 模型的预训练过程包括两个主要过程：掩码语言建模（Masked Language Modeling，MLM）和下一句预测（Next Sentence Prediction，NSP）。这两项关键技术使 BERT 具备了强大的语言理解能力。具体来说，MLM 的目的是让模型学习单词级别的语义信息。在这个任务中，BERT 会随机屏蔽输入序列中的某些单词，

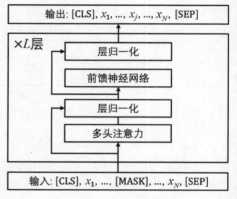

图 3-9　BERT 结构图

然后让模型预测被屏蔽的单词。通过反复训练，BERT 可以掌握单词的语义及其与上下文的关系。而 NSP 技术则是让 BERT 学习句子级别的语义信息。在这个任务中，BERT 需要判断两个给定的句子在原文中是否是连续的。这样，BERT 不仅学会了单词的语义，还学会了句子之间的逻辑关系。

在预训练中，BERT 首先将文本序列映射成词嵌入：

$$\boldsymbol{v}_i = \boldsymbol{v}_i^t + \boldsymbol{v}_i^p + \boldsymbol{v}_i^s \tag{3.45}$$

其中 $\boldsymbol{v}_i^t \in \mathbb{R}^h$ 为词嵌入， $\boldsymbol{v}_i^p \in \mathbb{R}^h$ 为词的位置嵌入。与 GPT 不同的是，BERT 加入了段嵌入（Segment Embedding）用于区分不同的文本片段，其中 $\boldsymbol{v}_i^s \in \mathbb{R}^h$ 为 x_i 对应的段嵌入。

（1）MLM 预训练：MLM 首先随机替换文本输入中 15%的子词，模型则通过掩码的上下文信息还原对应的单词。在替换的过程中，子词有 80%的概率会被替换成掩码"[MASK]"，10%的概率会被替换成词表中的任意词，还有 10%的概率不被替换。假设 x_i 被替换掉，则输入序列表示为：

$$\boldsymbol{x} = \left\{[\text{CLS}],x_1,\ldots,[\text{MASK}],\ldots,x_T,[\text{SEP}]\right\} \tag{3.46}$$

$$\boldsymbol{v} = \left\{v_{[\text{CLS}]},v_1,\ldots,\boldsymbol{v}_i,\ldots,v_T,v_{[\text{SEP}]}\right\} \tag{3.47}$$

其中[CLS]和[SEP]为标记词。与 GPT 一样，BERT 会对词嵌入序列编码：

$$\boldsymbol{h}_i^l = \text{TransformerLayer}^l\left(\boldsymbol{h}_i^{l-1}\right) \tag{3.48}$$

最后 BERT 的输出为 $\boldsymbol{h}_i^L$ ，则该掩码预测的单词概率为：

$$p(x_i \mid x_1,\ldots,x_{i-1},x_{i+1},\ldots,x_T) = \mathrm{Softmax}\left(\boldsymbol{h}_i^L \boldsymbol{W}^m + \boldsymbol{b}^m\right) \tag{3.49}$$

其中 $\boldsymbol{W}^m \in \mathbb{R}^{h \times |v|}$ 是权重矩阵，$\boldsymbol{b}^m \in \mathbb{R}^{|v|}$ 是偏置向量。

（2）NSP 预训练：对于一个文档中的两句话 $\boldsymbol{x}^1 = \left\{x_1^1,\ldots,x_m^1\right\}$ 和 $\boldsymbol{x}^2 = \left\{x_1^2,\ldots,x_n^2\right\}$，NSP 的目的是让模型预测 $\boldsymbol{x}^2$ 是否为 $\boldsymbol{x}^1$ 的下一句话。首先对输入文本进行预处理，得到：

$$\boldsymbol{x} = \left\{[\mathrm{CLS}],x_1^1,\ldots,x_m^1,[\mathrm{SEP}]x_1^2,\ldots,x_n^2[\mathrm{SEP}]\right\} \tag{3.50}$$

经过 Transformer 编码得到 $\boldsymbol{x}$ 的特征 $\boldsymbol{h}$，则 NSP 概率可以表示为：

$$p(l \mid \boldsymbol{x}) = \mathrm{Softmax}\left(\boldsymbol{h}_{[\mathrm{CLS}]}^L \boldsymbol{W}^p + \boldsymbol{b}^p\right) \tag{3.51}$$

其中 $\boldsymbol{W}^p \in \mathbb{R}^{h \times 2}$ 是权重矩阵，$\boldsymbol{b}^p \in \mathbb{R}^2$ 是偏置向量，当 $l = 1$ 时表示 $\boldsymbol{x}^2$ 为 $\boldsymbol{x}^1$ 的下一句话，$l = 0$ 则表示 $\boldsymbol{x}^2$ 不是 $\boldsymbol{x}^1$ 的下一句话。通过 NSP 预训练，BERT 能够对文本进行推理，更好地理解自然语言。

注意力机制在自然语言处理领域得到了广泛应用。例如，在机器翻译任务中，注意力机制可以帮助模型关注源语言句子中与当前正在翻译的目标语言单词相关的部分。这样，模型可以更准确地进行翻译，提高翻译质量。在文本摘要、问答系统、语音识别等任务中，注意力机制也被用于捕捉输入序列中的关键信息，提高了模型的性能。GPT 和 BERT 两种预训练语言模型在自然语言处理领域取得了巨大成就。GPT 模型在文本生成、对话系统和机器翻译等任务中表现出色，能够生成连贯、自然的文本。BERT 模型则在文本分类、命名实体识别和问答系统等任务中取得了重要突破，通过预训练和微调的方式，能够快速适应各种具体任务的需求。

4. ChatGPT

OpenAI 公司在 GPT 后，又陆续推出了 GPT-2 和 GPT-3 模型。其中 GPT-3 模型的最大版本参数高达 1750 亿，并展示出了一定的上下文学习能力（In-Context Learning）。随后，OpenAI 基于指令微调进一步优化 GPT-3 模型，推出了 InstructGPT。该模型具有良好的泛化能力，能够完成各类指令任务。除此之外，OpenAI 还推出了基于代码预训练的 CodeX 模型，其表现出了良好的逻辑推理能力。随后，OpenAI 公司推出了基于 Transformer 模型构建的聊天机器人产品 ChatGPT。

通过对大规模文本数据进行预训练，ChatGPT 学习了语言模式和语义表示。在预训练阶段，ChatGPT 通过对下一个词进行预测来学习语言的概率分布，从而建立起对语言的理解和生成能力。预训练完成后，在微调阶段使用特定的数据集进行细粒度的调整，以使 GhatGPT 适应特定的应用场景和任务。

ChatGPT 的设计目标是能够进行自然、连贯的对话，并提供有用的回答和建议。它可以与用户进行交互，理解用户的提问或指令，并生成相应的回复。为了提供高质量的回答，ChatGPT 在预训练和微调过程中使用了大量的对话数据，以便学习到自然语言的语法、语义和上下文信息。值得注意的是，ChatGPT 仍然是一个语言模型，它不能理解真正的语义和上下文，也可能产生不准确或误导性的回答。ChatGPT 的指令微调使其成为一个灵活而强大的对话生成模型，能够适应各种实际应用场景和任务需求。它可以用于智能客服系统、虚拟助手、在线社交平台等多个领域，为用户提供个性化、精准的对话体验。ChatGPT 的发展过程如图 3-10 所示。

ChatGPT 的核心包括以下几个部分：预训练（Pre-training）、指令微调（Instruction Tuning）、从人类反馈中进行的强化学习（Reinforcement Learning from Human Feedback，RLHF）以及提示

工程（Prompt Engineering）。

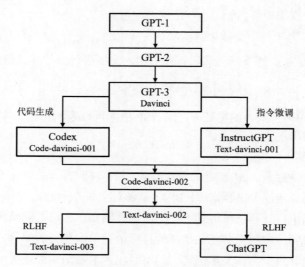

图 3-10　ChatGPT 发展过程

（1）预训练：预训练的目的是让大模型理解自然语言。ChatGPT 的基座模型是 GPT-3，它使用了大量的开源数据进行预训练。GPT-3 的预训练数据主要由经过过滤的 Common Crawl、WebText2、Books1、Books2 以及英文 Wikipedia 等数据集组合而成。其中 Common Crawl 经过过滤后保留了 570GB 的数据，通过分词后包含约 5000 亿子词。具体而言，对于给定的文本序列 $Y = \{y_1, \ldots, y_N\}$ 以及模型 $f(\cdot)$，其概率表示为：

$$p(Y) = \prod_{t=1}^{N} p(y_t \mid y_{t+1}, \ldots, y_0) \tag{3.52}$$

通过大量的预训练，大语言模型能够压缩语料库中的信息，并理解自然语言。在完成预训练后，GPT-3 能够在零样本或少样本的条件下，完成问答、翻译、对话等任务，展现了很强的上下文学习能力。

（2）指令微调：一种通过训练让大语言模型学会完成各类任务，从而进一步提高模型性能的方法。与 GPT、BERT 等模型针对特定任务进行微调不同，指令微调将大量不同类型的任务统一到自然语言生成的框架下进行有监督微调。在指令微调过程中，模型接受一组特定任务的指令或示例输入，并通过在这些示例上进行有监督的训练来调整模型参数。这些示例可以包括输入-输出对、问题-答案对或其他形式的任务相关数据。通过这种微调，模型可以学习到与特定任务相关的知识和模式。例如，可以将文本分类任务通过模板转换成自然语言生成任务：

> 请将以下文本分类到"医疗"或"教育"中的一个类别。
> 文本：青光眼是一种眼科疾病。
> 类别：医疗。

同样地，其他任务也可以通过模板转换到自然语言生成框架下。指令微调可以提高模型在特定任务上的性能和适应性，使其更好地满足特定领域或应用的需求。它是将预训练模型应用于实际任务的重要步骤之一。

（3）从人类反馈中进行的强化学习：RLHF 利用强化学习的方法，让大语言模型的输出与人类偏好更加对齐。经过指令微调后，大语言模型在开放领域任务上的表现优异，但其输出仍与人类给出的理想答案存在较大差距。因此需要进一步优化模型参数，使其输出更加符合人类的偏好和期望。具体而言，RLHF 算法主要分为以下 3 个步骤。

① 对预训练的大模型进行监督微调（Supervised Fine-Tuning，SFT）。这个过程通过在特定任务上对模型进行监督式的微调训练，以提高模型在该任务上的性能。

② 收集人类对模型输出的评分数据，用于训练奖励模型（Reward Model）。该过程主要通过让人类对模型的不同输出进行评分，从而确定人类偏好的输出结果排序。

③ 基于奖励模型输出的得分，利用强化学习进一步优化大模型，使其输出更加贴近人类的偏好和期望。这样做可以使模型的行为和决策更加符合人类的价值观和喜好。

（4）提示工程：自然语言处理领域中的一种重要技术方法，旨在通过设计和调整输入提示来引导模型生成期望的输出。它在文本生成和问答系统等任务中发挥着关键作用。

提示工程的目标是通过修改或扩展模型的输入提示，以改善模型的性能、控制生成的内容，或使其满足特定的应用需求。这涉及到选择合适的提示类型、设置任务目标、调整提示的语言和结构，以及优化提示的形式和内容。通过精心设计的提示，可以引导模型产生更准确、合理、一致或特定风格的输出。例如，在文本生成任务中，通过调整提示可以指定生成的主题、风格、长度等。在问答系统中，可以通过修改提示来指示所需的答案形式或扩展问题的上下文。

常用的提示工程方法有零样本提示（Zero-Shot Prompting）、少样本提示（Few-Shot Prompting）和思维链提示（Chain-of-Thought Prompting）。少样本提示方法会利用预训练的语言模型作为基础，并结合少量示例来进行任务处理。这些示例通常由一些输入和对应的输出组成。例如，在文本分类任务中，示例可为一些<文本输入，标签>样例。而思维链提示旨在通过引导模型按照一系列思维链条来生成连贯的文本输出，通过引导 ChatGPT 进行分步思考、分析和规划，能够有效地提高模型的推理和问答性能。思维链引导大语言模型将复杂的问题分解成多个简单的问题进行求解。同时，思维链也为问题求解过程提供了一定的可解释性。

3.4　人工智能文本信息计算应用：图像描述生成

人工智能文本信息计算是多模态模型中的一项重要算法，我们将在这一节重点介绍图像描述（Image Captioning）生成这一人工智能文本信息计算应用，其余的多模态算法将在第 9 章介绍。图像描述生成是一种利用自然语言处理和计算机视觉技术来生成图片对应描述的多模态应用。其主要目标是通过分析图像内容，自动生成准确且富有表现力的文字描述，从而实现对图像信息的高效传达和理解。这项技术可以帮助计算机更好地理解视觉内容，在社交媒体、电子商务和医疗影像分析等领域中发挥着重要作用。

在早期的图像描述生成研究中，学术界主要依赖手工或卷积神经网络提取的图像特征来匹配关键字，然后生成对应的图像描述。然而，这种方法在生成连贯的语言描述方面存在局限性。随着深度学习技术的发展，基于 Transformer 的注意力机制和大语言模型的方法能够显著改善描述的连贯性和准确性。大语言模型通过预训练在大量文本数据上学习到了广泛的语言知识和上下文理解能力，当与图像特征结合时，这些模型能够生成更为自然和丰富的描述。例如，Transformer 模型中的注意力机制使模型能够在生成描述时动态地关注图像中的不同部分，从而捕捉更多的细节信息。此外，预训练的大语言模型已经在大量的文本数据上进行了训练，拥有强大的上下文理解能力和语言生成能力。这些模型不仅能够理解图像中的主要元素，还能够通过上下文推理生成连贯的、符合逻辑的描述。

现代图像描述生成系统通常采用一种两阶段的方法：首先，使用深度神经网络提取图像特征；其次，将这些特征输入到预训练的大语言模型中，生成描述。这种方法的优势在于，它不仅能够捕捉图像的视觉信息，还能够利用大语言模型丰富的语言知识，生成自然流畅的描述。本节以基于大语言模型的 BLIP-2（Bootstrapping Language-Image Pre-training 2）为例，介绍图像描述生成算法，其生成过程如图 3-11 所示。

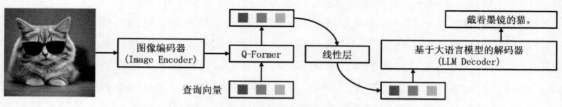

图 3-11　基于大语言模型的图像描述生成

BLIP-2 是一种先进的多模态模型，旨在整合视觉和语言信息，以提升下游任务的性能。其核心训练策略是通过大规模的跨模态预训练来提升模型的泛化能力，具体包括视觉-语言对齐和自监督学习。

模型结构方面，BLIP-2 包含图像编码器、Q- Former（Querying Transformer）和大语言模型。首先，BLIP-2 通过图像编码器（如 CLIP）提取图像特征，然后利用 Q-Former 有效地桥接视觉特征和语言特征，促进多模态信息的融合。Q-Former 是一种创新的架构组件，主要作用是将图像信息转换成更易于语言模型理解和处理的查询向量，从而实现图像和文本之间的高效对齐和交互。最后，BLIP-2 通过基于大语言模型的解码器（如 GPT）生成文本描述或回答问题。在训练策略上，BLIP-2 使用了大规模的多模态数据集进行预训练，以学习图像和文本之间的复杂关系。它结合了图像编码器和文本编码器，通过对比学习和自监督学习的方法，使模型能够在视觉和语言模态之间进行有效的信息传递和融合。

3.5　本章小结

本章介绍了词袋模型、词频-逆文档频率、潜在语义分析、知识图谱、Word2Vec 词嵌入、基于循环神经网络/长短期记忆网络的 Seq2Seq 算法、基于注意力机制的 ChatGPT 等技术。其中词袋模型和词频-逆文档频率用于简单的文本表示，潜在语义分析捕捉潜在语义，词嵌入提供更丰富的语义表达，知识图谱提供结构化知识，基于循环神经网络/长短期记忆网络的 Seq2Seq 算法处理文本序列，ChatGPT 实现对话生成。除此之外，我们还介绍了人工智能文本信息计算中的一种应用，即图像描述生成。这些技术为文本处理提供了多样化的工具和方法。

习题

（1）对于第 3.2.1 小节语料库中的 3 个文档，计算词语"白内障"在文档 d_3 中的 TF-IDF 值。这 3 个文档分别为：d_1 = "眼睛/是/心灵/的/窗户/。"，d_2 = "眼睛/是/一种/人体/器官/。"以及 d_3 = "白内障/是/一种/眼睛/疾病/。"。

（2）知识图谱在下游任务如对话系统中，有什么作用？

（3）如何使用 Word2vec 计算两个单词之间的语义相似度？

（4）BERT 和 GPT 的主要区别是什么？

（5）常见的预训练任务都有哪些？它们的目的是什么？预训练-微调范式可能存在的问题是什么？

第4章
人工智能多媒体语音信息计算

　　语言是人类最普遍、最直接的交流方式，相较于动物的交流方式，语言的出现赋予了人类传递更为复杂和丰富信息的独特能力。人工智能语音计算技术之所以受到广泛关注，归功于人类对语言交流本质的不懈探索和追求。这一领域不仅深入挖掘了人类的发音和听觉机制，更致力于理解、识别和生成自然语言，旨在打造更加流畅的人机交互体验。

　　本章将深入剖析人工智能多媒体语音计算的基础知识、发展历史、经典算法及前沿技术。从语音的发音原理和语音信号产生的数学模型着手，随后逐步展开，揭示人工智能语音信息计算技术的演进历程。按照人工智能语音信息计算的不同任务进行分类，介绍人工智能语音信息计算的里程碑算法，包括梅尔频谱倒谱系数（Mel-Frequency Cepstral Coefficients，MFCC）、隐马尔可夫模型（Hidden Markov Model，HMM）、基音同步叠加（Pitch Synchronous Overlap and Add，PSOLA）算法、MPEG Audio Layer-3（MP3）和高斯混合模型（Gaussian Mixture Model，GMM）。这些算法构成了语音特征分析、语音识别、语音合成、语音压缩和说话人识别等多个领域的核心技术，至今仍在许多系统中发挥着重要作用。人工智能技术的突飞猛进，以及深度神经网络和语音大模型等技术的发展，不仅显著提升了人工智能语音计算的准确度，还为语音交互开辟了更广阔的应用前景。本章将在最后深入讨论这些尖端技术，并探索如何将它们应用在现实场景中。

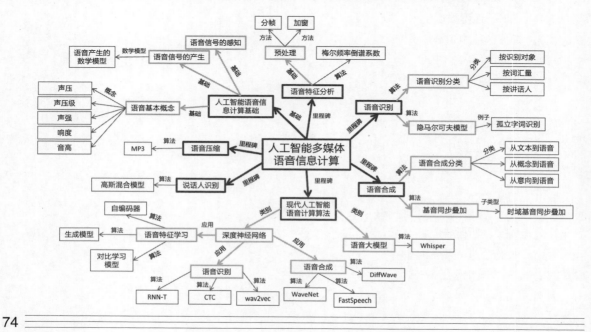

4.1　人工智能语音信息计算基础及发展里程碑

　　人工智能语音信息计算作为一门融合了数字信号处理技术的学科，专注于对语音信号进行深入的数学建模和特征提取。其核心目标在于将语音信号转化为可为特定应用服务的格式，这些应用包括语音识别和语音合成等。本节将从人类发声和接收声音的原理出发，讲解语音信号产生的基础模型，为后文的人工智能语音计算奠定基础。同时，我们将梳理出人工智能语音信息计算领域的 7个关键里程碑，旨在为读者提供一个宏观的视角，从而更好地把握该领域的全貌和发展趋势。

4.1.1　人工智能语音信息计算基础

4.1.1.1　语音信号的产生

　　人类的发声器官有肺部、气管、喉、咽、鼻腔、口腔和嘴唇。它们作为一个整体共同形成了一条复杂的管道，叫声道（Vocal Tract），其结构如图 4-1 所示。

　　人类产生语音信号的主要步骤如下。

　　（1）腹肌收缩使横膈膜向上挤出肺部空气，形成稳定气流。

　　（2）气流经由气管被送至喉部。喉部是由多块软骨组成的，其中影响发音的主要是从喉结到杓状软骨之间的韧带褶，称为声带（Vocal Cords）。两个声带之间形成一个开闭自如的声门（Glottis）。呼吸时，声带打开；说话时，声带合拢。当收紧的声带有气流通过时会因受到冲击而张开，但由于声带有韧性所以会迅速闭合，随后又再次张开与闭合，这样不断重复使声带产生振动并向上送出一连串喷流而形成一系列脉冲。

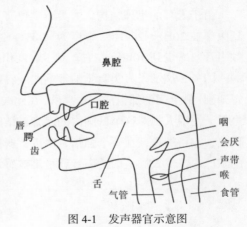

图 4-1　发声器官示意图

　　（3）声音被送往声道并最终向外界辐射。声道是一根从声门延伸至口唇的非均匀截面的声管，我们可以通过调整声道的形状（主要是通过嘴唇、腭和舌头）来发出不同的声音。

　　声带每开启和闭合一次（即振动一次）的时间被定义为基音周期（Pitch Period），它的倒数称为基音频率。基音频率是反映说话人特点的一个重要参数，它决定了说话人的音调高低。基音频率的范围取决于发音人的性别和年龄，通常男性声音偏低、女性声音偏高；老人声音偏低，小孩声音偏高。在发音过程中，声带也并不是一定会振动。伴随声带振动产生的声音称为浊音（Voiced Sound）；相反，清音（Unvoiced Sound）则是不伴随声带振动的声音。清音的产生是通过声道的某些位置形成收缩，强制空气以足够高的速度通过收缩点产生扰动而产生的。

4.1.1.2　语音信号的感知

　　耳朵是人类的听觉器官，其作用就是接收声音、处理声音以及将声音信号转化为神经刺激传导到大脑。大脑会进一步对这些信号进行处理、理解等更高级的生理活动。人耳主要是由外耳、中耳和内耳三部分组成，如图 4-2 所示。

　　人类感知语音信号的主要生理结构及对应工作原理如下。

（1）外耳区：外耳包含耳翼、外耳道和鼓膜。耳翼收集声波，收集到的声波会经过外耳道传导给鼓膜，引起鼓膜振动。

（2）中耳区：中耳是一个充气的腔体，由鼓膜将其与外耳隔离。中耳包括由锤骨、砧骨、镫骨这三块听小骨构成的听骨链以及咽鼓管等。其中锤骨与鼓膜接触，砧骨连接锤骨和镫骨，而镫骨则与内耳的前庭窗相连。当鼓膜振动时，声波会顺着听骨链传导至内耳。中耳能够在一定的声强范围内实现声音的线性传递，在声强较高时实现声音的非线性传递，从而起到保护内耳的作用。

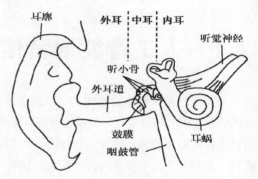

图 4-2　人耳构造示意图

（3）内耳区：内耳深埋在头骨中，由半规管、前庭窗和耳蜗组成。其中半规管和前庭窗属于本体感受器，主要用于判断位置和保持平衡。耳蜗是听觉的收纳器，它形似一根蜗螺旋管，内部充满淋巴液。耳蜗内的感声毛细胞可以把声音刺激变为神经冲动，经由听觉神经传入大脑的听觉中枢，完成语音的高级感知功能。

由于人耳的生理结构，人类听觉也有了与之对应的特性。其一是听觉选择性。一般人只能听到频率在 20Hz～20kHz、强度为−5dB～130dB 的声音信号。老年人的听阈更窄，比如能听到的高频声音要减少到 10kHz 左右。对于响度相同频率不同的声音，人类能感知到的声音强度也是不同的。图 4-3 展示了人类听觉的等响曲线：最下面的那根曲线是听阈，在此线下方的声音就无法被感知到；最上面的那根曲线是痛阈，在此线上方的声音会引起听觉疼痛。此外，曲线在 2kHz～5kHz 最低，说明人类对这个区间内的声音最敏感。其二是掩蔽效应。掩蔽效应是一种常见的心里声学现象，它指的是，在一个强信号附近，弱信号将难以被感知，即被强信号所掩蔽。例如，在嘈杂的工厂中，工人们谈话的声音就很难被感知到。

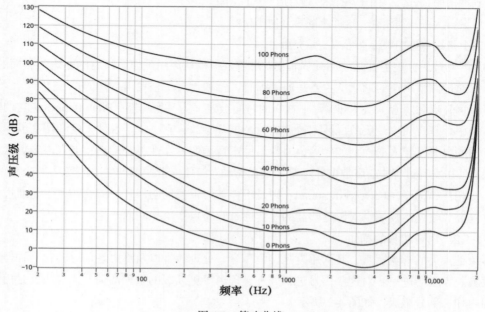

图 4-3　等响曲线

4.1.1.3　语音的基本概念

（1）声压（Sound Pressure）：大气压受到声扰动产生的逾量压强。声压是描述声波的最基本的物理量，因为其测量相对易于实现。通常声压指的是有效声压，即在一定时间间隔内将瞬时声压对时间求方均根值所得。设语音长度为 T，离散点数为 N，则有效声压计算公式为：

$$p_e = \sqrt{\frac{1}{T}\sum_{n=1}^{N}x^2\Delta t} = \sqrt{\frac{1}{N\Delta t}\sum_{n=1}^{N}x^2\Delta t} = \sqrt{\frac{1}{N}\sum_{n=1}^{N}x^2 X} \tag{4.1}$$

（2）声压级（Sound Pressure Level）：声音的有效声压 p_e 与基准声压 p_{ref} 之比的对数再乘 20，即 $L_p = 20\lg\dfrac{p_e}{p_{\text{ref}}}$。在空气中，参考声压一般取 $2\times10^{-5}\,\text{Pa}$。

（3）声强（Sound Intensity）：声波在单位时间内作用在与其传递方向垂直的单位面积上的能量称为声强。声强（I）与声压（P）的关系为：

$$I = \frac{P^2}{\rho v} \tag{4.2}$$

其中 ρ 为介质密度，v 为声速。

（4）响度（Loudness）：声音的响亮程度，表示人耳对声音的主观感受，计量单位是宋（sone），1sone 定义为 1kHz 纯音在 40dB 声压级时的响度。按照人耳对声音的感觉特性，人们依据声压和频率定义了人对声音的主观响度感觉量，即响度级，单位为方（phon），0phon 定义为 0dB 声强级的 1000Hz 纯音的响度级。

（5）音高（Pitch）：声音的高低。声音的频率越高，音高也就越高。人耳对声音高低的感知与其频率高低并不成正比，心理声学采用美（mel）作为音高的单位并定义 1000mel 是 1000Hz 纯音在 40dB 声压级时的音高。在 mel 单位的尺度下，美值提升为原来两倍时在人耳听起来音高也像是原来的两倍高。

4.1.1.4　语音信号产生的数学模型

一般来说，语音的本质是气压在一定时间内的变化。通过传感器，被记录下来的语音信号被转换为电信号，成为可以被计算机处理的数字信号。该传感器通过测量一个固定时间间隔内的信号幅值来将语音数字化，其采样率（Sample Rate）越高，测量的时间间隔就越短，采集到的语音信号就越精准。

前面已经讨论过语音信号产生的机理，本小节将基于人体发声机理介绍语音信号产生的数学模型，让读者从侧面了解人类是如何产生语音的。虽然人体发音器官的结构很复杂，但是我们只需要对其基本功能进行分析就足以建立合适的模型，因此我们可以对人体发音器官做一些合理的化简，如图 4-4（a）所示。

基于人的发音器官的特点以及语音产生的机理，我们可以将语音产生的系统分为 3 个线性排列的子部分，如图 4-4（b）所示。

（1）肺部气流和声带：产生激励振动的"激励模型"。

（2）声道：用于调音的"声道模型"。

（3）嘴唇和鼻孔：向外辐射语音信号的"辐射模型"。

根据浊音和清音发音的特点，激励模型可分为浊音激励和清音激励。发浊音时，由于气流通过声带而使其不断张开和关闭，会产生类似于斜三角形的脉冲。浊音激励便是以基音周期为单个周期的斜三角形的脉冲串。单个斜三角脉冲可用数学公式表达为：

$$g(n) = \begin{cases} \frac{1}{2}\left[1 - \cos\left(\frac{n\pi}{N_1}\right)\right], 0 \leq n \leq N_1 \\ \cos\left[\pi(n - N_1)/2N_2\right], N_1 \leq n \leq N_1 + N_2 \\ 0, \text{其他} \end{cases} \tag{4.3}$$

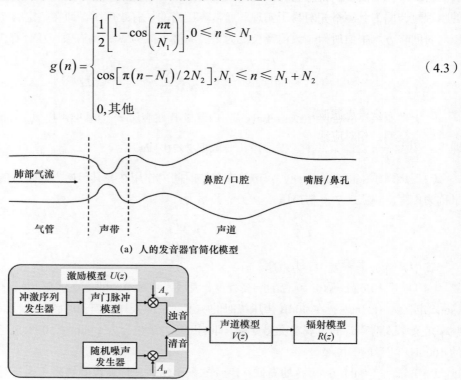

（a）人的发音器官简化模型

（b）语音信号产生的数学模型

图 4-4　人的发音器官简化模型与语音信号产生的数学模型

其中 n 为时间，N_1 为斜三角波上升部分的时间，N_2 为斜三角波下降部分的时间。

单个斜三角波脉冲本质上可视为低通滤波器，将其变换到频域并表示为 z 变换的全极点模型，可以得出：

$$G(z) = \frac{1}{\left(1 - e^{-cT}z^{-1}\right)^2} \tag{4.4}$$

其中 c 为常数。公式（4.4）表明斜三角波形可描述为一个二极点的模型。因此，浊音激励源产生的斜三角波串可以看作是加权了单位脉冲串 $E(z) = \frac{A_v}{1 - z^{-1}}$ 激励单个斜三角波模型的结果的输出，其中 A_v 为调节浊音的幅值或能量的参数。因此，整个浊音激励模型可以描述为：

$$U(z) = G(z)E(z) = \frac{A_v}{1 - z^{-1}} \cdot \frac{1}{\left(1 - e^{-cT}z^{-1}\right)^2} \tag{4.5}$$

发清音时，声带并不振动，而是靠在声道的某处保持收缩，气流高速通过形成湍流而发出声音。此时，激励信号相当于一个随机的白噪声，可用均值为 0、方差为 1，并在时间或幅值上为正态分布的序列描述。

目前，有两种主流的声道模型：声管模型和共振峰模型。其中声管模型是将声道视为由多个不同截面的声管串联形成的系统。而共振峰模型是将声道视为一个谐振腔，共振峰就是这个腔体的谐振频率，下面我们将详细介绍共振峰模型，以帮助读者了解声道模型的建模过程。

一般情况下，一个元音可用前 3 个共振峰来表示，而对于较复杂的辅音，大概要用到 5 个以上的共振峰。对于一般的元音，我们可以使用全极点模型来描述其传递函数：

$$V(z) = \frac{1}{\sum_{i=0}^{p} a_i z^{-i}} \tag{4.6}$$

其中 p 为全极点滤波器的阶，a_i 为声道模型参数。对于复杂的元音以及大部分辅音，必须使用零极点模型，相对应地，其传递函数也会更加复杂。

声道的输出信号会到达口和唇，并通过唇部开口将语音信号辐射出去。当口唇张开的面积远小于头部表面积时，人体发声的模型被简化。此时，声波从口通过唇部辐射到外界空气时的辐射阻抗为：

$$Z_L(\Omega) = \frac{\mathrm{j}\Omega L_r R_r}{R_r + \mathrm{j}\Omega L_r} \tag{4.7}$$

其中，$R_r = \frac{128}{9\pi^2}$，$L_r = \frac{8a}{3\pi c}$，这里 a 表示唇张开的半径，c 表示声波传播速度。由于因辐射产生的能量损耗与辐射阻抗的实部成正比，可用一阶类高通滤波器建模辐射模型，即

$$R(z) = \left(1 - rz^{-1}\right) \tag{4.8}$$

其中 r 接近于 1。

综上，完整的语音信号产生模型便可以用上述 3 个子模型串联而成，其传递函数为：

$$H(z) = U(z)V(z)R(z) \tag{4.9}$$

上述内容描述了语音信号的线性产生模型，该模型基于一个关键假设：肺部产生的气流在声道中以平面波的形式传播。然而，随着研究的深入，学者们在进行语音和听觉实验时观察到，实际声道内气流的传播并非完全符合平面波的模式。而且，气流中的涡流现象也会对语音信号产生显著的影响。

为了更准确地反映这些非线性特性，人们提出了一种创新的非线性模型，即调幅-调频（Amplitude Modulation-Frequency Modulation，AM-FM）调制模型，用以更精细地描述语音的产生过程。该模型不仅在理论上具有重要意义，而且在语音信号处理领域的应用也极为广泛。

4.1.2　人工智能语音信息计算里程碑

人工智能语音信息计算技术的起源可以追溯至 20 世纪 30 年代，当时霍默·达德利（Homer Dudley）等人发明了声码器，这一创新使电信通信得以突破传统，不再依赖于原始声音信号的传输。声码器通过编码原始声音信号并传输带通滤波器的包络信息，显著降低了所需带宽，为语音产生模型的构建奠定了基石，对人工智能语音信息计算领域产生了深远的影响。

继声码器之后，1952 年，贝尔实验室的研究人员取得了另一项重要进展，他们成功研制了能够识别 10 个单音节词的语音识别系统。此后，随着 20 世纪 70 年代电子计算机的普及，人工智能语音信息计算领域的研究重心逐渐从硬件导向转向软件导向。在转型期间，诸如矢量量化（Vector Quantization，VQ）和动态时间规整（Dynamic Time Warping，DTW）等关键算法的研究，为人

工智能语音信息计算技术的进步提供了强有力的推动力，使人工智能语音信息计算领域迎来了前所未有的发展热潮。

20世纪80年代开始，各种人工智能语音信息计算任务百花齐放。图4-5中绘制了近代人工智能语音信息计算发展的7个里程碑，对应了不同的人工智能语音计算任务。

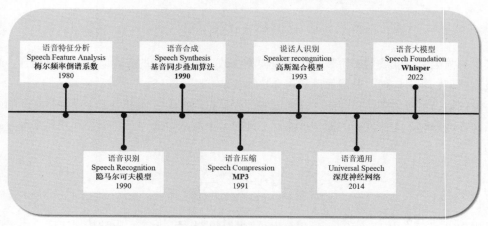

图4-5　人工智能语音信息计算发展里程碑

1980年，戴维斯（Davis）和默梅尔斯坦（Mermelstein）发明了梅尔频率倒谱系数，一种利用人耳听觉特性的语音特征分析方式。1990年，隐马尔可夫模型首次由贝克（Baker）和杰利内克（Jelinek）等人应用到了语音识别领域，其效果在语音识别任务中非常有效，之后成为语音识别的主流研究方法。约同一时期，法国研究人员沙尔庞捷（Charpentier）和穆利纳（Moulines）等人提出了基音同步叠加算法，这种语音合成算法能够在不改变语音信号的基本音质的前提下，通过调整语音信号的基频和时长来改变语音的音高和持续时间。1991年，卡尔海因茨·勃兰登堡（Karlheinz Brandenburg）与弗劳恩霍夫集成电路研究所的团队合作开发了MP3压缩算法，虽然当时因其处理方式过于复杂并没有得到流行，但是随着处理器算力的逐年提升，MP3以其压缩倍率以及出彩的压缩效果得到了广泛使用，甚至一度成为音乐的代名词。1993年，高斯混合模型因其简单有效且鲁棒性强等优点，成为说话人识别任务中的主要技术。进入21世纪，基于深度学习技术的人工智能语音计算技术得到了全面突破，深度神经网络取代传统算法被应用在各类语音任务中，包括语音特征提取、语音识别和语音合成等，成为语音通用的现代主流技术。近年来，算力和训练数据量的突破使各种大模型如雨后春笋般出现。2022年，OpenAI团队开发并开源了语音大模型Whisper，其在语音识别、翻译等任务上的效果已经接近人类专家，目前已经成为人工智能语音计算领域最新的里程碑，为人工智能语音计算任务开拓了全新的技术路线。

4.2　人工智能语音信息计算算法

4.2.1　语音特征分析与梅尔频率倒谱系数

语音特征分析（Speech Feature Analysis）构成了人工智能语音信息计算的核心与基石。只有深入挖掘并准确表示语音信号的本质特征，我们才能有效利用这些参数，实现高效的语音通信以及推动语音合成、语音识别等下游任务的发展。事实上，语音合成的音质优劣、语音识别的准确率高低，均与对语音信号的精准分析能力密切相关。因此，在人工智能语音信息计算的广泛应用中，语音信号特征分析扮演着至关重要的角色。

语音特征分析及
梅尔频率倒谱
系数

语音信号的分析可依据所提取参数的性质，划分为时域分析、频域分析和倒谱分析等多个范畴。同时，根据采用的分析方法，语音信号分析还可以被归类为模型分析方法和非模型分析方法。本小节主要介绍梅尔频率倒谱系数（Mel Frequency Cepstral Coefficients，MFCC）这一具有里程碑式意义的语音信号特征分析方法，阐释语音信号特征分析的基础流程。

MFCC 是一种声学特征提取技术，通过模拟人耳对不同频率声音的感知特性，提取音频信号的关键特征，特别适合应用于语音识别、语音合成、说话人识别等任务。

在对语音信号进行特征分析之前，我们一般要对其进行短时分析。语音信号具有短时平稳性，一般可将语音信号分段来分析其特征参数，每段约 10～30ms。这种将语音信号分为一段一段的操作就是分帧（Framing）。一般采取如图 4-6 所示的交叠分段的方法，这种方法的好处是可以使帧和帧之间平滑过渡，保持其连续性。前一帧与后一帧的交叠部分称为帧移，帧移一般取帧长的 0 到 0.5 倍。分帧是用可移动的有限窗口进行加权的方式实现的，即用窗函数 $w(n)$ 乘语音信号 $s(n)$。常用的窗函数包括矩形窗和汉明窗等，它们的数学表达式如下所示：

（1）矩形窗：

$$w(n)=\begin{cases}1,0\leqslant n\leqslant N-1\\0,其他\end{cases} \qquad (4.10)$$

（2）汉明窗：

$$w(n)=\begin{cases}0.54-0.46\cos\dfrac{2\pi n}{N-1},0\leqslant n\leqslant N-1\\0,其他\end{cases} \qquad (4.11)$$

其中 N 为帧长。需要注意的是，矩形窗的谱平滑性相对汉明窗较好，但损失了高频成分，使波形细节丢失；而汉明窗则相反。因此，分帧中多使用汉明窗。

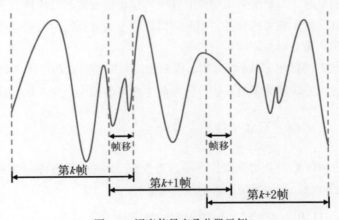

图 4-6　语音信号交叠分段示例

在讨论听觉原理时，我们曾经指出，人耳对声音高低的感知与其频率的高低并不是简单的线性关系。这种现象实际上是由耳蜗的结构所决定的。耳蜗本身可以被视作一个复杂的滤波器组，它的滤波作用是在对数频率上实现的。具体来说，在 1kHz 以下的频率范围内，耳蜗的感知是接近线性的；而当频率超过 1kHz 时，感知转变为对数尺度。基于耳蜗这一独特的感知特性，研究人员通过心理学实验提出了一种类似于耳蜗滤波作用的变换方法，即梅尔频率尺度。梅尔频率尺度的计算可以通过以下公式来表达：

$$f_{\text{Mel}} = 2595 \times \lg\left(1 + \frac{f}{700}\right) \tag{4.12}$$

其中，f 为实际频率，单位为 Hz。临界频率带宽随着频率的变化而变化，并与梅尔频率的增长一致，在 1kHz 以下，大致呈线性分布，带宽为 100Hz 左右；在 1kHz 以上呈对数增长。类似于临界频带的划分，可以将语音频率划分成一系列三角形的滤波器序列，即梅尔频率滤波器组。通过梅尔频率滤波器组，音频信号的表示可以变换到更具有人类感知意义的域，这可以增强各种下游语音处理任务的性能。

具体来说，在 MFCC 的计算中，我们首先需要对每个三角形滤波器所覆盖的频率带宽内的信号幅度进行加权求和，以得到对应带通滤波器的输出。MFCC 的具体流程图如图 4-7 所示，它的具体步骤解释如下。

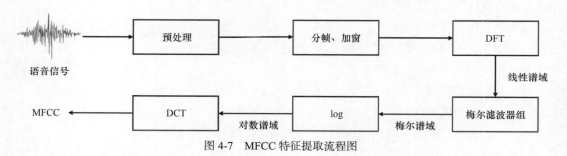

图 4-7　MFCC 特征提取流程图

（1）对输入的语音信号进行预加重处理以增强高频信息，然后进行分帧和加窗处理，随后执行离散傅里叶变换（DFT），以获得每帧信号的频谱。

（2）计算频谱的平方（即能量谱），并用 M 个梅尔带通滤波器对能量谱进行处理。由于人耳对不同频带中的声音分量是叠加感知的，因此需要将每个滤波频带内的能量值进行累加，从而得到每个滤波器输出功率谱，记为 $x'(k)$。

（3）将每个滤波器的输出 $x'(k)$ 取对数，得到相应频带的对数功率谱，将对数功率谱进行反离散余弦变换（DCT）并转换为倒谱系数，保留前 L 个系数做 MFCC，如下式所示：

$$C_n = \sum_{k=1}^{M} \log x'(k) \cos\left[\frac{\pi(k-0.5)n}{M}\right], n = 1, 2, \ldots, L \tag{4.13}$$

（4）计算得到的 MFCC 特征可直接作为静态语音特征。这些静态特征需要进一步进行一阶和二阶差分，得到动态特征，从而捕捉语音信号的动态特性。

4.2.2　语音识别与隐马尔可夫模型

语音识别（Speech Recognition）即让机器通过识别和理解语音信号，将其转换为相应的文本

语音识别与隐
马尔可夫模型

或命令，是一项使机器能够与人类进行语音交互的技术。这一领域是一门广泛的交叉学科，与计算机科学、通信工程、语音语言学、数理统计、信号处理、神经生理学、神经心理学以及人工智能等多个学科领域紧密相连。在 21 世纪的今天，语音识别技术在工业、军事、医疗等多个重要领域发挥着关键作用，其影响力和应用范围将持续扩大。此外，语音识别技术也已深入我们的日常生活，变得触手可及。例如，智能音箱、车载智能语音系统、苹果公司的语音助手 Siri 以及各种语音输入软件等，都是语音识别技术普及应用的生动体现。随着技术的不断进步，语音识别正变得越来越精准和智能，它极大地提升了人机交互的便捷性和效率，预示着未来人机交互方式的重大变革。

语音识别系统可以按照不同的分类标准进行分类，以下是几种常见的分类标准。

（1）按识别对象：孤立词识别系统要求说话者清晰地说出单词或命令；连接词识别系统通常用于识别数字或简短的指令序列；连续语音识别系统能够处理自然流畅的语言，包括句尾或标点处的间断。

（2）按词汇量：小词汇量系统能够识别有限的简单词汇，适用于如电话拨号等简单任务；中等词汇量系统能够识别更多词汇，适用于自动订票等中等复杂度任务；大词汇量系统则能够识别广泛的词汇，适用于如口述报告转录等复杂任务。

（3）按讲话人：特定人系统为特定讲话人设计，需要事先训练以适应该讲话人的声音特征；非特定人系统则旨在识别任何讲话者的语音，具有更广泛的适用性，但技术挑战也更大。

早期的语音识别系统大多是按照简单的模版匹配构造的孤立词识别系统、小词汇量系统和特定讲话人系统。其基本工作原理是在训练阶段，用户将词汇表中的每一个词读一遍，并提取特征向量存入模版库；在识别阶段，将输入语音的特征向量序列依次与模板库中的每个模板库进行相似度比较，将相似度最高者作为识别结果输出。语音识别模版匹配法的代表算法是日本学者板仓文忠提出的动态时间规整（Dynamic Time Warping，DTW）算法，它将动态规划的概念用于解决孤立词识别时说话速度不均匀的难题。但是这种方法的缺点是，当需要识别较长的语段，并需要使用词甚至是句来作为模板时，就可能需要大量的模版，匹配算法将会非常耗时。

20 世纪 80 年代，基于随机模型方法的语音识别逐渐成为主流。语音信号可以看成一种信号过程，它在足够短的时间段上的信号特性近似于稳定，而总的过程可看成依次从相对稳定的某一特性过渡到另一特性。随机模型方法中的代表算法就是隐马尔可夫模型（Hidden Markov Model，HMM），它利用概率统计的方式来描述上述时变过程。自 HMM 被引入语音识别技术以来，随机模型方法已成为语音识别研究领域的主流研究方法。下面我们就来介绍 HMM 的基本思想和理论。

HMM 是一个输出符号序列的统计模型，具有 N 个状态 $S_1, S_2, ..., S_N$，它按一定的周期从一个状态转移到另一个状态，每次转移时，输出一个符号。转移到哪一个状态、转移时输出什么符号，分别由状态转移概率和转移时的输出概率来决定。因为只能观测到输出符号序列，而不能观测到状态转移序列，所以称为隐藏的马尔可夫模型。下面我们通过一个实例来更加形象化地了解 HMM。

假设你和你的朋友小明在两个不同城市的大学读书。小明所在学校的食堂总共只有 3 种早餐供应：寿司、小笼包和汉堡；并且每天只会供应一种食物，而明天供应什么食物只和今天供应的食物有关。我们可以把这个情况建立为图 4-8 中的马尔可夫链。

在图 4-8 中，深色箭头表示状态转移函数，箭头旁的小数为转移的概率。例如，当今天供应的食物为汉堡时，第二天有 70% 的概率继续供应汉堡，也有 30% 的概率供应小笼包。同时，假设小明在任何一天都会有两种情绪，快乐或悲伤。他的情绪仅取决于当天食堂供应的餐点，如图 4-8 中的浅色线所示。你无从得知他今天吃了什么，不过你每天都和小明保持联系，所以你能够知道他的情绪状况。在这个例子中，隐藏状态是食堂供应的餐食，可观察的符号是小明的心情。你通过每天和小明沟通，可以得到一个描述小明心情的序列 $O = \{o_1, o_2, \ldots, o_m\}$。由于这是观察到的事件，因而称之为观察值序列。然而，小明快乐或悲伤与食堂供应的食物并不是直接的一一对应关系，所以食堂供应食物的状态转移被隐藏了起来。

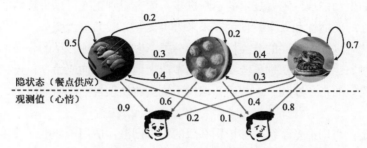

图 4-8　一个简单的三状态 HMM 例子

基于上面的例子，HMM 的基本定义可以用下面 5 个模型参数来描述，即

$$H = \{S, O, A, B, \pi\} \tag{4.14}$$

接下来将详细介绍这 5 个参数。

（1）S 为模型中状态的有限集合，即模型由几个状态组成。设有 N 个状态，$S = \{s_i \mid i = 1, 2, \ldots, N\}$。记 t 时刻所处状态为 s_t。在上面的例子中，食堂供应的食物类型就相当于状态。

（2）O 为模型输出的观测值符号的集合，即每个状态对应的可能的观测值数目。记 M 个观测值为 $O = \{o_1, o_2, \ldots, o_m\}$，记 t 时刻观测到的观测值为 o_t。在上面的例子中，小明每天的心情就是观测值。

（3）A 为状态转移概率的集合。所有转移概率可以构成一个转移概率矩阵：

$$A = \begin{bmatrix} a_{11} & \cdots & a_{1N} \\ \vdots & & \vdots \\ a_{N1} & \cdots & a_{NN} \end{bmatrix} \tag{4.15}$$

式中，a_{ij} 是从状态 S_i 到状态 S_j 转移时的转移概率，$1 \leqslant i, j \leqslant N$ 且有 $0 \leqslant a_{ij} \leqslant 1$，$\sum_{j=1}^{N} a_{ij} = 1$。在图 4-8 中，$A$ 指的是每次在食堂供应某种特定食物后，供应下一种食物的种类的概率，即 $A = \begin{bmatrix} 0.5 & 0.3 & 0.2 \\ 0.4 & 0.2 & 0.4 \\ 0 & 0.3 & 0.7 \end{bmatrix}$。

（4）B 为输出观测值概率的集合。$B = \{b_j(k)\}$，其中 $b_j(k)$ 是状态转移到 S_j 时观测值符号 k 的输出概率，即小明心情 k 出现的概率。一般情况下，输出符号概率也可能与前一个状态有关，我们可以定义 $B = \{b_{ij}(k)\}$，其中 $b_{ij}(k)$ 是状态 S_i 转移到状态 S_j 时观测值符号 k 的输出概率。

（5）π 为系统初始状态概率的集合，$\pi = \{\pi_i\}$：π_i 表示初始状态是 s_i 的概率，即

$$\pi_i = P\left[S_1 = s_i\right]\left(1 \leqslant i \leqslant N\right)\sum \pi_j = 1 \qquad (4.16)$$

一般而言，假设有一个实际的物理过程，产生了一个可观察的序列，便可建立 HMM 来描述这个序列的特征。当 HMM 用于语音信号建模时，是对语音信号的时间序列结构建立统计模型，它是数学上的双重随机过程：一个是语音信号本身，即一个可以被人观测的时变序列；另一个则是大脑根据语法知识和言语需要发出的音素的参数化。可见，HMM 合理地模仿了这一过程，很好地描述了语音信号的整体非平稳性和局部平稳性，是一种较为理想的语音信号模型。

当 HMM 进行孤立字词语音识别时，每一个孤立字词都必须有一个 HMM 加以描述。这可以通过模型学习或训练来完成。对于任意要识别的未知孤立字词语音，基于 HHM 的识别过程如图 4-9 所示：首先通过分帧、参数分析和特征参数提取，得到一组随机向量序列 $\boldsymbol{X} = \{x_1, x_2, \ldots, x_T\}$；再通过矢量量化即可把这个序列转化成一组符号序列 $\boldsymbol{O} = \{o_1, o_2, \ldots, o_T\}$；最后计算这组符号序列在每个 HMM 上的输出概率，输出概率最大的 HMM 对应的孤立字词就是识别结果。

依照图 4-9 可知，要实现基于 HMM 的孤立字词识别，还需要解决两个核心问题：如何快速有效地计算某序列 $\boldsymbol{O}$ 在模型 $\boldsymbol{H}$ 中的输出概率 $P(\boldsymbol{O}\,|\,\boldsymbol{H})$？如何训练 HMM（即如何调整模型 $\boldsymbol{H}$ 的参数，使得序列 $\boldsymbol{O}$ 在该模型中的输出概率 $P(\boldsymbol{O}\,|\,\boldsymbol{H})$ 最大）？

对于第一个问题，最简单的方法是直接进行计算，但是计算时间很长。设 HMM 状态数为 N，观察值序列长度为 T，那么至少需要 $2TN^T$ 次计算才能得到最终结果。因此，鲍姆（Baum）等人基于动态规划的思想提出了前向-后向算法（Forward-Backward Algorithm）。

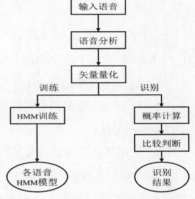

图 4-9　基于 HMM 的孤立字词识别

前向算法按输出观测值序列的时间，从前向后递推计算输出概率。令 $\alpha_t(j)$ 表示输出部分符号序列 $\boldsymbol{O} = \{o_1, o_2, \ldots, o_T\}$ 并且到达状态 S_j 的概率（前向概率），初始化 $\alpha_0(1) = 1$，$\alpha_0(j) = 0\ (j \neq 1)$，即可得到递推公式 $\alpha_t(j) = \sum_i \alpha_{t-1}(i) a_{ij} b_{ij}(o_t), t = 1, 2, \ldots, T; i, j = 1, 2, \ldots, N$。以此递推，可以根据 $P(\boldsymbol{O}\,|\,\boldsymbol{H}) = \alpha_T(N)$ 求得结果。从递推公式可知，要计算 t 时刻的 $\alpha_t(j)$，则需要 $t-1$ 时刻的所有 $\alpha_{t-1}(\bullet)$。只要在第一次计算时存储下这些值，在不同的 $\alpha_t(j)$ 计算时就可以复用这些值，从而大大减少计算量。

由于后向算法只是前向算法的逆推版本，读者在理解前向算法的基础上便可理解后向算法：即按输出观测值序列的时间，从后向前递推计算输出概率。令 $\beta_t(i)$ 表示从状态 S_i 到状态 S_N 结束输出部分符号序列 $\boldsymbol{O} = \{o_1, o_2, \ldots, o_T\}$ 的概率（后向概率），初始化 $\beta_T(N) = 1$，$\beta_T(j) = 0\ (j \neq N)$，同样可得递推公式 $\beta_t(i) = \sum_j \beta_{t+1}(j) a_{ij} b_{ij}(o_{t+1})$，最后需要计算 $P(\boldsymbol{O}\,|\,\boldsymbol{H}) = \beta_0(1)$。

第二个问题本质上是 HMM 的参数估计问题，即给定一个观测值序列 $\boldsymbol{O} = \{o_1, o_2, \ldots, o_T\}$，该算法确定一个 $\boldsymbol{H} = \{A, B, \pi\}$，使 $P(\boldsymbol{O}\,|\,\boldsymbol{H})$ 最大。这是一个泛函极值问题，由于给定的训练序列有限，不存在最佳的方法来估计 $\boldsymbol{H}$。在这种情况下，迭代优化的方法可以用来获得最优模型参数。这里仅介绍解决这一问题的经典算法，即前向-后向算法，它是基于期望最大化（Expectation Maximization，EM）算法来实现的：给定一个观测值符号序列 $\boldsymbol{O} = \{o_1, o_2, \ldots, o_T\}$，以及一个需要通过训练重新估计参数的 HMM 模型 $\boldsymbol{H} = \{A, B, \pi\}$。按照前向-后向算法，设对于符号序列

$O = \{o_1, o_2, \ldots, o_T\}$，在时刻 t 从状态 S_i 转移到状态 S_j 的转移概率为 $\gamma_t(i,j)$，则 $\gamma_t(i,j)$ 可表示如下：

$$\gamma_t(i,j) = \frac{\alpha_{t-1}(i)a_{ij}b_{ij}(o_t)\beta_t(j)}{\alpha_T(N)} = \frac{\alpha_{t-1}(i)a_{ij}b_{ij}(o_t)\beta_t(j)}{\sum_i \alpha_t(i)\beta_t(i)} \quad (4.17)$$

同时，对于符号序列 $O = \{o_1, o_2, \ldots, o_T\}$，在时刻 t 时马尔可夫链处于状态 S_i 的概率为：

$$\sum_{j=1}^{N} \gamma_t(i,j) = \frac{\alpha_t(i)\beta_t(i)}{\sum_i \alpha_t(i)\beta_t(i)} \quad (4.18)$$

对于符号序列 $O = \{o_1, o_2, \ldots, o_T\}$，从状态 S_i 转移到状态 S_j 的转移次数的期望值为 $\sum_t \gamma_t(i,j)$；而从状态 S_i 转移出去的次数的期望值为 $\sum_j \sum_t \gamma_t(i,j)$。由此即可推导出：

$$\hat{a}_{ij} = \frac{\sum_t \gamma_t(i,j)}{\sum_j \sum_t \gamma_t(i,j)} = \frac{\sum_t \alpha_{t-1}(i)a_{ij}b_{ij}(o_t)\beta_t(j)}{\sum_t \alpha_t(i)\beta_t(j)}$$

$$\hat{b}_{ij}(k) = \frac{\sum_{t:o_t=k} \gamma_t(i,j)}{\sum_t \gamma_t(i,j)} = \frac{\sum_{t:o_t=k} \alpha_{t-1}(i)a_{ij}b_{ij}(o_t)\beta_t(j)}{\sum_t \alpha_{t-1}(i)a_{ij}b_{ij}(o_t)\beta_t(j)} \quad (4.19)$$

通过上式，我们就可以计算得到一组新参数 $\hat{a}_{ij}$ 和 $\hat{b}_{ij}(k)$，也就是得到了一个新的模型 $\hat{H} = \{\hat{A}, \hat{B}, \hat{\pi}\}$。基于这个原理，我们可以写出前向-后向算法进行 HMM 训练的具体步骤。

（1）适当地选择 a_{ij} 和 $b_{ij}(k)$ 的初始值。

（2）给定一个观测值符号序列 $O = \{o_1, o_2, \ldots, o_T\}$，由初始模型计算 $\gamma_t(i,j)$ 等，并根据重估公式计算 $\hat{a}_{ij}$ 和 $\hat{b}_{ij}(k)$。

（3）使用其他观测值符号序列，并利用上一次计算的 $\hat{a}_{ij}$ 和 $\hat{b}_{ij}(k)$ 重新计算 $\gamma_t(i,j)$，重复步骤（2），直到 $\hat{a}_{ij}$ 和 $\hat{b}_{ij}(k)$ 收敛为止。

4.2.3 语音合成之基音同步叠加算法

语音合成（Speech Synthesis）是将机器自己产生的或者外部输入的文字信息变为人类能够听懂的、流利的语音输出。它涉及声学、语言学、数字信号处理、计算机科学等多个学科技术，是人机交互的重要课题之一。日本学者藤阪按照人在说话过程中所用到的各种知识，将语音合成由浅到深分成以下 3 个层次。

（1）按规则从文本到语音的生成。

（2）按规则从概念到语音的合成。

（3）按规则从意向到语音的生成。

目前语音识别技术主要应用在文本到语音的合成上，即通常所说的文本语音转换（Text-To-Speech，TTS）技术。

语音合成技术通过分析、存储和合成 3 个步骤，将文本信息转换成可理解的语音信号。在这一过程中，基元作为最小的语音学单元，构成了语音库的基础。

语音合成的研究已经有多年的历史，合成方法主要分为波形合成、参数合成和规则合成 3 种。波形合成通过直接存储或编码发音波形来实现，虽然自然度高，但受限于存储容量，通常词汇量较小。参数合成则通过分析语音信号并用参数表示来减少存储需求，但系统结构复杂且可能牺牲语音质量。规则合成方法则是一种更高级的技术，它基于语言学规则，从文本直接合成语音，重点在于模拟人类组织语音的规则。在选择合成基元时，需要平衡规则的复杂性和存储容量的需求。

实际上，无论采用哪种合成方法，都需要按照一定的规则对基元进行调整，以确保合成语音的自然度。利用基音同步叠加（Pitch Synchronous Overlap and Add，PSOLA）算法合成的语音在计算复杂度、合成语音的清晰度、自然度方面都具有明显的优点，PSOLA 算法也已经成为人工智能语音信息计算领域中的里程碑技术，本小节将对其展开介绍，以便读者理解波形合成的过程及原理。

早期的波形编辑技术只能回放音库中保存的东西，而任何一个语言单元在实际语流中都会随着语言环境的变化而变化。PSOLA 和早期的波形编辑有原则性的差别，它既能保持原始语音的主要音段特征，又能在音节拼接时灵活调整基音、能量和音长等韵律特征，因而很适合汉语语音和规则合成。同时汉语是声调语言系统，其词调模式、句调模式都很复杂，在以音节为基元合成语音时，句子中单音节的声调、音强和音长等参数都要按规则进行调整。

具体来说，PSOLA 是波形编辑合成语音技术中对合成语音的韵律进行修改的一种算法。决定语音波形韵律的主要时域参数包括音长、音强、音高等。音长的调节对于稳定的波形段是比较简单的，只需以基音周期为单位加/减即可。但基于语音基元本身的复杂性，实际处理时采用特定的时长缩放法；音强改变只要加强波形即可。对一些重音有变化的音节，幅度包络也可能需改变；音高的大小对应于波形的基音周期。对于大多数通用语言，音高仅代表语气的不同和说话者的更替。但汉语的音高曲线构成声调，声调有辩义作用，因此汉语的音高修改比较复杂。

图 4-10 是基于 PSOLA 算法的语音合成系统的基本结构。首先，算法需要对输入的文本进行相应的分析，比如对于中文文本输入，算法需要对文本进行分词并分析该段文本的拼音拼写序列。这个拼写序列会被送入韵律分析器，根据一套即有的韵律规则确定无音调音节序列以及这些音节对应的音调和持续时间。随后，检索语音数据库中对应的语音基元并连同文本分析结果一起送入 PSOLA 语音合成算法中。目前实现 PSOLA 技术一般有 3 种方式：时域基音同步叠加（Time Domain PSOLA，TD-PSOLA）、线性预测基音同步叠加（Linear Predictive Coding PSOLA，LPC-PSOLA）和频域基音同步叠加（Frequency Domain PSOLA，FD-PSOLA）。以 TD-PSOLA 技术为例展开介绍，其详细步骤如下。

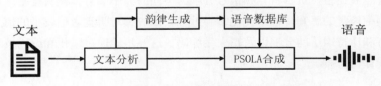

图 4-10　基用 PSOLA 算法的语音合成系统

（1）对语音合成单元设置基音同步标记。同步标记是与合成单元浊音段的基音保持同步的一系列位置点，它们必须能准确反映各基音周期的起始位置。在 TD-PSOLA 技术中，短时信号的截取和叠加、时间长度的选择，均是依据同步标记进行的。浊音有基音周期，而清音的波形接近于白噪声。因此，为保证算法的一致性，在对浊音信号进行基音标注的同时，可令清音的基音周期为一常数。

（2）以语音合成单元的同步标记为中心，选择适当长度（一般取基音周期的两倍）的时窗对合成单元做加窗处理，获得一组短时信号。

（3）在合成规则的指导下，调整步骤（1）中获得的同步标记，产生新的基音同步标记。具体来说，就是通过对合成单元同步标记的插入、删除来改变合成语音的时长，通过对合成单元同步标记间隔的增加、减小来改变合成语音的基频等。

（4）根据步骤（3）得到的合成语音的同步标记，对步骤（2）中得到的短时信号进行叠加，从而获得合成语音。

4.2.4　语音压缩与 MP3 算法

语音压缩（Speech Compression）技术是通过减少语音信号的数据量来减小文件大小，同时尽量保持语音信号的质量。这种技术的核心目的在于降低语音数据的存储空间需求和减少传输所需的带宽。尽管我们生活在一个存储空间充裕、计算资源充足和通信速度飞快的时代，深入理解和研究语音压缩算法仍然对人工智能多媒体语音计算具有不可忽视的价值，能够推动人工智能多媒体语音信息计算技术的进步并满足各种应用场景的需求。

语音压缩技术的实现途径多种多样，包括去除信号中的冗余信息、应用高效的压缩算法，以及适当降低采样率。目前，语音压缩技术主要包括波形编码、参数编码、混合编码、变换编码和感知编码，这些压缩技术在实际应用中往往会结合多种方法，根据不同的应用需求和场景进行特殊的应用。值得一提的是，感知编码技术通过利用人类听觉系统的特性，有效地在高压缩率和高音质之间取得了很好的平衡，成为现代语音压缩技术的核心方法之一。

其中，MP3 技术作为一种常用的感知编码技术，利用人耳对不同频率信号的敏感度差异进行压缩，能够在较高压缩率下保持良好的音质，是近 20 年来全球范围内广泛应用的音频压缩格式。MP3 技术以其卓越的压缩率（其文件大小仅为标准 CD 的十二分之一）在存储和传输方面带来了革命性的变革，成为人工智能语音信息计算的里程碑。本小节将深入探讨 MP3 技术的算法原理以及基本压缩流程。

MP3 的压缩过程涉及一种称为"重复压缩"的技术，它通过更短的字节编码来表示文件中的重复部分。这种技术确保了在解码后，信息的完整性得以保持，音质损失被控制在可接受的范围内。然而，由于语音数据本身具有高信息熵，仅依靠这种编码方式并不足以实现显著的信息压缩效率。因此，MP3 实际上采用了有损压缩技术，以实现更高的压缩效率。

MP3 编码过程是一个复杂的多阶段过程，其主要流程见图 4-11，本书将其划分为三大功能模块：首先是混合滤波器组，负责将音频信号分解为不同的频率成分；其次是心理声学模型，它利用人耳对不同频率声音的感知特性来优化编码过程，以减少对听觉影响较小的信息；最后是量化编码，包括比特和比特因子的分配以及霍夫曼编码，这一步骤通过量化和编码技术进一步压缩数据，同时尽可能保持音质。

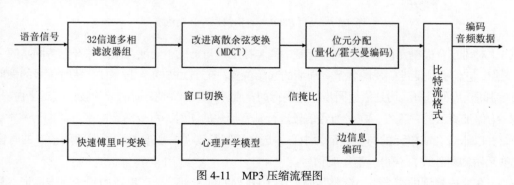

图 4-11　MP3 压缩流程图

　　混合滤波器组在 MP3 编码中发挥着至关重要的作用,它由子带滤波器组和改进离散余弦变换(Modified DCT,MDCT)组成。这一模块的首要任务是将时域中的样本信号转换至频域,并通过子带滤波器将音频信号分解为 32 个子带。这些子带虽然具有等带宽的特性,但它们与心理声学模型中计算出的不等带宽的临界带宽并不完全吻合。为了解决这一不匹配问题,我们对每个子带信号进行 MDCT 变换,将时域信号转换到频域并细分为 18 条频线,从而在频域中产生更为精细的576 条频线。

　　心理声学模型是 MP3 编码中的另一个关键组成部分,它利用之前获得的这些频线并计算子带信号的信掩比(Signal-to-Mask Ratio,SMR)来决定如何分配比特数。其本质是利用人耳的遮蔽效应来移除人耳不敏感的信号,实现音频数据的有效压缩,同时不影响人类的直观感受。为了精确计算遮蔽阈值,信号需要有更高的频域解析度,这通常通过傅里叶变换来实现。心理声学模型先通过快速傅里叶变换来获取信号的频谱特性,随后识别音调成分和非音调成分。基于这些成分,模型计算出不同频率点的掩蔽阈值,并最终确定每个频率点的总体掩蔽阈值。这一过程的目的是计算出每个子带的掩蔽阈值,这些值将直接影响量化过程的控制。通过将量化过程中产生的噪声控制在掩蔽阈值以下,可以让人几乎无法察觉压缩后的数据在解码时与原始信号之间的差异。心理声学模型最终输出的是信掩比,即信号强度与掩蔽阈值的比率。这一比率是后续量化过程中的关键参数,它决定了量化噪声的水平,从而确保压缩后的音频质量。

　　最后的量化编码阶段接受来自 MDCT 的精细频线和来自心理声学模型中得到的信掩比,将其送入霍夫曼(Huffman)编码器。Huffman 编码器拥有多种 Huffman 编码表,为了得到更好的声音质量并更有效地屏蔽量化噪声,其可以根据每个频段的特点,选择最合适的 Huffman 表进行压缩。这一连贯的过程确保了 MP3 在压缩音频文件大小的同时,仍然能保证较高的音质。

　　不过 MP3 的编码过程并不是一次就能成功的,实际上,其编码过程是一个不断尝试和循环迭代的动态平衡过程,旨在寻找减少量化噪声和满足特定比特率要求之间的平衡点。为了实现这些目标,编码器在正式编码之前会确定两个关键参数:一个是用于确定比特率的步进值,另一个是用于减少量化噪声的增益因子。这两个系数主要由以下两个嵌套的迭代回路确定。

　　(1)内部迭代回路,即量化速率控制回路。在这个回路中,经过量化的数据会被送入 Huffman 编码器。如果编码后的数据比特数超过了可用的数据流量,编码器会反馈信息,指示回路调整步进值以增加量化步长,从而减少数据流量。这个过程会不断重复,尝试不同的量化步长,直至Huffman 编码后的数据流量降至足够小。

　　(2)外部迭代回路,也就是噪声控制回路。这个回路的主要作用是控制量化噪声,确保其保持在听觉心理学所定义的屏蔽临界线(Masking Threshold)之下。每个频段都会有一个增益因子,编码器初始时会使用 1.0 作为默认值。如果量化噪声超过了允许的阈值,回路就会调整这个增益因子,以降低噪声水平。然而,减少量化噪声通常意味着需要增加数据流量,因此,每当增益因子发生变化后,回路都需要进行相应的调整,以确保码率满足要求。

　　这两个回路以一种嵌套且协调的方式运作,它们的目标是将量化噪声控制在听觉心理学所定义的屏蔽临界线以下,同时确保码率维持在合理的范围内。当编码器的设计不合理时,可能会使这两个回路陷入一个效率低下的循环,导致资源浪费和性能下降。因此,合理的编码器设计对步进值和增益因子的确认至关重要,能确保这两个回路高效地协同工作,避免陷入低效的无限循环,从而使编码器能够实现既定目标,同时保持编码过程的高效性和稳定性。

4.2.5　说话人识别与高斯混合模型

说话人识别与
高斯混合模型

语音是每个人的独特属性之一。即便所有人都拥有相同的发声器官，但是生理差异以及后天的行为差异使每个人都拥有独属于自己的语音特点，这使得通过分析语音信号来识别说话人成为可能。说话人识别问题的解决涉及人的发音器官、发音习惯、声学原理、语言学知识、自然语言理解等多方面的内容。因此，说话人识别是交叉运用心理学、生理学、数字信号处理、模式识别、人工智能、机器学习等知识的一门综合性研究课题。

说话人识别（Speaker Recognition）技术按其识别任务可以分为两类：说话人辨认（Speaker Identification）和说话人确认（Speaker Verification）。前者用以判断某段语音是若干人中的哪一个人所说，是"多选一"问题，而后者用以确定某段语音是否是某个特定的人所说。说话人识别和语音识别技术在实现方式上有很多相似之处，都是在提取原始语音信号中某些特征参数的基础上，建立相应的参考模版或模型，然后按照一定的判决规则来进行识别。

说话人识别的基本原理如图 4-12 所示，主要包括两个阶段，即训练阶段和识别阶段。训练阶段根据每个说话人的训练语料，经特征提取后，建立各说话人的模板或模型。识别阶段对待识别语音经特征提取后，与系统训练时产生的模板或模型进行比较。在说话人辨认中，取与测试语音相似度最大的模型所对应的说话人作为识别结果；在说话人确认中，则通过判断测试音与所声称说话人的模型之间的相似度是否大于一定的判决阈值，做出确认与否的判断。由此可见，说话人辨认和说话人确认仅在判决策略上有所不同。

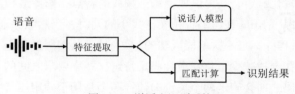

图 4-12　说话人识别系统

说话人识别模型可以追溯到基于动态时间规整（DTW）模型，DTW 模型通过比较两个语音信号之间的相似性，找到它们之间的最佳时间对齐方式，从而实现说话人识别。然而，DTW 模型在说话人识别任务中存在计算量大、需要大量训练数据和不够稳健等问题，因此被经典的高斯混合模型（Gaussian Mixture Model，GMM）、基于 GMM 的 i-Vector 模型等取代。

GMM 凭借建模灵活、建模能力强、训练效率高等优点在说话人识别任务中占据了非常重要的地位，不仅可以用于声学特征建模和声纹建模，还可以用于说话人分割和聚类，从而为说话人识别任务的发展提供了支持，已然成为人工智能多媒体语音信息计算发展历程中至关重要的里程碑，本小节将对基于 GMM 的说话人识别展开具体介绍。

GMM 可以看做一种状态数为 1 的连续分布隐马尔可夫模型（Continuous Distribution HMM，CDHMM）。一个 M 阶高斯混合模型的概率密度函数是由 M 个高斯概率密度函数加权求和得到的，如下所示：

$$P(\boldsymbol{X}|\lambda) = \sum_{i=1}^{M} w_i b_i(x_t) \tag{4.20}$$

式中，$\boldsymbol{X}$ 是一个 D 维随机向量；$b_i(x_t), i=1,\ldots,M$ 是子分布；$w_i, i=1,\ldots,M$ 是混合权重。每

个子分布式 D 维的联合高斯概率分布可表示为：

$$b_i(X) = \frac{1}{(2\pi)^{\frac{D}{2}}|\Sigma_i|^{\frac{1}{2}}}\exp\left\{-\frac{1}{2}(X-\mu_i)^t\Sigma_i^{-1}(X-\mu_i)\right\} \tag{4.21}$$

式中，μ_i 是均值向量；Σ_i 是协方差矩阵，混合权重值满足以下条件：

$$\sum_{i=1}^{M}w_i = 1 \tag{4.22}$$

完整的混合高斯模型由参数均值向量、协方差矩阵、混合权重组成，表示为：

$$\lambda = \{w_i, \mu_i, \Sigma_i\}, i = 1,\dots,M \tag{4.23}$$

对于给定的时间序列 $X = \{x_t\}, t = 1, 2,\dots,T$，利用 GMM 求得的对数似然度可定义如下：

$$L(X|\lambda) = \frac{1}{T}\sum_{t=1}^{T}\ln P(x_t|\lambda) \tag{4.24}$$

GMM 的训练就是给定一组训练数据，通过最大似然（Maximum Likelihood）估计来确定模型的参数 λ。我们通常采用 EM 算法估计参数 λ，EM 算法的计算是从参数 λ 的一个初值开始，估计出一个新的参数 $\hat{\lambda}$，使得新模型似然度变大，迭代运算新的 $\hat{\lambda}$ 直到模型收敛。

回归说话人辨认任务，该任务的目的是决定输入语音属于 N 个说话人中的哪一个。也就是说，我们首先要对 N 个说话人分别训练一个 GMM，对于需要辨认的语音，只需要找到它具有最大后验概率 $P(\lambda_i|X)$ 的说话人对应的模型即可。

4.3　现代人工智能语音信息计算算法

进入 21 世纪，人工智能语音信息计算技术经历了从以 HMM 为代表的统计建模方法，到当前以数据驱动的深度学习模型的转变。这一转变的核心是深度神经网络（Deep Neural Network，DNN）以及大模型的应用，它们能够自动从原始语音信号中学习有意义的特征，并将其应用于各种下游任务中。因此，本节将介绍如今前沿的 DNN 以及大模型，并介绍其在人工智能语音计算中的应用。

4.3.1　语音通用与深度神经网络

与文本类似，语音信号也是一种序列数据，所以一些适合用于处理文本的 DNN 同样也适用于处理语音，如 RNN、LSTM 以及 Transformer 等模型。这些基于 DNN 的模型能够通过深度学习的方式，根据语音任务本身来自适应地提炼该任务所需的特征，并通过不同的输出结构来适应不同的任务，显示出 DNN 在人工智能语音信息计算中的多任务通用性。由于第 3 章已经介绍过这些模型，本小节我们将着重分析其是如何应用在 3 个语音常用任务（语音特征学习、语音识别和语音合成）中的。

1. 语音特征学习

语音特征学习过程旨在从语音信号中提取相关且实用的特征，并将这些特征用于各种下游任务中。虽然传统的手工特征已经足以满足各种工程用途，但是利用有监督尤其是无监督深度学习技术的方法正在此领域展示出巨大的潜力。有监督的模型通过使用带标签的数据集来训练模型，以学习输入数据和输出标签之间的映射，其目标是使模型能够学习输入数据的有用特征，这些特征可用于准确预测新的、未见过的数据的输出标签。而无监督特征学习则使用无标签的语音数据来学习有用的语音特征，由于无标签的语音数据显然多于有标签的语音数据，因此这种方法更为具有前景。同时，由于无监督训练并不限定在任何特定下游任务下，所以这种方式训练出的模型提取的特征也会更加通用。这里我们主要介绍无监督特征学习，常用模型有自编码器（Autoencoder）、生成模型（Generative Model）、对比学习模型（Contrastive Learning Model）。

（1）自编码器由一个编码器和一个解码器构成，编码器压缩输入信息，解码器则试图从压缩的信息中尽可能复原出原始输入，这个压缩的信息就是学习到的特征表示。常用于特征学习的自编码器模型还有变分自编码器（Variational Autoencoder）等。

（2）生成模型的本质是学习输入数据的分布，从而能够通过从学习到的分布中采样来生成与输入数据相似的样本，利用这种模型的中间特征同样可以得到有用的特征表示。常用于特征学习的生成模型有生成对抗网络（Generative Adversarial Network，GAN）等。

（3）对比学习的基本原理是根据对数据的理解生成正负训练样本对。该模型学习为两个正样本分配高相似度分数，为两个负样本分配低相似度分数。例如，对比预测编码（Contrastive Predictive Coding，CPC）通过截取一段语音的前半部分作为输入，其剩余部分以及任意一段语音分别作为正样本和负样本来进行训练。基于对比学习的模型有 Wav2vec、Speech SimCLR、Discrete BERT 等。

2. 语音识别

语音识别的核心任务是将输入的语音信号转换为相应的文本表示，而 RNN 因能够捕捉语音数据中的时序依赖性而在深度学习发展初期成为主流模型。早期，RNN 通常和 HMM 结合使用，但是这种模型仍然受限于 HMM 的局限，比如 HMM 需要特定于任务的知识和观察状态的独立约束。为了克服这一点，端到端的 RNN 模型，如 RNN-T（Recurrent Neural Network Transducer），在语音识别任务中流行了起来。这种模型一经训练，就可以通过语音输入一次性得到输出，而不需要任何其他复杂的操作。

然而，这种模型依然在输入语音序列与输出标签序列的同步中存在挑战。为了解决这一问题，艾利克斯·格雷弗斯（Alex Graves）等人提出了连接时序分类（Connectionist Temporal Classification，CTC）损失函数，该方法通过允许标签的重复来创建与输入语音序列长度相同的标签路径。

2018 年，Linhao Dong 等人提出了 Speech-Transformer，这是首次将 Transformer 架构应用于语音识别任务的重要工作。此后，对 Transformer 模型的改进不断涌现，它也被证实在效果上超越了 RNN 模型，促使语音识别领域的研究逐渐向 Transformer 模型转移。2020 年，Facebook 推出了 Wav2Vec 2.0，这是一种通过微调无监督预训练语言模型来实现语音识别的方法，其效果优于传统的半监督训练。Wav2Vec 2.0 的成功展示了在语音识别任务中微调无监督预训练模型的巨大潜力，并为后续的 Whisper 等大型语音模型的发展奠定了基础。

3. 语音合成

语音合成技术的目标是将文本或其他类型的输入生成自然、清晰且流利的语音输出，以模拟人类的语音特征。语音合成技术非常复杂，涉及语言学、信号处理和计算机科学等多个学科知识，其目前发展的技术有不同的实现方法，主要分为波形合成法、参数合成法、规则合成法。

其中波形合成法是最经典的方法，其核心思想主要包括三大模块：首先，文本分析模块对输入的文本进行解析，识别出音素和韵律等语言特征；接着，声学模型模块利用神经网络模型将这些语言特征转换成声学特征，比如梅尔频谱图；最终，波形生成模块采用另一个神经网络模型，根据声学特征合成连续的语音波形。最早应用于语音合成的 DNN 可追溯到 2016 年的 WaveNet，它可以直接利用从文本中提取的语言特征来生成语音波形。此后，端到端的模型进一步简化了文本分析过程，并通过梅尔频谱图来优化声学特征的生成，这在 Tacotron、Deep Voice 和 FastSpeech 等模型中得到了体现。

随着技术的进步，完全端到端的语音合成系统，如 ClariNet 和 EATS，已经能够直接从文本输入生成高质量的语音波形。这些系统的发展与语音识别领域的进步相似，都受到了 Transformer 架构的显著影响，例如 Tacotron 2 和 FastSpeech 2 等模型。最近，扩散模型在语音合成领域的应用也取得了突破。WaveGrad 和 DiffWave 等模型利用扩散过程直接生成语音波形，为语音合成提供了一种全新的方法。与此同时，GradTTS 和 DiffTTS 等研究通过生成梅尔特征作为中间步骤，进一步探索了语音合成的新途径。

4.3.2　语音大模型与 Whisper

2022 年，OpenAI 团队推出了一款具有里程碑意义的语音识别模型——Whisper。这一模型的出现，为语音识别领域乃至其他领域都带来了翻天覆地的变革。Whisper 模型以其极简的数据预处理和弱监督机制，成功实现了卓越的性能，它可以轻松应对各种复杂的语音处理任务，并提供行业领先的准确度。Whisper 的成功证明具有高度通用性的创新解决方案是存在的，即使在充满挑战的环境中，也能为各种语音相关任务提供卓越的准确性。

Whisper 模型的独特功能之一是其极简的数据预处理方法，这一方法避免了复杂的标准化过程，大大简化了语音识别的整个流程。这种简化不仅提高了效率，而且使模型能够更好地泛化到各种标准基准测试中，即使在没有经过微调的情况下也能提供极具竞争力的性能。Whisper 模型在监督数据集上进行训练，其中包括从网络收集的超过 68 万小时的音频数据，这使其对各种口音、背景噪声和技术术语更具弹性。由于在不同的音频数据集上进行了训练，该模型能够执行多语言语音识别、翻译和语言识别。其多任务处理模型可以满足各种与语音相关的任务，例如语音助手、教育、娱乐和辅助功能。Whisper 模型还能够转录和翻译多种语言的音频，这使其成为一种多功能工具。OpenAI 已经开源发布了推理模型和代码，为基于 Whisper 模型开发实际应用奠定了基础。

4.4　人工智能语音信息计算应用：中文语音识别系统

前面已经介绍了人工智能语音信息计算中的 7 个里程碑算法，本节我们就专注于一个具体且非常常见的应用，即中文语音识别系统。

中文语音识别的目的在于将中文语音信号转换为对应的中文文本内容，以便后续利用文本信息进行更高级的理解和处理。它不仅能够显著提高信息输入的效率、增强用户与设备的互动体验，还能够帮助视障及行动不便的人进行快捷输入，提升他们的生活质量。

中文语音识别技术已经在日常生活中获得了广泛应用。例如，百度智能音箱中的小度和小米手机中的小爱同学等语音智能助手，通过语音识别技术为用户提供便捷的服务；讯飞输入法、搜狗输入法等软件通过语音输入功能，使文字输入变得更加高效；在智能家居领域，通过语音控制灯光、电视、音响等家居设备，极大地方便了用户的日常生活。此外，在腾讯会议等在线会议软件中，语音转写功能利用中文语音识别技术自动生成会议记录，提升了会议的效率。

目前的中文语音识别系统主要基于深度学习算法，这样的算法已经屡见不鲜。本节我们就简要介绍基于深度学习算法的中文语音识别的开源项目 ASRT（Auto Speech Recognition Tool）。ASRT采用了深度卷积神经网络（Deep Convolution Neural Network，DCNN）及 CTC 损失函数，其框架如图 4-13 所示。

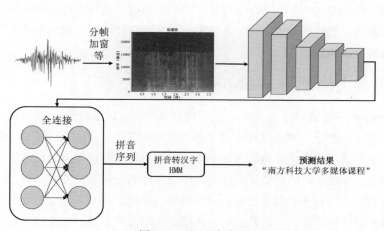

图 4-13　ASRT 框架图

ASRT 的声学模型首先将普通的语音信号经过分帧加窗等操作转换为 DCNN 需要的二维频谱图像信号。DCNN 则通过五层卷积和池化操作，提取出声音的高级特征。该特征进一步被送入全连接层，用于回归得到需要的中文拼音序列。在中文语音识别中，输入的语音信号长度通常比目标的拼音序列更长，且二者之间的对齐关系并不明确。CTC 通过引入空白字符解决了长度不匹配的问题。它先计算输入序列对应的所有可能的输出拼音序列路径，并评估每条路径的概率，通过最大化正确路径的概率，确定最有可能的拼音序列。最后，ASRT 将拼音转文本的过程建模为一条隐马尔可夫链，通过一个训练好的 HMM 模型，ASRT 进一步将拼音序列转换为文本。它基于 TensorFlow.Keras 框架，使用了大量的中文语音数据集进行训练。该项目提供了丰富的 API 接口以及可以在多种编程语言中调用的客户端 SDK，因此该项目非常适合使用到科研任务或者工程应用中。

4.5　本章小结

本章首先介绍了人工智能语音信息计算的基础知识，并以人工智能语音信息计算的 7 个里程碑算法为主线，详细分析了梅尔频率倒谱系数、隐马尔可夫模型、基音同步叠加算法、MP3 音频压缩算法、高斯混合模型，也探讨了深度神经网络在语音特征学习、语音识别、语音合成等语音常用任务上的应用，以及语音大模型 Whisper 等多种任务通用的先进技术。最后，我们结合中文语音识别的具体应用实例，从应用的角度展现了人工智能语音信息计算的魅力。

习题

（1）请简述语音信号产生的数学模型的主要步骤，并解释它们与人类产生语音信号的关系。

（2）请计算实际频率 1400Hz 的语音对应在梅尔频率尺度下是多少 mel。

（3）隐马尔可夫模型由哪些基本组成部分构成？请解释状态转移概率和观测概率在 HMM 中的作用。

（4）深度神经网络在人工智能语音信息计算中的应用有哪些？请列举并简述至少两种深度学习模型在语音识别或语音合成中的作用。

（5）OpenAI 的 Whisper 模型有哪些独特功能？它在语音处理任务中展现出了哪些优势？

第5章
人工智能多媒体图像信息计算

大数据时代的到来，给人们的生活和工作都带来了便利，尤其是移动互联网和智能手机的快速发展，使图像获取越来越方便，产生了海量的图像信息。随着计算机技术、人工智能和思维科学研究的迅速发展，图像信息处理正向着高速、高分辨率、立体化、多媒体化、智能化以及标准化的方向发展。如今，人工智能图像信息计算已经成为人工智能技术和多媒体技术发展融合中的关键技术，这一点已经体现在图像通信、办公室自动化系统、医学图像自动分析、卫星照片传输等实际应用中。

本章将深入探讨人工智能多媒体技术中关键的图像信息处理技术及图像信息计算技术的基础知识和相关算法：首先介绍图像信息处理的基本知识，随后对人工智能图像信息计算技术发展历程中重要的 7 个里程碑进行详细介绍，包括边缘检测（Edge Detection）、图像压缩（Image Compression）、图像复原（Image Restoration）、图像识别（Image Recognition）、图像生成（Image Generation）、图像目标检测（Image Target Detection）、图像分割（Image Segmentation）。最后，详细介绍人工智能图像信息计算的语义分割工具的应用，有助于读者全面地掌握人工智能图像信息计算知识。

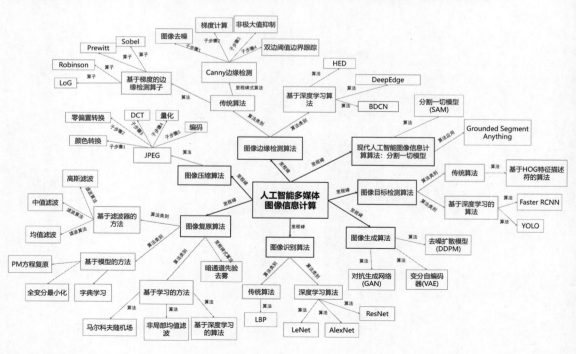

5.1　人工智能图像信息计算基础和发展里程碑

　　人工智能图像信息计算是人工智能多媒体信息计算的重要模态处理技术，其发展可追溯到视觉技术和图像基础。人工智能图像信息计算技术发展历程中衍生的许多技术已经成为人工智能多媒体其他模态信息计算的关键技术。本节将对人工智能图像信息计算技术进行详细介绍并且总体概述其发展历程中的 7 个里程碑。

5.1.1　视觉与图像简介

　　视觉是人类最重要的一种感觉，它主要由可见光作用于人眼所产生。可见光就是视觉刺激，它是具有一定的频率和波长的电磁辐射，在广阔的电磁辐射频带中，可见光只是其中一个狭窄的区域，也就是视觉的适宜刺激。此外，如果光的辐射功率相同而波长不同，引起的视觉效果也不同。随着波长的改变，不仅颜色感觉不同，亮度感觉也有所不同。

　　我们探究人类视觉感知的基本特征的目的主要在于想要探究图像的形成并被人类感知的基本原理。

　　图 5-1 显示了人眼的简化剖面图，其形状近似为一个直径约 20mm 的球体，由外覆的角膜与巩膜、脉络膜以及视网膜组成。角膜是坚硬并且透明的组织，它覆盖人眼的前表面。角膜后面的巩膜是包围眼球其余部分的不透明膜。脉络膜位于巩膜的正下方，含有血管网，是眼睛的主要营养来源。晶状体由同心的纤维细胞层组成，并被附在睫状体上的纤维挂起。而最靠内部的膜是视网膜，它布满了整个眼球后部的内壁。眼睛成像感知的基本原理是，外界的光线经过眼睛的屈光系统折射后，聚焦来自物体的光在视网膜上成像。具体来说，光线首先通过透明的角膜进入眼睛，然后通过晶状体和玻璃体等屈光介质，最终聚焦在视网膜上，视网膜上的感光细胞将光信号转换成电信号，这些电信号随后通过视觉神经传递到大脑的视觉中心，从而产生视觉感知。

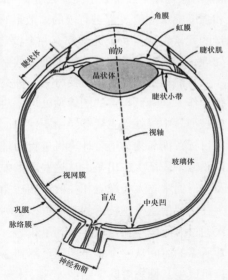

图 5-1　人眼剖面简图

　　图像是人类视觉的基础，是自然景物的客观反映，是人类认识世界和人类本身的重要源泉。从物理层面来说，图像是客观物体的一种表示，包含被描述物体的有关信息，这些信息通过光、电、磁等物理信号被记录下来。从数学角度来说，图像可以用二维函数 $f(x, y)$ 来表示，其中 x 和 y 是空间坐标，f 在 (x, y) 处的值或幅度称为图像在该点的强度或灰度值。从技术角度说，图像是一种模拟信号，可以被捕获、处理、传输、存储和显示。在计算机中，图像通常被表示为一组数字，即数字图像。从艺术角度来说，图像可以是绘画、照片和视频等表现形式，是人类表达和记录信息、情感和经验的重要工具。

　　世界上的第一张照片（如图 5-2（a）所示）可以追溯到 19 世纪 20 年代，世界上公认的摄影技术发明者约瑟夫·尼塞福尔·尼埃普斯（Joseph Nicéphore Niépce）通过日光蚀刻法制作出了第一张照片《窗外的风景》，标志着摄影技术的诞生。而于勒·埃及尔（Jules Itier）于 1844 年在中国广东拍摄的人像照片（如图 5-2（b）所示）是中国已发现的第一张人像照片。

（a）　　　　　　　　　　　　　（b）

图 5-2　世界及中国的第一张图像

5.1.2　人工智能图像信息计算发展里程碑

图像处理是对图像进行分析、加工和处理，以改善图像的视觉效果或从中获取有用信息的过程。图像处理一般指数字图像处理，一张图像从数学上可以定义为一个二维函数 $f(x, y)$，当 x, y 和强度或灰度值 f 都是有限的离散量时，该图像为数字图像。值得一提的是，数字图像由有限数量的元素组成，每个元素都有一个特定的位置和数值，这些元素称为像素（Pixel）。而数字图像处理是指借助于数字计算机来处理数字图像。

目前数字图像处理主要分为 3 种类型，即低级处理、中级处理和高级处理。低级处理涉及初级操作，如降低噪声的图像预处理、对比度增强和图像锐化。低级处理的输入和输出都是由图像来表征。中级处理主要涉及由图像特征的提取，如边缘检测、图像分割及特征提取，是将图像中的目标特征简化为适合计算机进行处理的形式的描述，以及各个目标的分类。中级处理的输入是由图像来表征，输出是由从这些图像中提取的特征来表征。高级处理涉及分析和"理解"图像以及执行通常与人类视觉相关的认知功能，如图像识别、图像解释以及场景理解。

图像信息处理技术的起源可以追溯到 20 世纪 20 年代，其最早应用于报纸行业，当时图片首次通过海底电缆从伦敦传送到了纽约，通过巴特兰电缆图片传输系统，把横跨大西洋传送一张图片所需的时间从一个多星期降至不到 3 小时。20 世纪 60 年代，一台能够实现图像处理任务的计算机诞生，标志着数字图像处理技术开始进入快速发展阶段，利用计算机可以实现更高级的图像处理。20 世纪 60 年代末至 20 世纪 70 年代初，最开始的数字图像处理技术仅作用于空间开发和遥感图像分析等，之后慢慢进入医学、天文学等领域。后来随着计算机、人工智能等技术的快速发展，数字图像处理技术实现了更高层次的发展，实现了使用计算机进行图像解释。

20 世纪 80 年代开始，各种图像信息处理技术进入快速发展时期，图 5-3 中展示了近代人工智能图像信息计算发展的 7 个里程碑，也恰好对应了不同的图像信息处理任务，涵盖了低级处理、中级处理以及高级处理任务。

1986 年，约翰·坎尼（John Canny）开发了第一个多级检测算法——Canny 边缘检测算子，创立了"边缘检测计算理论"来解释边缘检测技术是如何工作的。1992 年，联合图像专家组（Joint Photographic Experts Group，JPEG）标准正式通过，并正式更名为"信息技术连续色调静止图像的数字压缩编码"，JPEG 格式的压缩率是目前各种图像文件格式中最高的。2009 年，何恺明提出了最经典的图像复原算法——暗通道先验（Dark Channel Prior，DCP），其基于统计学基础，发现了无雾图像局部区域存在一些像素，这些像素中至少有一个颜色通道的亮度值非常之低，因此利用这个暗通道先验进行雾噪声去除。2012 年，亚里克斯·克里切夫斯基（Alex Krizhevsky）、伊尔亚·苏茨克维（Ilya Sutskever）和杰弗里·辛顿（Geoffrey Hinton）提出了经典的卷积神经网络 AlexNet。当时，AlexNet 在 ImageNet 大规模视觉识别挑战赛中取得了优异的成绩，把深度学习模型在比赛中的正确率提升到了一个前所未有的高度。因此，它的出现对图像信息高级处理发展具有里程碑式的意义。2014 年，古德费洛（Goodfellow）等人提出了生成对抗网络（Generative Adversarial Network，GAN），这对图像生成处理任务带来了巨大变革，其主要原理是在不断博弈下提高建模能力，最终呈现以假乱真的图像生成效果，目前已经可以实现指定图像合成、文本到图像、图像到图像等图像生成计算机视觉任务。紧接着，约瑟夫·雷德蒙（Joseph Redmon）等人于 2015 年提出了一种实时目标检测算法 YOLO（You Only Look Once），不同于传统的滑动窗口或基于区域的目标检测方法，其采用一个单独的卷积神经网络模型实现端对端的目标检测，从而实现了前所未有的检测速度和准确率。最后，Meta AI（前身为 Facebook AI Research，FAIR）于 2023 年提出的分割一切模型（Segment Anything Model，SAM）突破了分割界限，极大地促进了图像信息处理基础模型的发展，成为人工智能图像信息计算的新里程碑。

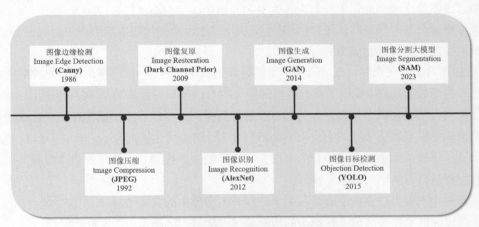

图 5-3　人工智能图像信息计算发展里程碑

在接下来的内容中，我们将从图像边缘检测、图像压缩、图像复原、图像识别、图像生成、图像目标检测以及图像分割大模型等方面来详细介绍人工智能图像信息计算的具体内容，以及里程碑式的技术方法带来的革新。

5.2　人工智能图像信息计算算法

5.2.1　图像边缘检测算法与 Canny

边缘检测算法是计算机视觉领域一种常用的图像处理技术，用于检测图像中的边缘信息。边缘通常指的是图像中灰度发生突变的区域，这些区域通常表示物体的轮廓或对象的边界。我们现在所学习的关于图像边缘检测算法的主要理论和方法几乎都诞生在 20 世纪 60 年代到 80 年代，这段时期是边缘检测理论发展最为迅猛的黄金时段。目前边缘检测方法主要分为两大类，即传统检测方法和基于深度学习的检测方法。传统检测方法主要依赖于手工设计的梯度算子或特征，而深度学习方法则利用如卷积神经网络（Convolutional Neural Network，CNN）等模型自动提取图像特征。

传统边缘检测方法主要有基于梯度的边缘检测算子（如 Sobel、Robert、Prewitt、Kirsch、Robinson、Laplacian、LoG 等）。Sobel 算子结合高斯平滑和微分求导算法实现了简单、快速地对图像水平和垂直边缘的检测，但其对斜向边缘检测效果较差。紧接着，普鲁伊特（Prewitt）开始涉足带有方向性的边缘检测技术，并提出 Prewitt 边缘检测算子，其类似于 Sobel 算子，可检测水平、垂直边缘并克服了 Sobel 算子无法检测斜向边缘的弊端，但斜向边缘检测精度较低。

普鲁伊特前期虽已开始对带有方向性的边缘检测技术有所涉足，但是为这一部分内容发展和应用起到至关重要作用的人当属后来的劳伦斯·鲁滨逊（Lawrence Robinson）。鲁滨逊总结并发展了普鲁伊特的有关成果，提出了 Robinson 边缘检测算子，其利用梯度的方法对灰度值变化强烈的边缘进行检测，效果非常明显，同时对不同方向的边缘具有较好的响应能力，可以很好地检测出边缘的方向信息，但整体计算量比较大。此外，基于二阶导数算子的边缘检测算法 Laplacian 算子进一步提高了边缘检测和角点检测的精度，可用于高精度边缘检测任务。考虑到基于多次求导所得的边缘图像中噪声的影响非常大，大卫·马尔（David Marr）在 1980 年提出了 LoG 算法，通过引入高斯滤波的方法来降低噪声的影响，实现了在边缘检测过程中能够保留边缘的细节信息，同时对噪声实现一定的抑制能力。

到了 1986 年，站在众多巨人肩膀上的美国计算机科学家约翰·坎尼系统地对过往的一些边缘检测方法和应用做了总结，提出了具有里程碑意义的 Canny 边缘检测算法。Canny 边缘检测提出，图像边缘检测必须满足两个条件：一是能有效地抑制噪声；二是必须尽量精确确定边缘的位置。它的主要思想是根据对信噪比与定位乘积进行测度，得到最优化逼近算子。类似于 LoG 边缘检测方法，Canny 也属于先平滑后求导数的方法，它的目的在于找到一个最优的边缘检测算法，最优边缘检测主要从以下 3 个方面来度量。

（1）好的检测效果：算法能够尽可能多地标识出图像中的实际边缘。

（2）对边缘的定位要准确：标识出的边缘要尽可能与实际图像中的实际边缘接近。

（3）对同一边缘要有低的响应次数：图像中的边缘只能标识一次，并且可能存在的噪声不应标识为边缘。

具体而言，Canny 边缘检测算法流程主要分为 4 个部分：图像去噪、梯度计算、非极大值抑制以及双阈值边界跟踪。

1. 图像去噪

图像去噪是进行 Canny 边缘检测的第一步，通过去噪可以去除图像中的一些噪点，从而在边缘检测时免受噪点干扰。一般通过对图像进行高斯滤波来实现去噪，图像的高斯滤波可以用两个一维高斯核分别进行两次加权实现，也可以通过一个二维高斯核进行一次卷积实现：

$$K = \frac{1}{\sqrt{2\pi}\sigma} e^{-\frac{x^2}{2\sigma^2}} \tag{5.1}$$

$$K = \frac{1}{2\pi\sigma^2} e^{-\frac{x^2+y^2}{2\sigma^2}} \qquad (5.2)$$

公式（5.1）为离散化的一维高斯函数，确定参数就可以得到一维核向量，公式（5.2）为离散化的二维高斯函数，确定参数就可以得到二维核向量。然后，通过高斯核对图像进行高斯滤波，也就是将待滤波的像素点及其邻域点的灰度值按照一定的参数规则进行加权平均，从而有效滤除理想图像中叠加的高频噪声。

2. 梯度计算

关于图像灰度值的梯度可使用一阶有限差分来进行近似，这样就可以得到图像在 x 和 y 方向上偏导数的两个矩阵，一般采用 Sobel 算子对图像进行梯度幅值和梯度方向计算。Sobel 算子分为如图 5-4 所示的垂直方向和水平方向两个模板。

1	2	1
0	0	0
-1	-2	-1

1	2	-1
2	0	-2
1	0	-1

垂直方向　　　　　　　　水平方向

图 5-4　Sobel 算子

图像 A 的梯度幅值 G 和梯度方向 θ 的计算公式如下所示：

$$G_x = \begin{bmatrix} -1 & 0 & 1 \\ -2 & 0 & 2 \\ -1 & 0 & 1 \end{bmatrix} \times A \qquad G_y = \begin{bmatrix} 1 & 2 & 1 \\ 0 & 0 & 0 \\ -1 & -2 & -1 \end{bmatrix} \times A \qquad (5.3)$$

$$G = \sqrt{G_x^2 + G_y^2} \qquad (5.4)$$

$$\theta = \arctan\left(\frac{G_y}{G_x}\right) \qquad (5.5)$$

求出公式（5.4）和公式（5.5）中的值后，就可以进行下一步的图像边缘检测过程。

3. 非极大值抑制

图像梯度幅值矩阵中的元素值越大，说明图像中该点的梯度值越大，但并不能说明该点就是边缘。由于梯度方向与边缘方向是垂直的，所以非极大值抑制可以有效剔除大部分非边缘点，这是进行 Canny 边缘检测算法的重要步骤。

要进行非极大值抑制，首先就要确定像素点 C 的灰度值在其 8 邻域内是否为最大。如图 5-5 中虚线的线条方向为 C 点的梯度方向，这样就可以确定其局部的最大值肯定分布在这条线上，也就是除了 C 点外，梯度方向的交点 dTmp1 和 dTmp2　这两个点的值也可能会是局部最大值。因此，判断 C 点与这两个点的灰度大小即可得知 C 点是否为其邻域内的局部最大灰度点。如果 C 点灰度值小于这两个点中的任意一

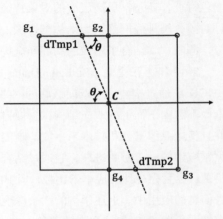

图 5-5　非极大值抑制原理

点，那就说明 C 点不是局部极大值，则可以排除 C 点为边缘。这就是非极大值抑制的工作原理。完成非极大值抑制后，会得到一个二值图像，非边缘点的灰度值均为 0，可能为边缘的局部灰度极大值点可设置其灰度为 128。经过非极大值抑制后的检测结果还是会包含由噪声及其他原因造成的假边缘，因此还需要进一步的处理。

4. 双阈值边界跟踪

Canny 算法为减少假边缘数量，采用了双阈值法，其通过设置高阈值和低阈值对非极大值抑制后的图像进行分类：梯度幅值大于高阈值时视为强边缘；梯度幅值介于高阈值和低阈值之间时看作弱边缘；梯度幅值小于低阈值则为非边缘。

通过双阈值边界检测，把强边缘连接成轮廓，当达到轮廓的端点时，该算法会在端点的 8 邻域点中寻找满足低阈值的点，再根据此点收集新的边缘，直到整个图像边缘闭合，从而实现 Canny 边缘检测。双阈值边界跟踪能够检测到图像中的细微边缘，具有良好的抗噪声性能和较高的准确率，是边缘检测领域中一个非常著名的算法，已经成为图像信息处理任务中的第 1 个里程碑。

Canny 边缘检测算子虽然能够实现较好的噪声抑制和较准确的边缘检测效果，但因需要人为设置高低阈值，这并不能很好地适应图像的局部特征，且往往对于复杂背景和噪声干扰较大的图像检测效果不佳。而基于深度学习的边缘检测算法能够通过训练大规模数据集，自动学习图像中的特征，从而具有更高的检测精度和更广泛的应用场景。

2015 年，谢赛宁（Saining Xie）等人提出经典的端对端的边缘检测算法 Holistically-nested Edge Detection（HED），其核心思想是利用 CNN 的层次化特性来同时提取图像的局部边缘特征和全局轮廓信息。HED 模型使用 VGG16 作为主干网络来提取图像的特征。通过在每个卷积块后添加上采样层，HED 能够在不同尺度上捕获图像的特征，从而实现多尺度特征提取。HED 的损失函数由两部分组成，即侧面损失和融合损失。侧面损失对应于网络中每个单独尺度的输出，而融合损失则是最终上采样后的特征图与真实边缘标注之间的损失。为了解决训练数据中正负样本不均衡的问题（即非边缘像素远多于边缘像素），HED 引入了类别平衡权重 β，以自动平衡正负类别的损失。

同年，格达斯·伯塔修斯（Gedas Bertasius）等人提出一种深度学习边缘检测方法 DeepEdge，其充分考虑到纹理和目标级别的特征，利用深度学习框架来预测图像中的边缘。具体而言，DeepEdge 算法利用深度卷积神经网络来提取图像的多尺度特征，这些特征不仅包括基础的纹理和颜色特征，还包括更高层次的对象特征，如图 5-6 所示，DeepEdge 通过训练 KNet 和 VGG16 两种对象分类神经网络模型来检测边缘。这些模型能够捕捉到图像中的目标信息，从而帮助检测边缘。同时，其结合了图像的局部和全局信息，通过特征融合的方式提高边缘检测的性能。

2017 年，张史梁（Shiliang Zhang）等人提出双向级联网络（Bi-Directional Cascade Network，BDCN），通过构建一个双向级联的网络结构来逐步精细化边缘检测的结果。BDCN 采用了一个由上而下和由下而上的双向结构，这种结构允许网络在不同层级上捕捉到图像的细节和上下文信息。并且使用亚像素卷积技术来生成清晰的边缘，这有助于提升边缘图的细节表现。BDCN 是边缘检测领域中的一个重要进展，它通过结合深度学习和多尺度特征融合技术，实现了对边缘的高精度检测。尽管存在计算成本的挑战，但 BDCN 为后续的研究提供了新的思路，特别是在需要精细边缘信息的应用中。上述举例的 3 个深度学习算法在边缘检测任务上都取得了突破性进展，并且各有特点：HED 以快速和高效著称；DeepEdge 通过多尺度特征融合提高了检测精度；BDCN 则通过双向级联和尺度增强进一步提高了边缘检测的性能。

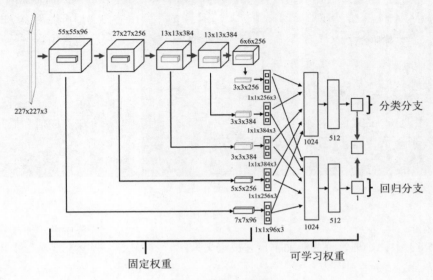

图 5-6　DeepEdge 网络框架

为了让读者更直观地了解传统边缘检测算法、基于深度学习的边缘检测算法以及具有里程碑意义的 Canny 边缘检测算法的特点，我们总结并绘制了表 5-1。

表 5-1　　　　　　　　　　　各边缘检测算法比较

边缘检测算法	描述	特点
Sobel 算子	结合高斯平滑和微分求导的边缘检测算法	简单、快速，可检测水平和垂直边缘，对斜向边缘检测效果较差
Prewitt 算子	类似于 Sobel 算子的边缘检测算法	可检测水平、垂直和斜向边缘，但斜向边缘检测精度可能较低
Roberts 算子	计算图像像素点与其对角线方向上的邻域像素点差异	对具有陡峭的低噪声图像效果较好，但定位准确性较差
Canny 边缘检测算法	包含高斯滤波、梯度计算、非极大值抑制和双阈值边界跟踪	能检测到真正的弱边缘，同时抑制噪声产生的假边缘
基于深度学习的边缘检测	利用卷积神经网络等深度学习模型提取边缘特征	具有更高的检测精度和更广泛的应用场景，需要训练数据

5.2.2　图像压缩算法与 JPEG

图像压缩是数据压缩技术在数字图像上的应用，目的是减少图像数据中的冗余信息，从而用更加高效的格式存储和传输数据，如图 5-7 所示。数据压缩是指减少表示已知信息量所需的数据量的处理，由于能够使用各种数量的数据来表示相同的信息量，因此我们说包含无关或重复信息的表示中含有冗余数据。

图像压缩与 JPEG

若令 b 和 b' 是相同信息的两个表示中的比特数，则 b 比特表示的相对数据冗余 R 为：

$$R = 1 - \frac{1}{C} \tag{5.6}$$

(a) 212,084 Bytes   (b) 46,622 Bytes   (c) 14,343 Bytes

图 5-7 图像压缩

公式（5.6）中，C 通常称为压缩率，它被定义为：

$$C = \frac{b}{b'} \tag{5.7}$$

在数字图像压缩中，b 通常是将图像表示为一个二维灰度值阵列所需的比特数。目前表示图像的二维灰度阵列主要受编码冗余、空间和时间冗余以及无关信息这 3 种冗余的影响。目前图像压缩系统主要由两个功能不同的部分组成：编码器和解码器。编码器执行压缩操作，解码器执行解压缩操作。两种操作都能用软件执行，也能用硬件和固件相结合的形式执行。

如图 5-8 所示，将图像 $f(x,y)$ 或 $f(x,y,t)$ 输入编码器后，编码器就会创建输入图像的压缩表示。压缩表示可以存储以备后用，也可传送到远程位置存储和使用。压缩后的表示送入解码器后，解码器就会产生重建的输出图像 $\hat{f}(x,y)$ 或 $\hat{f}(x,y,t)$。在静止图像应用中，编码后的输入和解码器的输出分别是 $f(x,y)$ 和 $\hat{f}(x,y)$；在视频应用中，它们分别是 $f(x,y,t)$ 和 $\hat{f}(x,y,t)$，离散参数 t 表示时间。一般来说，解码输出不一定是编码输入的精确副本，如果是，那么该压缩系统是无误差的、无损的或信息保持的；如果不是，那么重建的输出图像就会失真，该压缩系统是有损的。

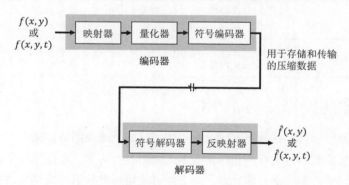

图 5-8 通用图像压缩系统的功能框图

图 5-8 中的编码器通过一系列的 3 个独立操作，去除了编码冗余、空间和时间冗余以及无关信息。在编码处理的第一个阶段，映射器把 $f(x,y)$ 或 $f(x,y,t)$ 变换为减少空间和时间冗余的格式；量化器根据预先建立的保真度准则来降低映射器输出的精度，目的是排除压缩后的表示的无关信

息。在编码处理的最后阶段，符号编码器生成一个定长编码或变长编码来表示量化器的输出，并根据这一编码来映射输出。在许多情况下，会使用变长编码。最短的码字赋给最频繁出现的量化器输出值，从而使编码冗余最小化。

图 5-8 中的解码器只包含两个部分：一个符号解码器和一个反映射器。它们反序执行编码器中符号编码器和映射器的操作，因为量化会导致不可逆的信息损失，因此通用解码器模型中未包含反量化器模块。

对于静态图像压缩编码，已有多个国际标准，如国际标准化组织（International Standardization Organization，ISO）制定的 JBIG 标准（ISO/IEC 11544）、JPEG 标准（ISO/IEC 10918）、JPEG 2000 标准（ISO/IEC 15444）等。其中，1991 年 3 月由 JPEG 推行的静止图像编码标准草案（ISO/IEC 10918），通常称为 JPEG 标准，已成为图像信息处理任务中里程碑式的存在，是一个适用范围很广的静止图像压缩标准，既可用于灰度图像，又可用于彩色图像。电视图像序列的帧内编码也常采用 JPEG 压缩标准。随着各种各样的图像在开放网络化计算机系统中的应用越来越广泛，用 JPEG 压缩的数字图像文件作为一种数据类型，可以如同文本和图形文件一样存储和传输。

JPEG 专家组开发了两种基本的压缩算法，一种是采用以离散余弦变换（Discrete Cosine Transform，DCT）为基础的有失真压缩算法，另一种是采用以差分脉冲编码调制（Differential Pulse Code Modulation，DPCM）预测编码技术为基础的无失真压缩算法。使用有失真压缩算法时，在压缩率为 25:1 的情况下，压缩后还原得到的图像与原始图像相比较，非图像专家难以找出它们之间的区别，因此其得到了广泛的应用。

JPEG 支持两种图像建立模式：顺序模式和渐进模式。顺序模式一次性完成对图像的编码和传输；渐进模式分几次完成。渐进模式先建立起图像的概貌，再逐步建立图像的细节，在接收端图像的显示分辨率由粗到细，逐步逼近，接收者可根据需要，当清晰度满足一定的要求后，终止图像的传输。这一功能在查阅图像库内容时是非常有用的。

JPEG 为了满足各种需要，定义了 4 种编码模式：基于 DCT 的顺序编码模式、基于 DCT 的渐进编码模式、无损编码模式以及分级编码模式。同时，JPEG 提供了 3 种编码系统以适应不同的应用场合：基本编码系统、扩展编码系统以及无损编码系统。

在实际应用中，JPEG 图像编码算法使用的是基本编码系统，本小节介绍的 JPEG 编码算法的流程也是针对基本系统而言的。基本系统的 JPEG 压缩编码算法一共分为如图 5-9 所示的 5 个步骤：颜色转换、零偏置转换、DCT、量化、熵编码。下面将详细介绍这 5 个步骤的原理和计算过程。

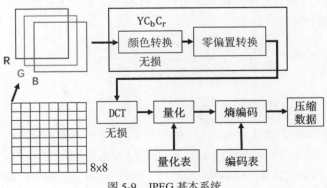

图 5-9　JPEG 基本系统

1. 颜色转换

JPEG 压缩算法采用的是 YCrCb 颜色空间，而标准图像格式采用的是 RGB 颜色空间，要想对 BMP（BitMaP）格式的图像进行压缩，首先需要进行颜色空间的转换。YCrCb 颜色空间中，Y 代表亮度，Cr、Cb 则代表色度和饱和度。RGB 和 YCrCb 之间的转换关系如下所示：

$$Y = 0.299R+0.587G+0.114B$$
$$Cb = -0.1687R-0.3313G+0.5B+128$$
$$Cr = 0.5R-0.418G-0.0813B+128 \tag{5.8}$$

一般来说，Cb 和 Cr 值应该是一个有符号的数字，但这里通过加上 128，使其变为 8 位的无符号整数，从而方便数据的存储和计算：

$$R = Y+1.402(Cr-128)$$
$$G = Y-0.34414(Cb-128)-0.71414(Cr-128) \tag{5.9}$$
$$B = Y+1.772(Cb-128)$$

2. 零偏置转换

研究发现，人眼对亮度变换的敏感度要比对色彩变换的敏感度高出很多。因此，我们可以认为 Y 分量要比 Cb、Cr 分量重要得多。在标准图像格式图像中，RGB 这 3 个分量各采用一个字节进行采样；而 JPEG 图像中，通常采用 YUV411 和 YUV422 这两种采样方式，它们所代表的意义是 Y、Cb、Cr 这 3 个分量的数据取样比例为 4：1：1 和 4：2：2。其虽然损失了一定的精度，但也在人眼不太能察觉到的范围内减小了数据的存储量。

由于后面的离散余弦变换（DCT）是对 8×8 的子块进行处理的，因此，在进行 DCT 之前必须把原始图像数据进行分块。原始图像中每个像素点的 3 个分量是交替出现的，要先把这 3 个分量分开，分别存放至表中，然后由左及右、由上到下依次读取 8×8 的子块，存放在长度为 64 的表中，即可以进行 DCT。此外，JPEG 编码是以每 8×8 个图像块为一个单位进行处理的，所以如果原始图像的长宽不是 8 的倍数，需要先补成 8 的倍数，以便分块进行处理。将原始图像数据分为 8×8 的数据单元矩阵之后，还必须将每个数值减去 128（DCT 公式所接受的数字范围是−128～127），然后一一带入 DCT 公式，即可达到 DCT 的目的。

3. DCT

DCT 是码率压缩中常用的一种变换编码方法，任何连续的实对称函数的傅里叶变换中只含有余弦项。因此，余弦变换同傅里叶变换一样具有明确的物理意义。DCT 是先将整体图像分成 $N \times N$ 的像素块（N 是水平、垂直方向的像素数目，一般取值为 8），然后针对 $N \times N$ 的像素块逐一进行 DCT 操作，其变换计算公式如下：

$$f(x,y) = \frac{2}{N}C(u)C(v)F(u,v)\cos\left[\frac{(2x+1)u\pi}{2N}\right]\cos\left[\frac{(2y+1)u\pi}{2N}\right] \tag{5.10}$$

$$C(\omega) = \frac{1}{\sqrt{2}}，当 \omega = 0; \ C(\omega) = 1, \ 当 \omega = 1,2,\cdots,7 \tag{5.11}$$

8×8 的二维像素块经过 DCT 操作之后，就得到了 8×8 的变换系数矩阵。这些系数都有具体的物理含义，例如，$u=0, v=0$ 时的 $f(0,0)$ 是原来 64 个数据的均值，相当于直流分量，也称为直流（Direct Current，DC）系数。随着 u,v 的增加，另外的 63 个系数则代表了水平空间频率和垂直空间频率分量（高频分量）的大小，大多是接近于 0 的正负浮点数，我们称之为交流（Alternating

Current，AC）系数。经过 DCT 后的 8×8 的系数矩阵中，低频分量集中在矩阵的左上角，高频分量则集中在右下角。由于大多数图像的高频分量比较小，相应的图像高频分量的 DCT 系数经常接近于 0，再加上高频分量中只包含了图像细微的细节变化信息，而人眼对这种高频分量的失真不太敏感，因此可以考虑将这些高频分量予以抛弃，从而降低需要传输的数据量。这样一来，传送 DCT 系数所需要编码长度要远远小于传送图像像素的编码长度。到达接收端之后，通过反离散余弦变换就可以得到原来的数据，虽然这么做存在一定的失真，但人眼是可接受的，而且对这种微小的变换是不敏感的。

4. 量化

图像数据转换为 DCT 频率系数之后，还要进行量化，才能进入编码阶段。量化阶段需要两个 8×8 量化矩阵数据，一个是专门处理亮度的频率系数，另一个则是针对色度的频率系数，将频率系数除以量化矩阵的值之后取整，即完成了量化过程。当频率系数经过量化之后，由浮点数转变为整数，才便于执行最后的编码。经过量化阶段之后，所有的数据只保留了整数近似值，也就再度损失了一些数据内容。在 JPEG 算法中，由于对亮度和色度的精度要求不同，分别对亮度和色度采用不同的量化表（表 5-2 和表 5-3）。

表 5-2　　　　　　　　　　　　　　JPEG 亮度量化表

16	11	10	16	24	40	51	61
12	12	14	19	26	58	60	55
14	13	16	24	40	57	69	56
14	17	22	29	51	87	80	62
18	22	37	56	68	109	103	77
24	35	55	64	81	104	113	92
49	64	78	87	103	121	120	101
72	92	95	98	112	100	103	99

表 5-3　　　　　　　　　　　　　　JPEG 色度量化表

7	18	24	47	99	99	99	99
18	21	26	66	99	99	99	99
24	26	56	99	99	99	99	99
47	66	99	99	99	99	99	99
99	99	99	99	99	99	99	99
99	99	99	99	99	99	99	99
99	99	99	99	99	99	99	99
99	99	99	99	99	99	99	99

表 5-2 和表 5-3 分别给出了 JPEG 的亮度量化表和色度量化表示例，其依据心理视觉制作，对 8bit 亮度和色度的图像的处理效果不错。量化表是控制 JPEG 压缩比的关键，这个步骤除掉了一些高频分量，损失了很多细节信息。但事实上人眼对高频信号的敏感度远没有低频信号那么敏感，所以处理后的视觉损失很小。从上面的量化表也可以看出，低频部分采用了相对较短的量化步长，而高频部分则采用了相对较长的量化步长，从而得到相对清晰的图像和实现更高的压缩率。此外，所有图片的像素与像素之间都会有色彩过渡的过程，而大量的图像信息被包含在低频率空间中，经过 DCT 处理后，在高频率部分，将出现大量连续的 0。

5. 熵编码

为进一步压缩图像数据，有必要对量化后的矩阵进行熵编码。JPEG 标准具体规定了两种熵编码方式：Huffman 编码和算术编码。JPEG 基本系统规定采用 Huffman 编码（这一编码方式在第 4 章的 MP3 技术中也有使用），但 JPEG 标准并没有限制 JPEG 算法必须用 Huffman 编码方式或者算术编码方式。Huffman 编码对出现概率大的字符分配字符长度较短的二进制编码，对出现概率小的字符分配字符长度较长的二进制编码，从而使字符的平均编码长度最短。

JPEG 静止图像压缩标准在中、高比特率上有较好的压缩效果，但是在低比特率情况下，重建图像存在严重的方块效应，不能很好地适应图像在网络传输的需求。虽然 JPEG 标准有 4 种不同的操作模式，但是大部分模式是针对不同的应用提出的，不具有通用性，这给交换、传输压缩图像带来了很大的弊端。

此外，JPEG 不能在同一个压缩码流中同时提供很好的有失真压缩和无失真压缩；不支持大于 6400 × 6400 的图像；没有统一的解码结构；抵抗误码的性能不够强；不擅长处理计算机合成图像的编码；混合文档压缩性能不佳等。针对这些不足，1996 年，基于 JPEG 标准，瑞士日内瓦会议提出了新一代的 JPEG 格式标准，在 2000 年正式颁布，并将其命名为 JPEG 2000。2000 年 12 月，JPEG 2000 第一部分正式公布，标准号为 ISO/IEC I5444，而其余部分则在之后被陆续公开。

为了达到高压缩率，JPEG 2000 也采用了传统的基于“变换+量化+熵编码”的编码模式，其编解码器原理如图 5-10 所示。在编码时，首先对原始图像进行预处理，包括 DC 电平位移和分量变换，然后对处理的结果进行离散小波变换（Discrete Wavelet Transform，DWT），得到小波系数。再对小波系数进行量化和熵编码，最后组成标准的输出码流。

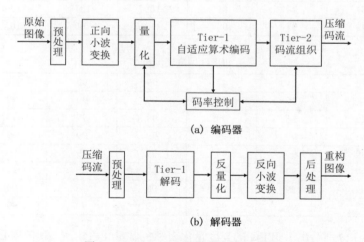

(a) 编码器

(b) 解码器

图 5-10　JPEG 2000 的编解码器原理框图

JPEG 2000 与 JPEG 最大的不同之处在于：它放弃了 JPEG 所采用的以 DCT 为主的区块编码方式，而采用以 DWT 为主的多分辨率编码方式；熵编码采用由位平面编码和二进制算术编码器组成的优化截断嵌入式块编码。正是由于采用了这两个核心算法，JPEG 2000 才拥有比 JPEG 更为优良的性能。与此同时，小波变换和熵编码实现的计算量和复杂度都非常高，是 JPEG 2000 编码系统中最主要的两个部分。

5.2.3　图像复原算法与暗通道先验

图像在形成、传输和接收的过程中，不可避免地会受到各种噪声的干扰和影响，如光电转换过程中敏感元件灵敏度的不均匀性、数字化过程中的量化噪声、传输过程中的误差以及人为因素等，均会降低图像质量，这种现象称为图像退化。图像退化的典型表现是图像出现模糊、失真以及附加噪声等。由于图像的退化，在图像接收端显示的图像已经不再是原始传输的图像，图像效果明显变差。因此必须利用退化过程中的先验信息对退化的图像进行恢复，这一过程就称为图像的复原。

图像去噪与暗通道先验图像去雾

如图 5-11 所示，图像复原技术是图像处理领域中非常重要的处理技术，与图像增强类似，也是在某种程度上改善视觉质量。其与图像增强的本质区别在于，图像增强不考虑图像是如何退化的，只通过各种技术手段来增强图像的视觉效果，而图像复原的关键是对图像退化过程的先验信息进行研究并建立相应的数学模型，再通过求解逆过程获得图像复原模型并对原始图像进行合理估计。

图像复原的有效性取决于描述图像退化过程模型的精确性，在建立图像的退化模型之前，必须了解、分析图像退化的机理并用数学模型表现出来。一般将图像的退化过程描述为退化函数项和加性噪声项。设原始输入图像为 $f(x, y)$，退化函数为 $h(x, y)$，加性噪声为 $n(x, y)$，产生的退化图像为 $g(x, y)$，重建的复原图像为 $\tilde{f}(x, y)$，则退化和复原过程如图 5-12 所示。

图 5-11　图像修复前后对比图　　　　图 5-12　图像退化和复原过程

如果退化过程是一个线性、位置不变性的过程，那么空间域中给出的退化图像可由下式给出：

$$g(x, y) = h(x, y) \times f(x, y) + h(x, y) \tag{5.12}$$

图像退化模型建立以后，需要根据相应的先验知识来重建或恢复原始图像。目前图像复原算法可大致分为 3 类：基于滤波器的方法、基于模型的方法以及基于学习的方法。

1.　基于滤波器的方法

常见的基于滤波器的图像复原方法主要有均值滤波、高斯滤波和中值滤波。

（1）均值滤波是指在图像上对目标像素给一个模板，该模板包括了其周围的邻近像素（以目标像素为中心的周围 8 个像素）和目标像素本身，再用模板中的全体像素的平均值来代替原来的像素值。

（2）高斯滤波是一种线性平滑滤波，适用于消除高斯噪声，它通过在图像中应用高斯函数的权重，对像素进行加权平均，从而实现图像的平滑处理。高斯函数是一种钟形曲线，具有中心点和标准差，它决定了权重在空间上的分布。滤波器的大小（窗口大小）和标准差参数是高斯滤波的两个重要参数，它们决定了滤波器对图像的平滑程度和细节保留能力。图像高斯滤波的数学模型可以表示为：

$$G(x,y) = \frac{1}{2\pi\sigma^2} e^{-\frac{x^2+y^2}{2\sigma^2}}$$ （5.13）

其中，$G(x,y)$ 是高斯函数在坐标点 (x,y) 处的值，σ 是标准差。在高斯滤波中，滤波器的权重由高斯函数的值决定，离中心点越远的像素具有越小的权重，离中心点越近的像素具有越大的权重。

（3）中值滤波是基于排序统计理论的一种能有效抑制噪声的非线性信号处理技术，其对脉冲噪声有良好的滤除作用，特别是在滤除噪声的同时还能够保护信号的边缘，使之不被模糊。这些优良特性是线性滤波方法所不具有的。中值滤波的基本原理是把数字图像或数字序列中一点的值用该点的一个邻域中各点值的中值代替，让周围的像素值接近真实值，从而消除孤立的噪声点。方法是用某种结构的二维滑动模板，将板内像素按照像素值的大小进行排序，生成单调上升的二维数据序列。二维中值滤波输出为 $g(x,y) = \mathrm{med}\{f(x-k,y-1),(k,1\in W)\}$，其中，$f(x,y),g(x,y)$ 分别为原始图像和处理后图像。W 为二维模板，通常为 3×3 或 5×5 区域，也可以是不同的形状，如线状、圆形、十字形、圆环形等。

2. 基于模型的方法

下面介绍 3 种典型的基于模型的图像复原方法：各项异性扩散（Perona-Malik，PM）方程复原、全变分最小化以及马尔可夫随机场。

（1）各项异性扩散是一种利用偏微分方程的图像复原方法，它用的扩散系数是由迭代出来的梯度值所确定的，而非初始含噪图像的梯度值。1990 年，佩罗纳（Perona）和马利克（Malik）提出了改进的各项异性扩散模型 PM 模型，这是偏微分方程首次真正意义上用于图像降噪。具体而言，可以将图像边缘频段特征分为高频段和低频段，利用二阶偏微分方程对图像高频段进行处理，所用到的二阶偏微分方程为：

$$\mathrm{div}[a\Delta u] = \frac{\partial r}{\partial t}$$ （5.14）

公式（5.14）中，div 表示为散度算子，a 为扩散系数，Δu 表示介质内指定局部的浓度转换方向和梯度算子，r 表示随时间和空间转换的介质转换量，t 表示转换时间。PM 模型在扩散过程中不仅对图像边缘具有保持作用，还能够有效地去除噪声，对平坦区域的扩散强度大，对细节边缘部分扩散强度小，在滤除图像噪声的同时保护了图像结构信息。

（2）全变分最小化方法也是一种常用的图像复原方法，其核心思想是通过优化公式（5.15）的全变分能量函数，实现对图像的复原：

$$E(u) = \gamma \iint |\nabla u(x,y)| \mathrm{d}x\mathrm{d}y + \iint (u(x,y) - f(x,y))^2 \mathrm{d}x\mathrm{d}y$$ （5.15）

其中，$u(x,y)$ 是待求的复原图像，$f(x,y)$ 是含噪声图像，$\nabla u(x,y)$ 是 $u(x,y)$ 的梯度图像，γ 是非负常数，公式（5.15）中的第一项是全变分正则化项，其作用是惩罚图像较大梯度的区域，以达到平滑图像噪声的目的。第二项是数据项，其作用是使复原图像和受损图像尽可能接近。全变分图像复原对于各种噪声类型均具有较好的适用性，并且能够在保持图像细节信息的同时去除噪声。

（3）马尔可夫随机场是一种概率图模型，用于建模随机变量之间具有相互作用的问题。在图像去噪中，马尔可夫随机场将图像中的每个像素看作一个随机变量，并建模像素之间的相互作用。

这种相互作用可以通过能量函数来表示：

$$E(x) = \sum_{i \in I} \text{Data}(u_i) + \sum_{i,j \in I} \text{Smooth}(x_i, x_j)$$ （5.16）

其中，u 是复原后图像；I 是图像中像素的索引集；$\text{Data}(u_i)$ 是数据项，用来衡量复原后的图像与原始图像之间的差异；$\text{Smooth}(x_i, x_j)$ 是平滑项，用来衡量复原图像中相邻像素之间的差异，以保持图像的平滑性。

3. 基于学习的方法

基于学习的图像复原算法能够根据图像的不同局部特性来自适应地进行阈值选取，这使得算法能够更好地适应不同类型的图像，并在复原过程中保持图像的细节和边缘信息。下面将详细介绍基于字典学习、非局部均值滤波以及深度学习的图像复原方法，以便读者了解基于学习的图像复原算法的具体原理。

（1）字典学习是一种常用的图像复原方法，它通过学习图像的稀疏表示字典，从而实现对图像的复原处理。它是一种无监督学习方法，旨在从一组训练样本中学习出一个稀疏表示的字典，主要分为两个步骤：训练字典和复原处理。训练字典的目的是从收集的干净训练图像和对应的受损图像中学习一个如图 5-13 所示的稀疏表示的字典：首先需要将训练图像和受损图像转换为向量形式，再使用诸如 K-SVD 和稀疏编码等字典学习算法对训练向量进行字典学习，从而获得一个稀疏表示的字典。利用训练得到的字典对受损图像进行复原处理，首先将受损图像转换为向量形式，再利用稀疏编码算法将向量表示为字典中的稀疏线性组合，最后根据稀疏表示的结果重构图像并得到复原结果。

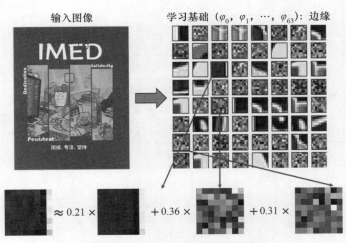

图 5-13　基于字典学习的图像复原方法

（2）非局部均值滤波是一种基于相似性原理的图像复原方法，其基本原理是利用图像中各个像素点之间的相似性来进行滤波操作。与传统的局部均值滤波只考虑邻域内像素的平均值不同，非局部均值滤波通过计算整个图像中像素点的相似度来进行加权平均，从而更好地保留图像的细节信息。具体来说，先选择一个固定大小的搜索窗口和一个较小的邻域窗口，对搜索窗口中的每个像素点计算其与邻域窗口中每个像素点之间的相似度，再根据相似度计算出一个权重系数，并将邻域窗口中的像素点按照权重进行加权平均，从而得到复原后的图像。

（3）随着深度学习技术的快速发展，基于深度学习的图像复原算法已经成为图像处理领域的一个重要分支。在深度学习的方法中，如图 5-14 所示的自编码器是一种经典的建模方法，可以用来处理包括图像去噪在内的图像复原问题。其原理是通过学习训练集中的数据去替代学习正则化，以此来捕捉输入数据的结构和特征。在深度自编码器的架构中，一个编码器会将输入图像映射到潜在空间的向量转换为原始的输入图像。利用这种自编码器网络结构，可以使用不同方式进行图像复原，其中一种方式是使用卷积神经网络。其实现的主要步骤为：收集和预处理训练数据；构建深度学习模型并训练模型；使用测试数据进行模型测试，并进行模型优化；最后在实际应用中使用模型。与上述传统图像复原算法相比，基于深度学习的算法具有更好的噪声去除效果和更高的图像保真度。

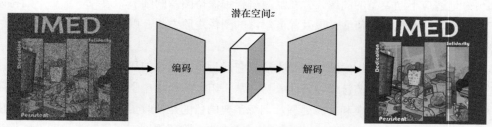

图 5-14　基于自编码器的图像复原模型

为了让读者更直观地了解基于滤波器、基于模型以及基于学习的图像复原方法，我们总结了它们的原理和特点并绘制了表 5-4 进行比较。

表 5-4　　　　　　　　　　各类图像复原算法比较

类别	方法	原理	特点
基于滤波器的方法	均值滤波	替换像素值为邻域像素的平均值	简单直接，但可能导致模糊
	高斯滤波	卷积操作，使用高斯核函数	对高斯噪声有效，可能导致边缘模糊
	中值滤波	替换像素值为邻域像素的中位数	对椒盐噪声有效，保留边缘信息
基于模型的方法	各项异性扩散	偏微分方程，模拟热传导过程	自适应调整平滑程度，保留边缘信息
	全变分最小化	最小化图像的全变分	保留边缘和细节，去除平滑区域噪声
	马尔可夫随机场	图像建模为马尔可夫随机场	考虑像素空间关系，适用于不同噪声和图像内容
基于学习的方法	字典学习	学习过完备字典表示图像块，利用稀疏编码去噪	自适应表示图像结构，去除噪声
	非局部均值滤波	替换像素值为相似像素的加权平均	利用图像冗余信息去噪，保留图像细节
	深度学习	使用网络模型预测噪声并复原图像	处理复杂噪声，复原高质量图像，需要大量数据和计算资源

随着数字媒体技术的不断发展，人工智能图像复原已经成为必不可少的数字图像信号处理技术，该领域的研究和应用也已经广泛存在于各个领域，并在过去几十年中取得了长足的进步。2011年，何恺明根据大量无雾的图像，发现了在无雾图像的局部区域存在一些像素，这些像素在至少

一个颜色通道中具有非常低的强度，并且这种现象在任何自然图像中都会存在。因此，基于这个先验知识，他提出了具有里程碑意义的暗通道先验去雾法。

暗通道先验的本质是一种图像中的统计先验，是在一个局部区域内所有像素的最小值，区域的暗通道值越小，该区域与雾颜色相近的概率越大。通过对原图像的暗通道进行分析，我们可以较好地估计大气光的位置与大小。在暗通道先验算法中，假设含雾图像中每个像素点的 R、G、B 这 3 个通道的像素值中至少有一个是最大值，这个最大值就是该像素的大气光。因此，我们可以通过暗通道值的最大值来估计出图像中的大气光值，从而利用大气光值来计算图像中的散射系数。散射系数越低，雾效应越强，图像清晰度就越高，计算公式如下：

$$t(x) = 1 - w * \min\left(R(x)/A_{\mathrm{R}}, G(x)/A_{\mathrm{G}}, B(x)/A_{\mathrm{B}}\right) \tag{5.17}$$

其中，$t(x)$ 是第 x 个像素点的透射率；w 是权重系数，通常取值为 0.95；$R(x)$，$G(x)$，$B(x)$ 是该像素点在 R、G、B 这 3 个通道的像素值；A_{R}，A_{G}，A_{B} 是估计出来的大气光值。在计算出透射率之后，我们就可以将透射率与每个像素点原本的颜色值进行融合，从而得到去雾后的图像。去雾后的图像中，雾效果会减弱，色彩会显得更加鲜艳，图像细节也更加清晰。如图 5-15 所示，通过暗通道先验知识，直接能评估出图（a）中雾霾的厚度，并复原出高质量的图像（c），同时还能得到高质量的深度图（b）。

(a)　　　　　　　(b)　　　　　　　(c)

图 5-15　暗通道图像去雾结果

总体而言，图像复原在人工智能图像信息计算中扮演着重要的角色，它可以提高图像质量、减少噪声干扰，并改善视觉效果和用户体验。未来人工智能多媒体信息计算的发展方向包括对深度学习模型的进一步探索、结合上下文信息的方法和跨模态的图像复原技术，这些发展将为多媒体领域带来更高质量、更具真实感的图像处理能力。而通过暗通道先验技术进行图像去雾是人工智能多媒体信息计算在实际场景中的经典应用，不仅可以保证复原图像的清晰度，同时对于图像中的色彩还原也有明显的效果提升。在实际的人工智能多媒体信息计算中，该算法可以广泛应用于许多领域，例如航空、汽车、遥感等方面。

5.2.4　图像识别算法与 AlexNet

图像识别是计算机视觉领域的一项重要基础任务，其目标是通过某一种算法将图像归类为某一种物体，如判断一张眼底彩照是否有糖尿病视网膜病变或者属于白内障等。图像识别技术在智能医疗、智能安防、智能家居等领域有着广泛的应用。图 5-16 展示了一个典型的图像识别过程，图像输入到图像识别算法后就会得到图像属于某一个类别的概率，根据这个概率便可推断图像可能是什么类别的物体，或者是否患有某一种疾病。本小节将主要围绕基于人工特征的传统识别算法与基于深度学习的图像识别算法展开介绍，并对图像识别领域的里程碑技术 AlexNet 进行详细介绍。

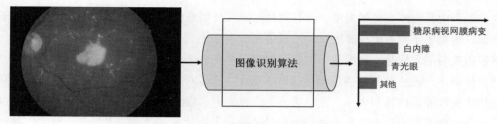

图 5-16　图像识别示例

1. 传统算法

传统算法指的是利用人工特征进行图像识别的算法，这里的人工特征指的是通过人工筛选的特征，如纹理、边缘等。一般来说，传统图像识别算法的开发流程是通过人工设计选择提取图像中的某一种特征，然后将选择好的特征输入到一个分类器进行训练（在传统算法中，支持向量机由于其出色的性能经常被采用），最后利用训练好的分类器将图像进行分类。

在图像识别算法的发展过程中涌现了很多经典的特征提取算法，如方向梯度直方图（Histogram of Oriented Gradients，HOG）特征、哈尔特征（Haar-Like Features）、尺度不变特征变换（Scale Invariant Feature Transform，SIFT）特征、局部二值模式（Local Binary Pattern，LBP）特征等。其中 HOG 特征常用于行人检测，哈尔特征常用于人脸特征的表示，SIFT 特征常用于两张图片的特征匹配算法的开发，LBP 是一种局部纹理特征，常用于纹理分析与人脸分析等。基于传统特征提取的图像识别方法的基本流程主要是先对图像进行特征提取，再结合机器学习算法进行分类和识别。下面展开介绍基于 LBP 算法的图像识别技术，以便读者了解传统图像识别的过程。

LBP 特征是纹理特征提取的常用算法，纹理的本质是相邻像素灰度的相对大小关系，它具备旋转不变性和灰度不变性等显著优点。最初的 LBP 算子定义为：在 3×3 的窗口内，以窗口中心像素点的灰度值为阈值，将相邻的 8 个像素点的灰度值与其进行比较，若像素点的灰度值大于中心像素点的灰度值则该像素点标记为 1，否则标记为 0。通过这一过程，3×3 的窗口内的 8 个点经过比较产生 8 位二进制数（通常会转换为十进制的 LBP 码，共 256 种），这样就获得了该区域中心点的 LBP 值，可以用这个值表示该区域的纹理特征。

为更好地讲解 LBP 特征，图 5-17 中进行了 LBP 特征的展示。基于 LBP 对纹理特征提取的有效性，研究人员对 LBP 进行了很多改进和优化，如圆形 LBP 特征算子等。通过上述 LBP 特征提取流程之后，经常会将一些样本作为训练样本，将其特征用于训练一个支持向量机将样本进行识别归类。在测试阶段，这个支持向量机的训练权重将直接用于根据 LBP 提取的特征进行图像识别分类。

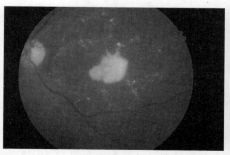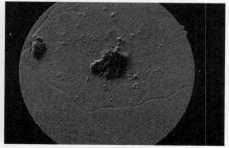

图 5-17　LBP 特征提取示例，左图为输入，右图为输出

2. 基于深度学习的算法

虽然传统算法有着简单高效的特性，但是人工特征选择的难度较大，而且人工特征选择难以解决复杂场景的图像识别，因此基于深度学习的自动特征学习便被引入到图像识别中。2012 年，AlexNet 在 ImageNet 大规模视觉识别挑战赛上一骑绝尘，因在图像识别上实现了大幅度的性能提升而受到了广泛的关注，也证明了基于学习的特征能够超越手工精心设计的特征，而且拥有强大的优势。AlexNet 掀起了开发基于深度学习的图像识别算法的热潮，之后出现的 VGGNet、GoogLeNet 与 ResNet 等都是十分经典的用于图像识别的深度卷积神经网络（Convolutional Neural Network，CNN）结构。

除基于深度卷积神经网络的算法外，为解决卷积神经网络难以捕捉长程依赖的问题，引入基于擅长捕捉全局关系的 Transformer 模块的视觉 Transformer（Vision Transformer，ViT）模型也在近几年获得了广泛的关注。但是 ViT 算法因缺乏 CNN 的归纳偏置而需要大规模数据训练，让人望而却步。为解决这一问题，基于 CNN 与 ViT 的混合结构也被提出用于图像识别算法的构建，通过混合结构将两者的优缺点结合，从而大幅度降低模型对数据量的需求，提升了模型在各种领域的适应能力。

为让读者更深入地了解图像识别的里程碑技术 AlexNet，下面将对 AlexNet 与 ResNet 进行简要的对比介绍。图 5-18（b）展示了 AlexNet 的结构，其由现代卷积神经网络之父杨立昆（Yann Lecun）于 1998 年提出的用于手写字符识别的 LeNet 演化而来。如图 5-18（a）所示，LeNet 前部分主要由 3 个卷积层与平均池化层组合构成，最后由 3 层全连接层构成。但是在 AlexNet 中，前部分采用了更深的卷积网络结构（由 5 层卷积层与 3 层最大池化层构成），并首次引入 ReLU 激活函数，验证了 ReLU 在深度网络模型中的强大性能。同时在卷积层中引入了局部响应归一化提升模型的泛化能力，为避免模型出现过拟合还在全连接层中引入了 Dropout 机制。当时由于 GPU 显存资源不够而采用的网络结构分离也启发了后续对于通道可分离卷积等的开发。

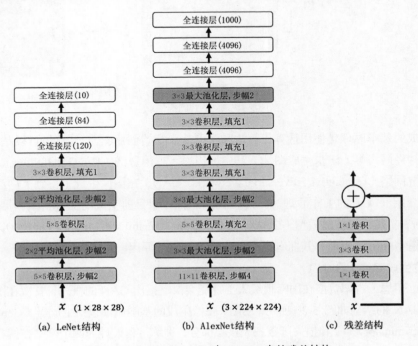

图 5-18　LeNet、AlexNet 与 ResNet 中的残差结构

虽然 AlexNet 验证了深度卷积网络结构在图像识别中的有效性，但是由于一些问题使得深度神经网络出现了深度越深网络性能越差的反常规现象，这是因为网络变深时可能会带来梯度消失与梯度爆炸等问题。为解决这一问题，华人科学家何恺明的团队在 2015 年提出了 ResNet，ResNet 是由图 5.18（c）所示的残差结构堆叠而成的一种深度网络结构，巧妙地利用输入和输出之间的残差连接保证输入输出的一致性，同时能够提供更多的梯度流信息，从而缓解了由于网络变深带来的梯度消失和梯度爆炸等问题。

5.2.5 图像生成算法与 GAN

图像生成是人工智能多媒体信息计算的一个重要方向，涉及从高级描述符（如文本、音频、图像）生成一幅图像，是人工智能多媒体信息计算中十分具有挑战性的任务之一。近年来，深度学习技术快速发展，图像生成技术也得到了有力的推动。深度学习为图像生成提供了强大的表示和学习能力，使生成的图像质量得到了显著提高。这些技术不仅能够基于其他图像产生新图像，而且还能够从文本、草图、场景图、布局甚至一组场景中生成图像。因此，深度学习技术已被用于使用不同的方法创建目标图像，包括图像到图像的翻译、草图到图像的生成、条件图像生成、文本到图像生成（如图 5-19 所示）、视频生成、全景图像生成和场景图像生成。

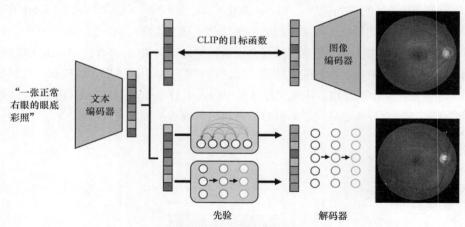

图 5-19　文本到图像生成

图像生成的基本原理是使用计算机算法和模型从头开始创建图像。计算机可以基于数学模型、统计模型、神经网络等方法来生成图像。其中，伊恩·古德费洛（Lan Goodfellow）在 2014 年提出的生成对抗网络（Generative Adversarial Network，GAN）在图像生成中得到了广泛应用，下面我们将详细介绍 GAN 的工作原理。此外，我们还将介绍目前主流的变分自编码器（Variational Auto-Encoder，VAE）和扩散模型（Denoising Diffusion Probabilistic Model，DDPM），旨在帮助读者了解这些模型的工作原理和其拥有强大生成计算效果的原因。

1. 对抗生成网络（GAN）

2014 年，伊恩·古德费洛在国际顶级人工智能会议上提出 GAN 的概念，首次在图像生成领域引起轰动。GAN 的结构如图 5-20 所示。GAN 图像生成的基本原理包括生成器（Generator，G）、判别器（Discriminator，D）和损失函数三大核心部分，训练过程设计为两个网络在博弈的过程中学习：判别器的训练目标是将生成器产出的"假图像"和真实图像区别开来；生成器的学习目标则是产生能"骗过"判别器的"假图像"。模型在两者不断对抗博弈的过程中提高生成器的能力。从博弈论的角度去理解，生成器尽可能地产生逼近真实图片分布的假图像，而判别器就尽可能地区分图像是来自真实数据还是由生成器生成，二者相互竞争对抗，不断地用对方的梯度去优化自身，直到达到一种理想的平衡状态，即纳什均衡。

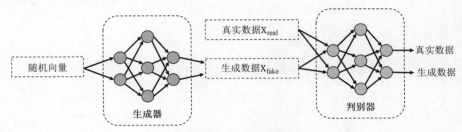

图 5-20　GAN 的结构图

在训练判别器 D 时，我们采用最大似然的思想，来得到最优的判别器 D。当输入为真实图像 $\{x_1, x_2, \ldots, x_n\}$ 时，判别器判断正确的对数似然函数为：

$$l(D) = \sum_{i=1}^{n} \log\left(D(x_i)\right) \tag{5.18}$$

在输入生成器生成的虚假图像 $\{G(z_1), G(z_2), \ldots, G(z_m)\}$ 时，判别器判断正确的对数似然函数为：

$$l(D,G) = \sum_{i=1}^{n} \log\left(1 - D\left(G(z_i)\right)\right) \tag{5.19}$$

而要最大化对数似然函数，得到 D 的参数应该满足：

$$\begin{aligned}
\theta_D^* &= \arg\max_{\theta_D} L(D,G) = \arg\max_{\theta_D} \sum_{i=1}^{n} \log\left(D(x_i)\right) + \sum_{i=1}^{n} \log\left(1 - D\left(G(z_i)\right)\right) \\
&\approx \arg\max_{\theta_D} E_{x \sim p_{\text{data}}(x)}\left[\log\left(D(x_i)\right)\right] + E_{z \sim p_z(z)}\left[\log\left(1 - D\left(G(z_i)\right)\right)\right]
\end{aligned} \tag{5.20}$$

由此可以得到论文中提到的目标函数 $V(D,G)$，并且在训练判别器时，应该最大化 $V(D,G)$：

$$\max_{D} V(D,G) = E_{x \sim p_{\text{data}}(x)}\left[\log\left(D(x_i)\right)\right] + E_{z \sim p_z(z)}\left[\log\left(1 - D\left(G(z_i)\right)\right)\right] \tag{5.21}$$

当生成器 G 达到理想情况，即 $p_G = p_{\text{data}}$ 时，上述公式达到收敛，我们只需要最小化上述最大化 $V(D,G)$ 的式子，就能实现生成器的优化，即：

$$\min_{G} \max_{D} V(D,G) = E_{x \sim p_{\text{data}}(x)}\left[\log\left(D(x_i)\right)\right] + E_{z \sim p_z(z)}\left[\log\left(1 - D\left(G(z_i)\right)\right)\right] \tag{5.22}$$

在实际应用中，GAN 生成的图像是随机的、不可预测的，我们无法控制网络输出特定的图像，生成目标不明确，可控性不强。而针对原始 GAN 不能生成具有特定属性的图像的问题，迈赫迪·米尔扎（Mehdi Mirza）等人提出了条件生成对抗网络（Conditional GAN，CGAN），其核心在于将条件信息（先验信息）c 融入生成器和判别器中，如图 5-21 所示。

在条件生成对抗网络中，生成器 G 和判别器 D 都接收额外的条件信息。这个条件信息可以是类别标签、文本描述、另一幅图像或任何其他可以用来指导生成过程的信号。生成器不仅学习从随机噪声中生成数据，而且还学习如何根据条件信息生成具有特定特征的数据。判别器在判断时不仅考虑区分真实数据与生成数据，还要考虑给出的条件信息。

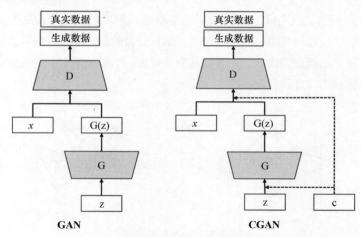

图 5-21　GAN 和 CGAN 结构对比

  GAN 和 CGAN 都基于大量成对有监督数据的图像生成，而朱俊彦等人于 2017 年提出的循环生成对抗网络（CycleGAN）是一种用于无监督图像转换的深度学习模型，可以在两个不同的领域之间进行图像生成，不需要成对的训练样本便能进行图像的翻译，即图生图。CycleGAN 的核心思想是学习输入图像到输出图像的映射关系，如图 5-22 所示，其由两个生成器 G、F 和两个判别器 D_X、D_Y 组成，每个生成器负责将图像从一个域转换到另一个域，而两个判别器则分别判断图像是否属于各自的域。

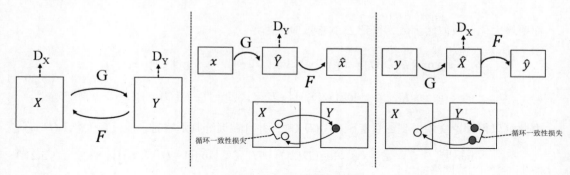

图 5-22　CycleGAN 结构图

2.　变分自编码器（VAE）

  VAE 也是一种经典的基于深度学习的图像生成技术，采用编码-解码网络架构（如图 5-23 所示），通过训练编码器和解码器两个神经网络来学习图像特征和生成图像。其核心思想是，编码器网络将输入的图像编码成一个低维度的特征向量，解码器网络则将这个特征向量学习生成高质量的图像。

  VAE 认为，观测到的高维变量 x，是采样于一个描述其本质信息的低维隐含变量 z，并且该隐含变量 z 服从某种分布 θ（在实践中，往往是高斯分布）。也就是说，x 服从关于 z 的条件概率分布，即 $x \sim p_{\theta^*}(x|z)$。

  基于这种理念，VAE 设计了一个编码器 g_ϕ，用于将观测变量 x 映射为隐含变量 z；以及一个解码器 f_θ，用于将隐含变量 z 还原为观测变量 x'。整个生成模型的联合概率密度可分解为：

$$p(x,z;\theta) = p(z;\theta)p(x|z;\theta) \qquad (5.23)$$

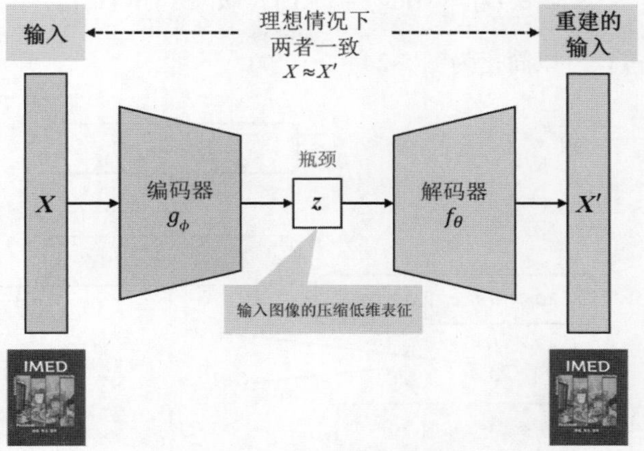

图 5-23　VAE 图像生成流程图

其中 $p(z;\theta)$ 为隐变量的先验分布的概率密度函数，$p(x|z;\theta)$ 为已知 z 时观测变量 x 的条件概率密度函数，θ 表示两个概率密度的参数。假设 $p(z;\theta)$ 和 $p(x|z;\theta)$ 为某种参数化的分布族（如正态分布），这些分布的形式已知，只是参数 θ 未知，可以通过最大化似然来进行估计。

给定一个样本 x，其对数边际似然函数可以分解为：

$$\log p(x;\theta) = \mathrm{ELBO}(q,x;\theta,\phi) = \int_z q(z;\phi)\log\frac{p(x|z;\theta)}{q(z;\phi)}\mathrm{d}z \qquad (5.24)$$

VAE 的基本思想就是利用神经网络设计出编码器和解码器来近似两个复杂的概率密度函数 $q(z;\phi)$ 和 $p(x|z;\theta)$：用推断网络（编码器）g_ϕ 来估计变分密度函数 $q(z;\phi)$，理论上，$q(z;\phi)$ 可不依赖 x。但由于 $q(z;\phi)$ 的目标是近似后验分布 $p(x|z;\theta)$，其和 x 相关，因此变分密度函数一般写为 $q(z|x;\phi)$。推断网络的输入为 x，输出为变分密度函数 $q(z|x;\phi)$。用生成网络（解码器）f_θ 来估计概率分布 $p(x|z;\theta)$，其输入为 z。

推断网络和生成网络的目标都为最大化证据下界 $\mathrm{ELBO}(q,x;\theta,\phi)$。因此，VAE 的总目标函数为：

$$\max_{\theta,\phi}\mathrm{ELBO}(q,x;\theta,\phi) = \max_{\theta,\phi}E_{z\sim q(z;\phi)}\log\frac{p(x|z;\theta)p(z;\theta)}{q(z;\phi)}$$

$$= \max_{\theta,\phi}E_{z\sim q(z;\phi)}\log p(x|z;\theta) - \mathrm{KL}\big(q(z|x;\phi)\|p(z;\theta)\big) \qquad (5.25)$$

通过重参数化，VAE 可以通过梯度下降法来学习参数。给定一个数据集 $D = \left\{x^{(n)}\right\}_{n=1}^{N}$，对于每个样本 $x^{(n)}$，随机采样 M 个变量 $\varepsilon^{(n,m)}, 1 \leqslant m \leqslant M$，并通过公式 $z = \mu + \varepsilon * \sigma$ 计算 $z^{(n,m)}$，VAE 的目标函数则近似为：

$$f(\phi,\theta;D) = \sum_{n=1}^{N}\left(\frac{1}{M}\sum_{m=1}^{M}\log p\left(x^{(n)}\big|z^{(n,m)};\theta\right) - \mathrm{KL}\big(q\big(z\big|x^{(n)};\phi\big)\|N(z;0,I)\big)\right) \qquad (5.26)$$

如果采用随机梯度方法，每次从数据集中采集一个样本 x 和一个对应的随机变量 ε，并进一步假设 $p(x|z;\theta)$ 服从多变量的伯努利分布 $\prod_{d=1}^{D}\gamma_d^{x_d}(1-\gamma_d)^{1-xd}$，其中 γ 是生成网络 $f_G(z;\theta)$ 的输

出，τ 为正则化系数，则目标函数可以简化为：

$$f(\phi,\theta;D) = -x\log\gamma + \tau\mathrm{KL}\big(N(u_I,\sigma_I)\big\|N(0,I)\big) \tag{5.27}$$

那么 VAE 的训练过程可以简化为图 5-24。

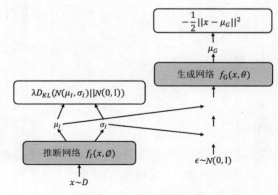

图 5-24　VAE 的训练过程

3. 去噪扩散模型（DDPM）

2020 年乔纳森·何（Jonathan Ho）提出 DDPM 模型，该模型一经提出，便由于其在训练期间的稳定性和卓越的生成质量，成为人工智能多媒体信息计算领域的强大工具。DDPM 是一类潜变量模型，通过在数据分布和简单分布之间建立桥梁，逐步将数据转化为噪声，再逆向重建数据。DDPM 第一个关键的贡献是改变了生成模式的训练方式，从直接预测像素转换到预测加在图像上的噪声。这种方法简化了模型的优化过程。因为它将复杂的图像到图像的生成问题换成了噪声预测问题。一旦噪声被预测，从噪声图像中恢复出干净图像就变得相对简单。DDPM 的第二个贡献是发现在图像生成过程中，模型不需要学习整个正态分布的参数，而只需要学习均值参数。在逆向过程中，高斯分布的方差可以使用一个固定的常数，这样可以进一步降低模型的优化难度，并且仍然能够达到很好的效果。

DDPM 的核心思想是使用变分推理训练的参数化马尔可夫链，以在有限时间内生成与数据匹配的样本。这个马尔可夫链包括前向过程和反向过程（如图 5-25 深色箭头和浅色箭头指向），前向过程就是不断往图像上加噪声直到图像变成一个纯噪声，反向过程便是从纯噪声生成图像的过程。

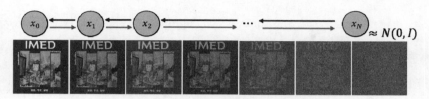

图 5-25　DDPM 的前向和反向过程

前向加噪过程，即原始图像在时间 t 的影响下逐步模糊的过程。DDPM 认为，每一时刻 t 下的图像 x_t，都是由前一刻的图像 x_{t-1}，通过加入一定的高斯噪声得到的。公式为：

$$f(\phi,\theta;D) = -x\log\gamma + \tau\mathrm{KL}\big(N(u_I,\sigma_I)\big\|N(0,I)\big) \tag{5.28}$$

$$x_t = \sqrt{\beta_t} \times \epsilon_t + \sqrt{1 - \beta_t} \times x_{t-1} \tag{5.29}$$

其中，ϵ 是服从标准正态分布的高斯噪声，β 是控制噪声影响程度的参数，当 $\beta = 1$ 时，x_t 将完全等于 ϵ。并且，ϵ 在每一步都会重新采样，β 是随时间从 0 递增到 1 的。也就是说，噪声扩散的速度会越来越快，在最终时刻 $t = N$，x_N 会完全退化为一个高斯噪声。

前向加噪过程为一个马尔可夫链，任意时刻 t 的图像 x_t 都可以由 x_0 一步一步按照公式（5.29）算出。但是，这样逐步计算太慢了，DDPM 希望可以从 x_0 一步到位得出 x_t。为了简化推导，记 $\alpha = 1 - \beta$，先考虑从 x_{t-2} 得到 x_t 的情况，代入公式（5.29）可得：

$$x_t = \sqrt{\alpha_t(1-\alpha_{t-1})} \times \epsilon_{t-1} + \sqrt{1-\alpha_t} \times \epsilon_t + \sqrt{\alpha_t \alpha_{t-1}} \times x_{t-2} \tag{5.30}$$

由于 $\epsilon \sim N(0,1)$，前两项可视为两个正态分布的叠加，即

$$N(0, \alpha_t - \alpha_t \alpha_{t-1}) + N(0, 1 - \alpha_t) = N(0, 1 - \alpha_t \alpha_{t-1}) \tag{5.31}$$

所以，两次随机采样可简化为一次，原式化简为：

$$x_t = \sqrt{1 - \alpha_t \alpha_{t-1}} \times \epsilon + \sqrt{\alpha_t \alpha_{t-1}} \times x_{t-2} \tag{5.32}$$

根据数学归纳法，可得：

$$x_t = \sqrt{1 - \alpha_t \alpha_{t-1} \cdots \alpha_2 \alpha_1} \times \epsilon + \sqrt{1 - \alpha_t \alpha_{t-1} \cdots \alpha_2 \alpha_1} \times x_0 \tag{5.33}$$

至此，我们已经知道如何从 x_{t-1} 得到 x_t，以及如何从 x_0 得到任意 x_t。

反向去噪过程，即从 x_t 得到 x_{t-1} 的过程。由于前向的加噪过程是一个随机过程，所以反向的去噪过程也是一个随机过程。利用贝叶斯公式，可得：

$$P(x_{t-1}|x_t, x_0) = \frac{P(x_t|x_{t-1}, x_0) P(x_{t-1}|x_0)}{P(x_t|x_0)} \tag{5.34}$$

根据前向加噪的公式，在给定 x_{t-1} 的条件下，x_t 的分布为 $N(\sqrt{\alpha_t} x_{t-1}, 1 - \alpha_t)$。同理，式中另外两项也为正态分布。将这 3 个正态分布叠加后，可得

$$P(x_{t-1}|x_t, x_0) \sim N\left(\frac{\sqrt{\alpha_t}(1-\bar{\alpha}_{t-1})}{1-\bar{\alpha}_t} x_t + \frac{\sqrt{\bar{\alpha}_{t-1}}(1-\alpha_t)}{1-\bar{\alpha}_t} x_0, \left(\frac{\sqrt{1-\alpha_t}\sqrt{1-\bar{\alpha}_{t-1}}}{\sqrt{1-\bar{\alpha}_t}} \right)^2 \right) \tag{5.35}$$

其中，$\bar{\alpha}_t$ 表示从 α_0 到 α_t 的累积，用 $x_0 = \frac{x_t - \sqrt{1-\bar{\alpha}_t} \times \epsilon}{\sqrt{\bar{\alpha}_t}}$ 替换原式中的 x_0 可得：

$$P(x_{t-1}|x_t, x_0) \sim N\left(\frac{\sqrt{\alpha_t}(1-\bar{\alpha}_{t-1})}{1-\bar{\alpha}_t} x_t + \frac{\sqrt{\bar{\alpha}_{t-1}}\beta_t}{1-\bar{\alpha}_t} \times \frac{x_t - \sqrt{1-\bar{\alpha}_t} \times \epsilon}{\sqrt{\bar{\alpha}_t}}, \left(\frac{\sqrt{\beta_t(1-\bar{\alpha}_{t-1})}}{\sqrt{1-\bar{\alpha}_t}} \right)^2 \right) \tag{5.36}$$

因此，只要知道 x_t 以及 x_0 加噪到 x_t 所用的噪声 ϵ，就可以得到 x_{t-1}。其中 ϵ 可以通过训练神经网络估计得到。训练时，随机采样一个时间 t 以及标准高斯噪声 ϵ，根据前向加噪公式将 x_0 加噪为 x_t。将 x_t 以及时间 t 输入网络，网络将预测所加入的噪声 ϵ'。定义损失函数为 ϵ 和 ϵ' 的均方误差，通过最小化损失函数以更新网络的参数。

5.2.6 图像目标检测算法与 YOLO

图像目标检测是计算机视觉领域一项重要的任务，旨在从图像中识别和定位目标物体。近年来，随着深度学习技术的飞速发展，图像目标检测取得了巨大进展，并被广泛应用于自动驾驶、智能安防、医学图像分析等领域。为更直观地理解目标检测任务，图 5-26 以检测眼底彩色照片中的硬性渗出（Exudate，EX）物为例展示目标检测任务的结果，图中黑色方框用于表明目标位置，方框左上角的文字用于表明物体的类别。

图像目标检测算法与 YOLO

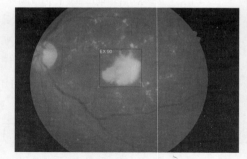

图 5-26 目标检测示例（为保证可视化的效果，限制只展示一个目标）

根据上述描述可知，目标检测任务可以分为目标识别与定位两个子任务，通过这两个子任务的相互配合就可以完成目标检测任务。目标检测算法中，根据是否需要单独生成候选框后再进行精细化的分类与定位，将目标检测分为两阶段和单阶段（一阶段）目标检测算法。

传统的目标检测算法主要依赖于手工特征和分类器，如 HOG 特征便可用于手工提取特征。近年来，随着深度学习的进步，目标检测算法取得了巨大的突破，特别是 YOLO（You Only Look Once）的提出，实现了在实时应用中的快速目标检测，给图像目标检测领域注入了新鲜的活力。本小节将回顾传统的基于特征描述 HOG 的算法，然后详细介绍基于深度学习的两阶段目标检测算法 Faster RCNN（Faster Region-Based CNN）和单阶段目标检测算法 YOLO。

1. 基于 HOG 特征描述符的检测算法

HOG 是一种在计算机视觉领域广泛应用的特征描述方法，尤其在行人检测任务中表现出色。基于 HOG 的行人检测算法的主要流程如图 5-27 所示。首先对图像进行预处理，计算每一个像素位置的梯度，然后将图像按照指定大小（如 3×3）划分为图像单元（细胞单元）并基于细胞单元进行直方图统计计算，之后将细胞单元组合为更大的区块（Block）并基于 Block 进行归一化，最后收集所有 Block 的 HOG 特征。到此就完成了 HOG 特征的提取操作，后面将基于提取的特征进行目标检测。

图 5-27 HOG 行人检测流程

基于收集的特征，可以训练一个支持向量机或者其他的分类模型用于判断指定区块的特征中是否含有指定目标（如人等），利用这个训练好的分类器，在新图像到来时可以通过窗口滑动的方式将从图像中获得的 HOG 描述区块分为含有目标与非目标区块，再利用非极大值抑制（Non-Maximum Suppression，NMS）通过每次都选择置信度最高的区块的方式筛选出最有可能包含目标的区块，将这些区块作为含有目标的区块。

在实践过程中，图像预处理这个步骤是可选的，一般在这个步骤进行图像归一化、伽马校正等操作。梯度计算这个步骤常采用 Sobel 算子计算像素在该位置的各项梯度。区块组合与归一化过程中常采用 L2 正则化进行归一化操作。图 5-28 进行了 HOG 特征的可视化，右图的白色部分即为提取的 HOG 特征，可见 HOG 能够较为有效地表征物体的边界等信息。但是 HOG 特征易受遮挡等的干扰，而且随着深度学习的应用，目标检测在很多复杂化场景中都有了比较大的突破，因此基于 HOG 特征的算法应用便逐渐被基于深度学习的算法替代。

图 5-28　HOG 特征可视化（左图为输入图像，右图为 HOG 特征）

2. Faster RCNN

Faster RCNN 是一种经典的两阶段目标检测算法，凭借较为高效的目标检测能力被工业界各种算法开发者采用，但由于其对计算资源的需求较高，因此在一些资源较为匮乏的场景中难以应用。Faster RCNN 的主要结构如图 5-29 所示：首先利用一个卷积神经网络提取图像特征，将特征输入到一个区域提议网络（Region Proposal Network，RPN）生成提议框，生成的提议框和之前的图像特征一起输入到感兴趣池化（Region of Intertest Pooling，RoI Pooling）层中进行池化操作，经过池化后的特征进行最后的框分类与回归，得到最终的检测结果。

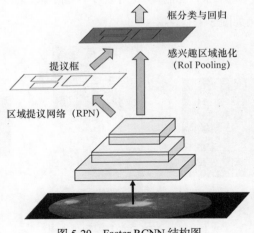

图 5-29　Faster RCNN 结构图

RPN 是 Faster RCNN 中的核心组件，其结构如图 5-30 所示。在 Faster RCNN 中使用一个 $n \times n$ 的滑动窗口将输入特征划分为不同的区域（3×3 为 Faster RCNN 中选用的大小）从而得到 d 维的隐含特征，该滑动窗口在实践中一般使用 $n \times n$ 的卷积实现。然后通过两个不同的 1×1 卷积将隐含特征映射为用于分类的特征和框回归的特征。在这一步中，对于每一个

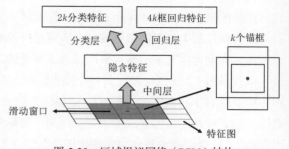

图 5-30　区域提议网络（RPN）结构

滑动窗口，都会以这个窗口为中心生成 k 个提议区域，这 k 个区域也被称为锚框（Anchor Box），每个锚框用 4 个值（框左上角和右下角的 x, y 坐标值），因此需要 $4k$ 个特征用于框的回归。而对于分类层则只需要判别框中是否含有物体，所以需要 $2k$ 个特征用于框的分类（在实践中 k 常选为 9）。这种方案会产生比较多的预测框，因此会进行非极大值抑制操作，以过滤其中概率较低的框，从而获得更为准确的提议框。

通过 RPN 便生成了一些提议区域，由于这些区域大小不统一，不方便进行后续的精细框分类与回归操作，因此会通过 RoI Pooling 操作将这些特征缩放到统一的尺寸，该操作是通过对每一个提议区域进行最大池化得到统一大小的特征图实现的。通过 RoI Pooling 得到特征图后，使用两个全连接层分别负责框的精细化分类与回归操作。

3. YOLO

YOLO 是一种经典的基于深度学习的单阶段目标检测算法，是人工智能图像信息计算发展历程中的里程碑技术。由于它能够比较快速且较为准确地进行目标检测，因此被很多开发者所采用，尤其是一些计算资源较为匮乏的边缘侧的算法开发者。在其被提出后，出现了很多基于它的核心思想构建的变体算法，有一些算法甚至能够在保证快速检测的同时超越两阶段算法的性能。YOLO 直接预测物体的中心坐标 (x, y)、物体的高与宽 (h, w)、预测的置信度（score）、物体的类别这几个参数，从而省去了专门的候选框生成过程，提升模型的效率。

YOLO 的核心想法在于，将输入图像视为 $S \times S$ 的网格，由每一个网格负责预测该区域内的物体。也就是说假设有 n 类目标，且每个网格预测 B 框，那么对于每一个框需要知道 $(x, y, h, w, \text{score})$ 这 5 个参数以及它属于 n 类目标中每一个目标的概率，所以对于一张图像来说，需要预测 $S \times S \times (B \times 5 + n)$ 的参数。整个流程可以简化为图 5-31。

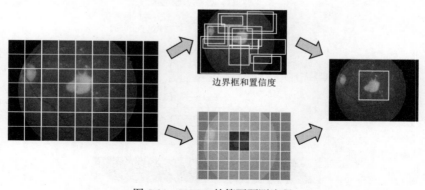

图 5-31　YOLO 的简要预测流程

图 5-32 展示了整个 YOLO 的流程，首先将图像缩放到指定大小（如 448×448），然后用一个卷积神经网络提取特征，最后用一个预测层将提取的特征映射为一个 $S\times S\times(B\times5+n)$ 向量，这样就得到了对整张图片的目标预测。但是由于预测的框特别多，因此会采用非极大值抑制去除置信度较低的框和一些重复的框，从而获得最终的较为准确的结果。

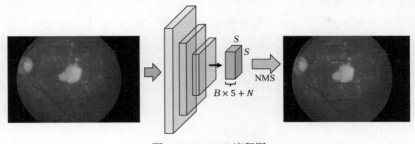

图 5-32　YOLO 流程图

5.3　现代人工智能图像信息计算算法：分割一切模型

分割一切模型（Segment Anything Model，SAM）是由 Meta AI 于 2023 年 4 月发布的一项开创性的研究成果，它开辟了图像分割领域的新时代，打破了传统语义分割方法的范式，通过点、框等提示信息对图像中的对象进行分割，并且有很强的零样本泛化能力（即不需要依赖任何样本的训练即可分割对应的目标）。其经一推出便引起了广泛的讨论，有很多基于 SAM 的算法应用也被快速推出，如 Track Anything、Learnable Ophthalmology SAM 等。至今还有很多基于 SAM 或者类似于 SAM 的算法被广泛研究，其强大的分割性能与通用能力使其在图像编辑、自动驾驶、医学图像、虚拟现实等场景中具备巨大的潜力。

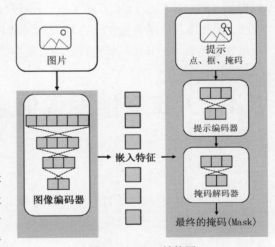

图 5-33　SAM 结构图

SAM 的主要结构如图 5-33 所示，输入一张图像时，图像编码器会将其编码为嵌入特征（Embedding）或者说是图像特征，用户输入的提示（Prompt）如点、方框等特征，由提示编码器（Prompt Encoder）编码为提示特征，然后掩码解码器（Mask Decoder）接收图像特征和提示特征，经过特征解码后得到对应提示的掩码（Mask），即对应物体区域像素的位置。

了解了 SAM 的整体流程之后，下面我们针对 SAM 的图像编码器与掩码解码器进行一个相对详细的介绍。其中 SAM 的图像编码器采用的是在大规模图像上利用掩码自编码器（Masked Auto Encoder，MAE）算法训练的一个具备强大特征提取能力的模型，其采用视觉 Transformer

（VisionTransformer，ViT）结构，在 SAM 中主要选用 ViT-Base、ViT-Large、ViT-Huge 这 3 种不同大小的 ViT 进行 SAM 模型的构建，因此在不同计算资源下的应用可以采用不同的图像编码模型。

　　SAM 的掩码解码器是一个非常轻量的结构，如图 5-34 所示。掩码解码器主要是利用交叉注意力进行图像特征与提示特征的交互，从而将提示信息注入到图像特征中，以控制获得期待的目标信息输出对应的目标区域信息，完成对目标区域的分割。为保证输出的掩码信息的准确性，SAM 也提供了一个类似于目标检测中的置信度的输出，这就是预测的交并比（Intersection of Union，IoU），交并比是语义分割中一种评估预测的性能的指标，它代表两个区域之间的并集与交集的比例，通过对预测的交并比进行非极大值抑制等，可以过滤掉一些预测较差的掩码输出，而保留预测较好的掩码输出。

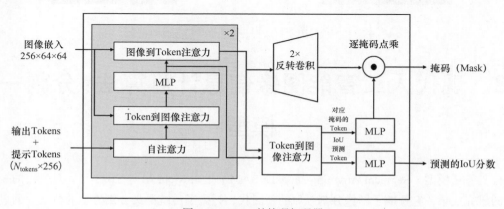

图 5-34　SAM 的掩码解码器

　　在推出 SAM 的同时，Meta 也开源了一个名为 SA-1B 的数据集，该数据集就是训练 SAM 的数据集。SA-1B 包含 1100 万张图像，并且对这 1100 万图像中的目标尽可能都提供了对应的掩码标注，因此整个数据集包含超过 10 亿个掩码标注。该数据集有很高的多样性以及丰富度，使得基于该数据集训练的算法都具备较强的通用性。

5.4　人工智能图像信息计算应用：图像语义分割工具

　　前面对 SAM 的算法进行了简要的介绍，本节将通过一个应用实例带读者更加深入地了解 SAM 这一结构。前面提到，SAM 能够在点、框等的提示下精确地获取到对应的目标，也就是说 SAM 可以在提示下做到开放性的识别。但 SAM 这种提示需要的先验信息较多，无法自动化获取图像中的目标，为解决该问题，粤港澳大湾区数字经济研究院基于 Grounding DINO 以及 SAM 提出 Grounded Segment Anything 算法，该算法能够在有文本提示的情况下自动获得对应目标的掩码标签。

　　Grounded Segment Anything 的算法流程如图 5-35 所示，Grounded DINO 接收输入的图像以及

提示文本，输出目标的位置即目标的边界框（Bounding Box）。然后以 Grounded DINO 获取的目标边界框作为 SAM 的提示，由 SAM 对目标进行分割，得到最终的目标像素掩码（Mask）。SAM 的结构已经介绍过了，本节主要介绍 Grounded DINO 的结构。

图 5-35　Grounded Segment Anything 流程图

Grounding DINO 的结构如图 5-36 所示，在没有引入文本控制时，如图 5-36 中的虚线框部分是一个闭集检测器，它直接接收图像输入，然后输出图像中固定目标的类别以及位置。而引入文本控制后便构成了图 5-36 的实线框代表的开集检测器，它不再固定类别，而是通过文本控制模型需要输出的目标类别，从而不再局限于某一类或者某几种类别的目标物体。

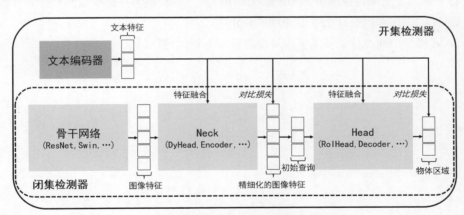

图 5-36　Grounding DINO 结构图

Grounding DINO 的主要原理如下。首先使用一个文本编码器将文本编码为特征，然后与图像特征在 Neck 层进行融合，得到文本引导的精细化的图像特征。与此同时，由于文本特征表达和图像特征表达之间的差异性，这里会在训练阶段加入对比损失，进行图像-文本特征的对齐（图5-36 中的斜体字部分），从而在推理阶段使得到的文本和图像特征是对齐的，更好地控制网络输出对应的目标。基于精细化的图像特征可以得到对目标的一些初始查询特征，即图中的初始查询，在检测头（Head）中初始查询和编码的特征将被解码，然后可以得到对应目标区域的输出。为进一步控制目标的输出，在检测头中也利用特征融合技术进行文本与图像特征的整合，这里还设计了另外的对比损失进行文本与图像的特征对齐。通过这样一个框架就将文本作为了检测器的控制信号，使检测器可以通过文本获得需要检测的目标类别的信息，这属于一种多模态融合操作的算法，第 9 章中将会介绍更多相关的内容。

5.5　本章小结

　　人工智能图像信息计算是人工智能多媒体六大模态信息计算中最重要的技术之一，本章追溯了图像信息技术的基础和理论来源，随后简要介绍了人工智能图像信息计算发展过程中的 7 个里程碑技术以及相关的人工智能图像信息计算方法：Canny 边缘检测技术、JPEG 图像压缩算法、DCP 图像复原示例、GAN 的图像生成原理、基于 AlexNet 的图像识别算法及基于 YOLO 的图像目标检测算法，以及现在十分主流的基于大模型 SAM 的图像分割算法。此外，为方便读者理解，我们将 7 个里程碑技术所涉及的人工智能图像信息计算基础也进行了详细的阐述。

习题

　　（1）图像处理技术主要划分为几种计算机处理类型？分别指什么？它们有什么区别？

　　（2）人工智能多媒体图像信息计算中重要的里程碑技术都有哪些？请按发展史列出。

　　（3）将一张标准图像转换成 JPEG 所需的图像格式，其转换关系是什么？

　　（4）GAN 的思想基础是什么？请详细展开介绍。

　　（5）SAM 模型中通过什么技术实现了图像特征与提示特征的交互？

第6章
人工智能多媒体动画信息计算

动画是技术与艺术的整合，动画的艺术性需要技术的支撑，动画的技术需要艺术性来呈现。随着现代科技的不断发展与人们对娱乐需求的不断增长，动画产业迎来了蓬勃的发展，多媒体动画也由传统的动画制作向新式的计算机动画技术方向发展。人工智能技术在动画制作中广泛应用并不断发展，涌现了大量的人工智能动画信息计算技术，减少了动画制作的时间和成本，同时促进了动画作品题材的多样化。目前，人工智能多媒体动画信息计算已经成为能够适应市场需求，创作多样化，推动动画产业发展的关键技术。

本章将深入探讨人工智能动画信息技术的相关知识和算法，首先对传统动画信息制作处理进行介绍，让读者对动画信息处理有初步的了解；随后细致介绍人工智能动画技术中的7个里程碑，包括动画关键帧插值技术、动画运动捕捉算法、动画路径规划算法、骨骼动画、动画物理模拟算法、群体动画算法、动画生成技术，为读者勾勒出人工智能动画信息计算的衍变过程；最后对人工智能动画计算在教育场景中的应用进行了实例介绍，以拓展读者对人工智能动画计算的现代应用的了解。

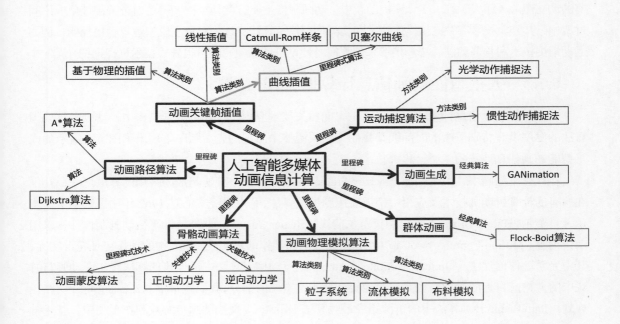

6.1 人工智能动画信息计算基础及发展里程碑

本节先简要介绍人工智能动画信息计算的基础概念，然后对人工智能动画信息计算中的关键技术与算法进行归纳与整理。

6.1.1 人工智能动画信息计算基础

动画（Animation）是一种综合的艺术，它利用人的视觉残留让人觉得物体在发生移动，从古代壁画中的故事演绎到现代电影中的特效都可以归类为动画。计算机动画就是由计算机程序生成的动画，一开始通过脚本和故事板讲述故事的进程，后来进行广泛的预制作规划，再后来将动画作品输出到胶片、录像带或数字媒体上。第一部翻页动画是在 19 世纪初创作的，当前运用较广的动画技术，其原理产生于 20 世纪前 20 年，随着产生在 20 世纪 30 年代和 40 年代的手画卡通动画的不断演变而日益完善。一些创作静态类的图像序列的人工智能动画技术以传统的透明片基动画为基础，但主要技术还是计算机模拟三维场景和运动人物。

与其他多媒体模态的人工智能计算不同，人工智能动画信息计算的重点是计算机动画技术，旨在利用人工智能图形与图像处理计算技术，借助编程或动画制作软件生成一系列连续的帧画面。计算机动画的效果相对于传统动画有着十分明显的优势，它具有简便、易保存和准确等特点，并且运用计算机可以对图像进行复制、粘贴、放大/缩小及对关键帧进行中间帧计算，使动画的制作周期大大缩短，再加上其强大的模拟现实功能，能制作出极其逼真的画面。

20 世纪 60 年代以后，随着计算机图形学技术（本书第 7 章介绍）的兴起，计算机动画迎来了新的发展时期，并涌现了大量经典的计算机动画电影，例如好莱坞影片《未来世界》、获奥斯卡奖的动画短片《伟大》等。在计算机动画中，动画制作主要有两种类型：一是通过关键帧生成中间过渡帧，其经典技术有关键帧插值技术和动画物理模拟算法；二是对角色模型进行直接控制，例如运动捕捉技术和骨骼动画算法。接下来，我们对计算机动画领域的里程碑式技术进行详细介绍。

6.1.2 人工智能动画信息计算里程碑

人工智能动画信息计算主要是将人工智能相关技术应用于计算机动画制作中，动画信息处理算法的发展没有特别清晰的时间线，我们按照关键技术出现的先后顺序整理出了图 6-1 所示的人工智能动画信息计算的 7 个里程碑技术。

在计算机动画中，关键帧插值（Key Frame Interpolation）算法是最为常用的算法之一，几乎在所有的计算机动画技术及应用中都需要用到插值算法，其中最经典的是 1962 年法国数学家皮埃尔·贝赛尔（Pierre Bézier）提出的贝塞尔曲线（Bézier Curve）。此外，计算机动画制作往往采用动作捕捉（Motion Capture，MoCap）计算来保证动画动作的真实性，使人物的动作更加符合实际，其中光学动作捕捉法（Optical Motion Capture）是运动捕捉算法中最经典的算法之一。动画与游戏中的人物或目标的运动路径是运动捕捉计算非常重要的部分，我们在本章 6.2.3 小节将介绍路径规划（Path Planning）算法中的单源路径最短算法 Dijkstra。现代动画与游戏制作工艺中，基于骨骼（Skeleton）动画相关技术的应用越来越广泛，其中的蒙皮（Skinning）算法是骨骼动画中较为关键的一类技术。由于计算机模拟技术愈发成熟，基于布料模拟（Cloth Simulation）的物理模拟（Physical Simulation）技术的动画也不断发展，带来了逼真的动画与游戏场面，这也是目前动画、电影特效中的常用技术。群体动画可以生成更加壮观、自然的场景，因此针对动物群体行为的 Flock-and-Boid 模型也是我们在本章 6.2.5 小节介绍的内容。近年来，随着人工智能技术的发展，利用计算机直接生成动画成为可能，因此我们还在本章 6.3 节介绍动画生成（Animation Generation）技术 GANimation。

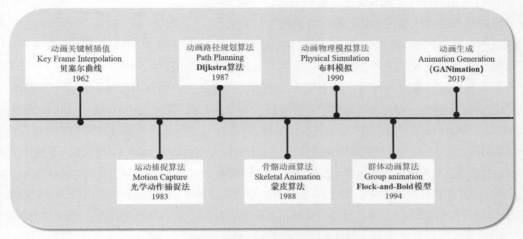

图 6-1　人工智能动画信息计算的 7 个里程碑技术

6.2　人工智能动画信息计算处理算法

　　6.1 节简单介绍了动画的概念，同时对人工智能动画信息领域的 7 个里程碑式技术进行了概述。本节将对前 6 个里程碑技术进行介绍，最后一个里程碑技术由于是直接利用人工智能算法进行动画的生成，我们将其作为现代动画制作算法进行介绍。

6.2.1　动画关键帧插值与贝塞尔曲线

　　动画中的关键帧（Key Frame）是指在一部动画中由动画师绘制的一系列场景，它主要描述每一个时间点发生的事件，如一个球开始滚动到球结束滚动。关键帧的引入主要是希望动画师只需要在稀疏的时间节点序列上绘制场景，而中间重复的一些内容由计算机通过插值的方法补全。很多计算机动画算法中都采用了这项

动画关键帧插值

技术，利用关键帧插值算法可以通过减少重复工作的方式提高动画师的工作效率，并且动画师可以通过关键帧控制最终输出的外观与效果。

　　目前关键帧插值算法主要有线性插值（Linear Interpolation）算法、基于物理的插值算法和曲线插值（Curve Interpolation）算法。线性插值算法是指插值函数为一次多项式的插值方式，其在插值节点上的插值误差为零。线性插值相比其他插值方式，如抛物线插值（Parabolic Interpolation），具有简单、方便的特点。线性插值的几何意义即图 6-2 中利用通过 A 点和 B 点的直线来近似表示原函数。

基于物理的插值算法是一种利用物理模型来进行数据插值的方法，其通过模拟重力、碰撞和摩擦力等物理现象，使动画看起来更真实。

曲线插值算法是一种基于控制点的方法，它通过连接多个控制点来生成平滑的曲线。基于贝塞尔曲线（Bézier Curve）的插值算法是动画中最为常用的算法之一，于 1962 年由法国工程师皮埃尔·贝塞尔提出，他运用贝塞尔曲线来设计汽车的主体。贝塞尔曲线被广泛用于计算机图形学，如 Adobe Photoshop 中的曲线绘制算法就是基于贝塞尔曲线实现的，下面对贝塞尔曲线进行简要介绍。

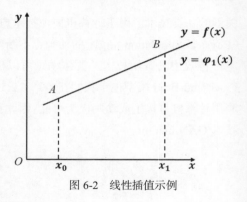

图 6-2　线性插值示例

一条线段由起点和终点构成，然后引入一个点，让它从起点向终点移动。在这个过程中，起始点、运动点与起始点的轨迹就构成了一条线段，这个运动点不断运动，记录下这个运动点的轨迹，当运动点到达终点时便获得了一条完整的线段，这个运动点的运动轨迹就可以称为贝塞尔曲线。

如果利用 3 个点 A、B、C 构成两条线段（这 3 个点称为控制点），如图 6-3 中的（1）所示，其中虚线表示的曲线就是可以拟合的曲线。然后让两个点分别从 A 点和 B 点同时出发，匀速沿线段前进，那么这两个点之间就可以构成一条线段。再让另外一个点从这条线段的起始点同时出发，以相同的速度前进，见图 6-3 中的（2）（3）（4），这个点的轨迹就会构成一条曲线，这条曲线也就是需要拟合的曲线。

上述过程较为直观地展示了贝塞尔曲线的拟合过程。如果用公式表示这条曲线的拟合过程，则如式（6.1）所示：

$$B(t) = \sum_{k=0}^{n} B_{n,k}(t) P_k,$$
$$B_{n,k} = \binom{n}{k} t^k (1-t)^{n-k}, \tag{6.1}$$

其中的 $B_{n,k} = \binom{n}{k} t^k (1-t)^{n-k}$ 称为伯恩斯坦多项式（Bernstein Polynomials），该多项式中的 $\binom{n}{k} = \dfrac{n!}{k!(n-k)!}$，$t$ 为时间，k 为点的下标。这是一个递归的过程，这个递归算法被称为德卡斯特里奥（De Casteljau）算法。

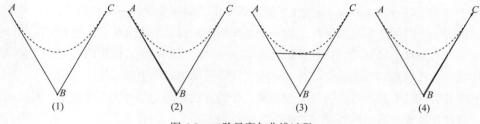

图 6-3　二阶贝赛尔曲线过程

在关键帧插值算法中，Catmull-Rom 样条也是比较重要的一个算法，下面介绍 Catmull-Rom 样条的一些基本概念。样条是样条函数（Spline Function）的简称，它是一类分段光滑且在各段交接处也有一定光滑性的函数。Catmull-Rom 样条是由艾德·卡姆特（Edwin Catmull）和拉斐尔·罗姆（Raphael Rom）提出的一种样条线，图 6-4 展示了 Catmull-Rom 样条的样例。根据上述关于样条的定义可知，Catmull-Rom 样条由多段函数组成，每一段都是一个三次函数，每一个片段都可以采用贝塞尔曲线表示。在 Catmull-Rom 样条中，每一个点的位置都由它的前一个点和后一个点表示，即 $P_i' = \tau(P_{i+1} - P_{i-1})$。其中参数 τ 用于控制线的"紧张度"，也就是控制曲线在控制点处的曲率变化大小，τ 越大，曲线越不平滑，τ 越小，曲线越平滑。

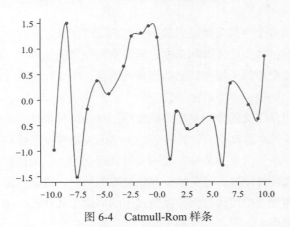

图 6-4　Catmull-Rom 样条

Catmull-Rom 样条与贝塞尔曲线在关键帧插值中共同承担了平滑插值的作用，且它们可以完成动画中任意实值的动画参数的插值。但是如果想要对一组方向进行插值，目前没有可以直接应用的理论，一种比较有效的方法是引入四元数替换原始贝塞尔曲线计算和 Catmull-Rom 样条中的标量运算。通过这样的替换，公式中的标量加法变成了四元数乘法，标量的相反数变为了四元数的逆，而标量乘法则变成了四元数的幂，这也就是基于四元数的样条插值方法的基本原理。

6.2.2　动作捕捉与光学动作捕捉算法

动作捕捉（MoCap）是一种用于记录和数字化人体或其他对象运动的技术，它主要通过获取并且量化实体动作的时间与空间信息，使这些动作能够被转化到虚拟世界中且可被编辑。动作捕捉系统通常通过在目标物体的关键关节（Key Joint）或表面放置传感器（如红外标记点、电磁传感器、惯性传感器等），或者使用无标记视觉技术（如基于深度相机的视觉系统），捕捉这些标记点或身体特征点在三维空间中的运动轨迹。

传统的动作捕捉算法主要有惯性动作捕捉（Inertial Motion Capture，IMC）算法、光学动作捕捉算法。其中，惯性动作捕捉算法是一种通过内置传感器和算法来追踪人体或物体运动的技术，它基于惯性测量单元（Inertial Measurement Unit，IMU）采集运动学信息，并通过惯性导航原理测量运动目标的姿态角度（Pose Angle）。惯性测量单元继承了多个传感器，通常包括三轴加速度计、三轴陀螺仪和可能的磁力计。

光学动作捕捉算法是经典的动作捕捉算法，其因高精度、高效率及设备价格优惠等众多优点已经被广泛应用于动画制作中。光学运动捕捉技术利用光源、摄像机和反射点决定关节在三维空间中的位置，其工作原理是将数据实时传输至工作站，根据三角测量原理计算 Marker 点空间坐标，再计算出骨骼的自由度运动。具体而言，光学动作捕捉算法的技术点涉及多摄像头系统、标记点识别、图像处理、三角测量、数据融合、骨骼重建、硬件系统优化、数据输出等。

（1）多摄像头系统：需要使用多个摄像头同步工作来覆盖捕捉空间，以确保从多个角度捕捉运动数据，同时从不同视角捕捉图像，时间可以精确对齐。

（2）标记点识别：使用主动发光的标记点来提高识别的准确性，同时，在被捕捉对象上附加反光标记点，使其在摄像头的红外光下反射光线，便于识别。

（3）图像处理：将图像转化为二值图像，以突出反光标记点；通过图像处理算法识别标记点的中心位置和形状。

（4）三角测量：利用多个摄像头捕捉到的标记点的二维图像，通过三角测量方法计算出标记点的三维位置；通过校准摄像头的位置和角度，确保三角测量的精度。

（5）数据融合：将多个摄像头捕捉到的数据进行融合，生成完整的三维运动数据。同时使用滤波算法去除运动数据中的噪声，平滑运动轨迹。

（6）骨骼重建：使用预定义的骨骼模型，根据标记点的位置重建出被捕捉对象的骨骼姿态；根据标记点之间的相对位置和运动轨迹，计算各个关节的旋转角度和位移。

（7）硬件系统优化：系统需要具备高性能的实时处理能力，以确保在捕捉过程中及时反馈运动数据；通过优化算法和硬件配置，尽量减少数据处理的延迟，提高系统的响应速度。

（8）数据输出：将捕捉到的运动数据转换为常用的格式（如 FBX、BVH），便于在各种动画制作软件和游戏引擎中使用。

基于标定的光学捕捉系统需要通过精密的传感器捕捉对象的动作从而实现高精准的动作捕捉，而这需要非常高昂的代价，这让很多小的工作室望而却步。因此光学非标定动作捕捉算法被设计出来，其通过对目标特征点的监视和跟踪来进行动作捕捉，从而实现无标定且高灵活度的动作捕捉。

近年来，随着深度学习技术的快速发展，无标记动作捕捉技术取得了巨大的突破，例如以 OpenPose 为代表的 2D 多人体关键点检测技术能够实现实时且较为准确的人体关键点检测与姿态估计，3D 多人体动作捕捉技术也有一些突破。

OpenPose 算法的结构如图 6-5 所示，首先通过一个骨干网络（一般为卷积神经网络，如 VGG 等）提取特征，得到的特征将分为两个分支，通过不同的卷积得到区域置信图（Part Confidence Maps，PCMs）和区域关联域（Part Affinity Fields，PAFs）。得到这两个信息之后将使用图论中的偶匹配算法（Bipartite Matching）求出区域关联度（Part Association），由于 PAF 本身的性质，生成的偶匹配较为准确，最终可以合并为一个人的整体骨架。最后基于 PAFs 通过匈牙利匹配算法进行多个人之间的骨架匹配，将骨架归为对应的人体。为了保证准确性，一般会使用 t（$t \geq 2$）次类似的阶段进行多次骨架生成与匹配，得到最终结果（t 个阶段）。

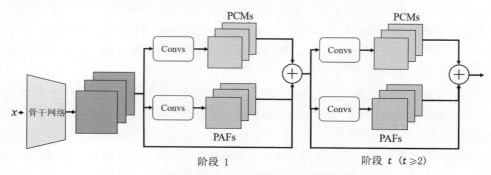

图 6-5　OpenPose 算法的结构

6.2.3　动画路径规划算法与 Dijkstra 算法

在动画与游戏开发中，动画路径规划算法是实现智能体（如游戏角色、虚拟动物或机器人）进行自动寻路和导航的关节技术。这类算法的目标是在避开各种障碍物的同时，在复杂的环境地图中找到从起点到终点的有效路径。其中，Dijkstra 算法是一种经典的单源最短路径算法，它可以找出从起始点到图中其他节点的最短路径。它的核心思想是以起始点为中心不断向外层（广度优先遍历）计算并更新每一层的路径，一直到扩展点为终点时停止。具体而言，Dijkstra 算法的步骤如下。

（1）创建一个空的最短路径字典，其中每个节点的距离设置为无穷大，起始节点的距离设置为 0。

（2）创建一个空的已访问节点的集合。

（3）从未访问的节点中选择距离起始节点最近的节点，标记为已访问。

（4）对于已访问节点的所有邻居，计算通过已访问节点到达它们的距离，并更新最短路径字典。

（5）重复步骤（3）和（4），直到所有节点被访问。

在示意图 6-6 中，有向图包括节点 A、B、C、D 和 E，以及它们之间的带权重的边。边的数字表示权重或距离。我们的目标是找到从节点 A 到其他节点的最短路径。

执行步骤具体如下。

（1）初始化：开始时，选择节点 A 作为起始节点，并将其距离设置为 0。同时，将其他节点的距离初始化为无穷大，表示尚未知道到达它们的最短路径。

（2）选择下一个节点：选择节点 A 作为当前节点。它是起始节点，距离已知。

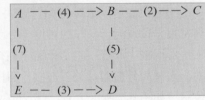

图 6-6　有向图

（3）更新距离：计算从节点 A 到其邻居节点 B 和 C 的距离，并将这些距离记录下来。当前已知的最短距离是从 A 到 B 的距离为 4，从 A 到 C 的距离为 2。

（4）选择下一个节点：选择距离最短的节点 C 作为当前节点。

（5）更新距离：计算从 A 经过 C 到达其邻居节点 B 和 D 的距离，并将这些距离记录下来。从 A 经过 C 到 B 的距离变为 $4+5=9$，从 A 经过 C 到 D 的距离变为 $2+5=7$。

（6）选择下一个节点：选择距离最短的节点 B 作为当前节点。

（7）更新距离：计算从 A 经过 B 到达其邻居节点 D 的距离，并将这个距离记录下来。从 A 经过 B 到 D 的距离变为 $4+5+3=12$。

（8）选择下一个节点：选择距离最短的节点 D 作为当前节点。

（9）更新距离：计算从 A 经过 D 到达其邻居节点 E 的距离，并将这个距离记录下来。从 A 经过 D 到 E 的距离变为 $4+5+3+7=19$。

（10）完成。

因此最短路径从节点 A 到其他节点的距离为：A 到 A 是 0，A 到 B 是 9，A 到 C 是 2，A 到 D 是 12，A 到 E 是 19。

Disjkstra 算法的关键思想是执着地选择当前最短路径，以逐步构建最短路径树。然而，由于其全局搜索的特性，在大型场景中需要很多计算资源。为提升算法的性能，在 Dijkstra 算法的基础之上进行改进设计了 A*算法。A*算法结合启发式函数对搜索的方向进行指导，较为常用的启发式函数由基于欧几里得距离或其他成本估计函数实现。启发式函数的引入可以加快算法找到最优路径的速度，A*算法凭借其高效性被广泛应用于动画与游戏制作。为进一步减少搜索的节点数量，提高搜索效率，双向 A*算法被提出用于解决图搜索问题。

双向 A*算法同时从起点和终点开始搜索，分别利用启发式函数来评估节点的优先级。在每一步中，从两个方向选择具有最低优先级的节点进行扩展。当两个搜索方向的搜索路径相交时，即找到了一条从起点到终点的路径。相比于普通的 A*算法，双向 A*算法可以显著减少搜索的节点数量，特别是在图搜索问题中，当图的规模较大时，搜索的效率提高得更为明显。它通过同时从起点和终点搜索，利用双向信息来减少不必要的搜索。

6.2.4 骨骼动画与蒙皮算法

骨骼动画（Skeletal Animation）是动画与游戏中的一个关键技术，它包含正向动力学（Forward Kinematics）、逆向动力学（Inverse Kinematics）以及蒙皮算法等，本小节将对相关的基本概念进行介绍。在游戏与动画中，人物的模型主要由三角形网格（Mesh）组成，这种三角形网格又被称为皮肤（Skin）。

骨骼动画与蒙皮算法

如果要让人动起来，则需要修改三角形网格中顶点的坐标，但是这样会带来一些问题，首先，逐顶点操作很容易使动作出现不自然的表现；其次，模型越精细，其顶点越多，当有很多顶点时，操作的难度十分巨大，不容易实现。根据人体的构成，有研究人员提出可以在三角形网格中放置一些"骨骼"进行支撑，通过"骨骼"的运动带动皮肤也就是三角形网格的运动。人体的骨骼通过关节连接，而模型的关节可以通过线段连接，一个人体模型可以用树状结构表示（如图 6-7 所示），若以腰部的关节为树根，那么其他关节连接起来就形成了一棵树。

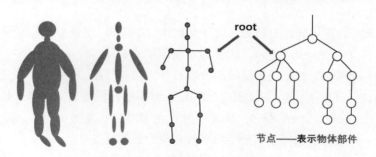

图 6-7　人体模型构建

制作骨骼动画的流程一般是先在标准姿势（T-Pose）下进行骨骼的绑定（Binding）与蒙皮（Skinning），这里的标准姿势就是人体直立且双手展开时的姿态（由于像 T 字，所以又被称为 T-Pose）。然后动画师操作骨骼去制作关键帧，最后利用插值算法插值关键帧之间的内容形成整个动画。

正向动力学和逆向动力学是控制骨骼动画中骨骼运动的技术，给定关节模型和每个节点相对父节点的变换矩阵的条件下，正向动力学可以用来解决关节坐标到世界坐标的变换矩阵这一计算问题。在正式讲解骨骼动画之前，下面先介绍一下骨骼动画中涉及的坐标系。

世界坐标系是系统的绝对坐标系，物体的树根节点在此可看作物体在世界坐标系下的坐标。关节坐标系是以某个关节为原点的坐标系，代表物体所在树上的某一节点的局部空间。骨架坐标系又被称为物体坐标系，是以树根坐标为原点的坐标系，也可以看作以树根节点为原点的关节坐标系。图 6-8 中给出了一个关节模型的示例，参考其初始姿态可知，关节模型中主要存储以下信息。

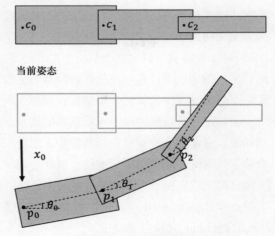

图 6-8　关节模型样例

（1）关节所在骨骼的长度，对应当前关节坐标系到父关节坐标系的平移变换。

（2）关节所在骨骼相对上一关节（父节点）的旋转角度，对应当前关节坐标系到父关节坐标系的旋转变换。

（3）关节所在根节点的坐标，对应骨架坐标系到世界坐标系的平移变换。

这里假设关节所在骨骼的末端为当前关节的末端影响器，x_0 为根节点坐标，第 i 个关节的旋转矩阵为 R_i，平移矩阵是 T_i，那么原点坐标 $O = (0,0,0)$ 从初始状态到当前状态下末端影响器的世界坐标的计算过程如下。

（1）p_0 的关节坐标为 O，这是其在骨骼坐标系下的坐标，通过根节点的世界坐标进行坐标变换得到世界坐标 $x_0 + O = x_0$。

（2）p_1 的关节坐标为 O，p_1 相对于 p_0 由 T_1 进行平移，由 R_1 进行旋转，那么其相对于父关节的关节坐标系下的坐标 R_1T_1O，这也是其在骨骼坐标系下的坐标，同理可得其世界坐标为 $x_0 + R_1T_1O$。

（3）p_2 则相对于 p_1 由 T_2 进行平移，由 R_2 进行旋转，则可得到其在骨骼坐标系下的坐标为 $R_1T_1R_2T_2O$。

根据上述过程可归纳出，关节的末端影响器的世界坐标系大致是到根节点的变换矩阵的连续乘积。假设将 x_0 视为由根节点通过平移变换 T_0 和 $R_o = I$ 的旋转变换得到的，那么末端影响器的世界坐标系则变为根节点的变换矩阵的连续乘积，即

$$x_i = R_{\text{root}}T_{\text{root}} \cdots R_{iT_i}O \tag{6.2}$$

也就是说关节坐标系到世界坐标系的变换为根节点到该关节的变换矩阵的乘积。这样一个求解世界坐标系的过程就是骨骼动画中的正向运动学，在大部分情况下，骨骼的长度和大小不变，那么通过指定的角度就可以获得最终的目标，这时候正向运动学就可以视为给定旋转角度求坐标。

逆向运动学是相对于正向运动学而言的技术，在正向运动学中可以通过公式计算末端影响器的坐标，而这是一个连续的、渐进的过程，在有些情况下通过这个渐进的过程获得坐标会很麻烦，例如用手抓取物体这个动作就比较复杂，正向运动学可能会失效。那么如果存在一个知道最终末端影响器的坐标，然后求解其相对于根节点变换的方法，问题就会相对简单，这样一个由坐标求得其到根节点的变换的过程就叫逆向运动学。逆向运动学中比较常用的算法是循环坐标下降法

（Cyclic Coordinate Descent，CCD），这是一种启发式的逆向运动学算法，也是目前动画与游戏中求解逆向运动学的标配算法。这里对在骨骼的长度和大小不变的条件下求解的过程进行介绍，因为如上文所说在知道旋转角度时就可以获得坐标，所以逆向运动学只需要求解旋转角度即可。此时的 CCD 算法就是每次选择某一个关节使其旋转某一个角度，让末端影响器距离目标位置更近，然后不断循环这个过程，使末端影响器到达指定的位置。这样一个过程也是优化的过程，也就是坐标下降法，每次只优化一个坐标，通过多次优化解决。

动画蒙皮是骨骼动画中一项重要的技术，蒙皮是指找到人物模型中骨骼与皮肤对应关系的一种算法，通常这个步骤会在标准姿势下进行。一种朴素的思想是，皮肤上的一个顶点可以找到一个与它距离最近的骨骼进行连接，也就是说一个皮肤顶点仅被一个骨骼控制。但是在关节处，由于难以确定顶点属于关节两侧的哪一个骨骼，所以很难实现单节点控制，那么在这些部分就会采用顶点混合（Vertex Blending）技术。其中较为常用的是线性混合算法，也就是线性混合蒙皮（Linear Blend Skinning，LBS）算法。

LBS 算法的核心思想在于对顶点的线性组合或混合，即给定一个节点 i，它在标准姿势（T-Pose）下的世界坐标为 v_i，假设这个节点被 m 个骨骼控制，那么可以对这 m 个骨骼分配不同的控制权重，这样就可以线性地分配每一块骨骼对该顶点的控制。也就是说，若第 j 个骨骼在时刻 t 的变换矩阵是 M_j^t，它对于顶点 i 的权重是 $w_{i,j}$，那么 t 时刻顶点 i 的世界坐标 v_i' 就可以由如公式（6.3）得到，其中 $\sum_j w_{i,j} = 1$。

$$v_i' = \sum_{j=1}^m w_{i,j} M_j^t v_i \tag{6.3}$$

LBS 算法由于其简便性与高效性被广泛应用，但是它也有一些缺陷，在不同场景和需求的条件下就需要采用其他的蒙皮算法。其他比较常用的算法主要是基于四元数的蒙皮算法，如直接四元数蒙皮（Direct Quaternion Blending Skinning）和对偶四元数蒙皮（Dual Quaternion Blending Skinning）等。

6.2.5 动画物理模拟与布料模拟算法

物理模拟算法就是利用物理学中的方程，在输入参数的情况下使用方程预测对象运动的过程。基于物理模拟，可以得到较为逼真的动画效果，在电影特效、游戏等领域中基于物理模拟的动画较为常用，目前一些游戏仿真引擎可以做到非常逼真的效果。

动画物理模拟算法主要包括粒子系统（Particle System）、布料模拟（Cloth Simulation）、流体模拟（Fluid Simulation）技术，其中布料模拟动画计算的发展一直紧密围绕动画的实际需求，并逐渐应用于电影电视、游戏娱乐以及动画产业等领域。在计算机动画中，布料模拟技术作为增强虚拟角色视觉逼真性的一种必要技术手段，能够驱动服装模型跟随角色的肢体运动产生逼真的动态效果。接下来将简单介绍粒子系统、流体模拟，并且着重介绍布料模拟。

1. 粒子系统

粒子系统是一种模拟大量小粒子运动和相互作用的技术，常用于模拟火焰、水流和烟雾等效果，通常通过公告板粒子（Billboard Particle）系统、网格粒子（Mesh Particle）系统、条带粒子（Ribbon Particle）系统这 3 种方式实现。

在粒子系统中，不管基于哪一种实现方式，所有的粒子都具备坐标、初速度大小、速度的方向、体积、颜色、生命周期、质量和粒子的纹理等基本属性，由于粒子的物理实际意义，它还具备随机量这一关键属性。了解了粒子系统中粒子的基本属性之后，再来看看粒子系统中另外一个比较重要的概念，即粒子发射器。粒子发射器是粒子系统中所有粒子的管理者和生成者，所有的粒子都由粒子发射器掌管。粒子发射器的主要功能是规定粒子产生的规则、粒子模拟的逻辑，以及描述如何渲染粒子，它是粒子系统中最为重要的一部分。除粒子与粒子发射器外，作用于粒子上的力场也是粒子中的重要部分。力场控制粒子的运动，常见的力场包括涡流力场、风力场与常力场等如图 6-9 所示。力场由物理公式进行定义，这些讨论超出本书的范围，在此不做介绍。

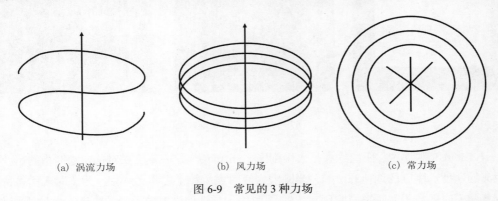

(a) 涡流力场　　　　　　　　　(b) 风力场　　　　　　　　　(c) 常力场

图 6-9　常见的 3 种力场

2. 流体模拟

流体模拟是一种模拟流体行为和流体流动的技术。流体模拟的实现比较复杂，对于不同规模的流体有不同的实现方式，甚至可能不同的材料都需要不同的模拟方法。一般来说，小规模流体如一杯水可以使用平滑粒子流体动力学（Smoothed Particle Hydrodynamics，SPH）等粒子法去模拟，在 3D 动画与游戏中典型的实时粒子法是基于位置的流体（Position Based Fluid，PBF）法，英伟达的 Flex 就是利用 PBF 算法在 GPU 上实现流体的模拟的。中等规模的流体如烟雾一般使用网格法进行模拟，通常通过欧拉视角求解纳维-斯托克斯方程（Navier-Stokes Equation，N-S 方程），因为网格法对时常充满空间的流体模拟比较有效。大规模的流体如水体的模拟一般通过波函数叠加等方式模拟一个场实现，例如目前电影界对于海洋表面的模拟通常是基于快速傅里叶变换方法实现的。

3. 布料模拟

布料模拟是一种模拟布料材质运动和变形的技术，常用于模拟服装和软体物体的动态效果。布料模拟方法本质上是构建布料动画模型，描述布料在内外力作用下的状态变化，是动画布料模拟中最基本也最关键的核心问题。布料系统的模拟较为复杂，下面对布料模拟中经典的 NvCloth 布料库进行简要的介绍。在 NvCloth 布料库中，布料结构（Cloth Fabric）主要由粒子与粒子间的距离进行刻画，这两者缺一不可。

图 6-10（a）中的白色部分为布料，那么可以采用图 6-10（b）所示的网格对布料进行表示。NvCloth 中的布料结构大致如图 6-10（c）所示，图中的白色点表示粒子，白色点之间的距离就是粒子间的距离。NvCloth 中规定粒子间的距离用于粒子在运动时进行布料结构的保持。

粒子间的距离也被称为距离约束，NvCloth 中主要存在相邻粒子间距离约束、间隔相邻粒子间距离约束和非相邻粒子间距离约束这 3 种距离约束。其中相邻粒子就是每一个白点与其邻居的距离，可进一步划分为经线方向、纬线方向和斜向距离。间隔相邻粒子间距离约束是某一个点到其邻居的距离。而非相邻粒子间距离约束则是约束粒子到距离最近的一个固定点的粒子的直接距离。

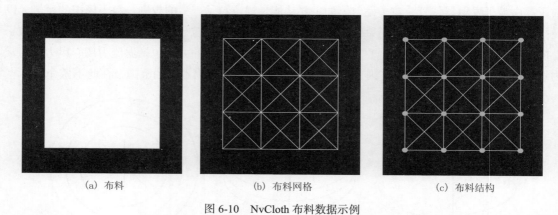

(a) 布料　　　　　　　　(b) 布料网格　　　　　　　(c) 布料结构

图 6-10　NvCloth 布料数据示例

在 NvCloth 布料库中，距离约束是采用刚度（Stiffness）这一定义实现的，刚度指的是粒子间恢复距离的速度。刚度的取值在[0,1]，当刚度为 0 时表示粒子之间无约束，为 1 时表示每次迭代立刻恢复建模时的粒子间距离，刚度在（0,1）时表示弹性地恢复粒子间的距离。通过这些内容，便可初步进行布料的模拟了，因为这些技术可以让布料具备基本的形态。但让其动起来则需要进行牛顿运动定律的模拟，因为布料的运动是符合牛顿运动定律的。在布料模拟中主要通过 Verlet 积分法实现对牛顿运动定律的模拟，这也是模拟粒子运动的常用方法。

6.2.6　群体动画算法与 Flock-and-Boid 模型

蜂群的采蜜、鸟群的迁徙以及鱼群的觅食等奇妙群体行为的存在，使得利用计算机对这些现象进行模拟，成为虚拟现实技术中一个具有较好发展前景的领域。群体动画是用虚拟的方式对现实群体行为进行研究的一种技术。现实中的群体行为看起来较为复杂，但是仔细观察会发现其存在着一定的规律性。因此，在对群体行为进行模拟研究时需要遵循一定的原则。

（1）群体中的每个个体要有专属于自己的安全空间，要防止其他个体侵入，从而避免发生碰撞。

（2）群体中的个体除了有自己独特的运动表现形式外，还要与整体的运动方向保持一定的协调性。

（3）整个群体可以划分为许多小群体，每个小群体在运动过程中都会尝试与附近的群体融为一体。

简单来说，群体动画就是具有共同属性或特点的个体所组成的群体的行为表现，也是对群体中个体与个体之间以及个体与环境之间互动关系的一种诠释。克雷格·雷诺兹（Craig Reynolds）系统性地提出了群体动画技术，并成功地模拟了这种方式的运动。群体动画技术目前可以生成更加壮观、自然的场景，从而有效地提升了大场面的视觉震撼效果。典型的应用有电影《狮子王》《星球大战前传》等影视作品，如图 6-11 所示。

群体动画自提出以来，大致经历了 5 个层面的模型发展，依次为几何建模、运动建模、物理建模、行为建模和认知建模。国内外各界学者也从不同方面对群体动画进行了研究。下面着重介绍在群体动画中具有里程碑意义的 Flock-and-Boid 模型，它是专门针对动物群体行为的动画模型。

图 6-11　影视制作中的群体动画案例

事实上，前面介绍的动画物理模拟算法中，包含大量粒子运动的粒子系统可以被用来描述群体动画中的群组运动。然而，由于粒子的基本形状过于简单，导致其只能模拟简单的群体行为。一种直接的改进思路就是把粒子系统设计得更加复杂，因此，克雷格·雷诺兹于 1987 年提出了 Flock-and-Boid 模型，其专门针对动物群体行为进行动画建模，通过对形状、行为等更准确地建模，实现符合群体行为的动画效果。

Flock 是具有整体对齐、非碰撞、聚集运动的一组物体，而 Boid 则指模拟类似于鸟、鱼等的物体。Flock 可以看作不同 Boid 的个体行为之间相互作用后的整体结果。这样，就可以在模拟个体简单行为的基础上，通过个体之间的互动来呈现群体行为。因此，每个 Boid 个体对应单个粒子，而 Flock 则是整个粒子系统。

具体来说，Boids 是由克雷格·雷诺兹于 1986 年开发的人工生命项目，模拟鸟类的群聚行为。与大多数人工生命模拟一样，Boid 是涌现行为的一个例子，其复杂性源于各个智能体，遵循一系列简单规则的交互。交互通过对 Boid 个体引入局部感知来实现（如图 6-12 所示），最简单的 Boid 世界中的基础规则如下。

（1）避免碰撞：移开以免距离太近。

（2）模仿：以附近其他单元的方向飞行，飞行速度上要尽量匹配邻近的其他个体。

（3）群体合群：位置朝向群体中心，最大限度地减少对外部的暴露。

(a) 避免碰撞　　　(b) 速度匹配　　　(c) 群体合群

图 6-12　Boid 个体的局部感知

Flock 是大量自驱动智能体的集体运动，类似许多生物如鸟类、鱼类、细菌和昆虫的集体动物行为。它是由个体遵循的简单规则引起的涌现行为，不涉及任何中心式的调控。根据个体的运动行为，所有 Boid 的集合就构成了 Flock，并形成整体的群体行为模型。这个过程也称为合群，遵循以下合群原则：Boid 局部感知的群体中心是相邻个体子集的中心；越靠近群体边缘的 Boid 个体，受局部感知的影响越大；群体允许分裂和合并。对于 Flock 整体的行为，通常通过设置整体的飞行目标、方向、路径变化等方式进行控制。在此基础上，Boid 也会做出相应的变化，以满足 Flock 的群体行为。

6.3 现代人工智能动画信息计算算法：GANimation 动画生成

6.2 节针对经典的计算机动画技术以及相关算法进行了介绍,本节将主要针对借助人工智能技术生成动画的算法进行介绍。

动画生成算法指的是借助人工智能算法根据用户的输入直接生成动画的一种方式，基于该类算法的动画生成应用有 Adobe 公司的 Adobe Express、基于 GPT-4 的 Animation Creation 插件等。本节我们将详细介绍 2023 年由艾尔伯特·Albert Pumarola 等人创建的 GANimation 算法，其利用生成对抗网络来实现对动画人物动作的迁移。简单来说，GANimation 算法能够将一个视频中某个人物的动作或表情移植到另一个视频中的同一个人物上，创造出令人惊叹的人工智能动画效果。GANimation 算法的核心是将条件随机场（Conditional Random Field，CRFs）与变分自编码器（Variational Autoencoder，VAEs）相结合，精确地控制目标对象的运动。

GANimation 算法采用的是 Pix2PixHD 框架（如图 6-13 所示），这是一个用于处理高分辨率图像的条件 GAN 模型，如图 6-13 所示。通过训练模型，输入一个源动作序列和一个目标人物帧，模型可以学习如何在保持身份特征的同时，将源动作应用到目标人物上，整个过程主要分为以下 3 步。

（1）动作提取：使用预训练的模型从源视频中提取出关键动作特征。

（2）语义映射：通过 CRF 和 VAE 生成目标人物的语义掩码，有助于准确地定位和保留人物的身份信息。

（3）动画生成：利用 Pix2PixHD 生成器，结合源动作特征和目标人物的语义掩码创造出新帧，实现动作的迁移。

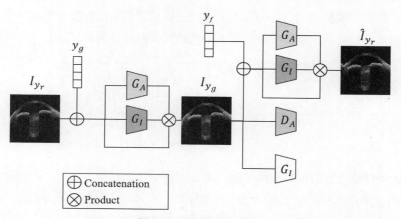

图 6-13　Pix2PixHD 框架

GANimation 可以快速制作角色动作，从而减少传统动画的制作时间和成本，且制作精度高，可以细致地转移动作，同时保持人物身份的一致性。

6.4　人工智能动画信息计算应用：教育应用

前面已经对动画中相关的算法进行了阐述，本节将利用基于可汗学院的宇宙演化系列动画视频这一经典教学案例来介绍人工智能动画信息计算在教育中的应用。

计算机动画可以创建教学情境，激发学生兴趣，如在地理教学中，利用计算机三维动画模拟地势、地貌，让学生身临其境，引导学生独立思考。计算机动画运用在教学上可以弥补传统教材只有文字图像等静态信息，而缺乏生动性、灵活性的不足。同时，计算机动画可以演绎抽象过程，简化教学难题。一个经典案例是可汗学院的"宇宙演化"系列视频，通过动画的形式展示了宇宙从大爆炸到现在的演化过程，学生可以看到宇宙中星系、恒星和行星的形成和演化，直观理解宇宙的复杂性和科学原理。

这些动画视频不仅使抽象和复杂的概念变得直观和易懂，还提高了学生的学习兴趣和主动性。如图 6-14 所示，该星空画面是"宇宙演化"动画中的群星夜空画面，它是利用粒子系统生成的，粒子系统通过大量的小粒子模拟群星，这些粒子具有位置、速度、颜色、大小等属性，同时可以创建星空的闪烁和移动等动态效果。

图 6-14　"宇宙演化"动画

6.5　本章小结

动画是一种特殊的艺术，本章主要针对计算机动画中的相关技术进行了讨论。首先讨论了基于贝塞尔曲线的关键帧插值算法与 Catmull-Rom 样条。其次介绍了运动捕捉算法，其中包括经典的传统光学动作捕捉算法以及基于深度学习的 OpenPose 多人人体关键点检测算法。在路径规划算法中详细介绍了 Dijkstra 算法过程并简单介绍了 A*算法及改进双向 A*算法。接着介绍了骨骼动画技术与其中的正向动力学与逆向动力学，骨骼动画中具有里程碑意义的蒙皮技术。然后针对物理模拟系统进行了简单的介绍，主要是针对粒子、布料、流体这 3 种物理模拟进行了讨论。群体动画算法中，我们详细介绍了经典模型 Flock-and-Boid，让读者从个体动画到群体动画都有所了解。最后以 GANImation 算法为例介绍了基于人工智能技术的动画生成算法，并介绍了计算机动画在教育教学中的经典应用。

习题

（1）请根据所学内容归纳 NvCloth 中的关键组件。

（2）请简述动画生成技术可能的应用。

（3）骨骼动画中经常会出现标准姿态这个词，请简要介绍标准姿态。

（4）在物理模拟系统中，粒子系统是很重要的一个系统，请描述粒子系统中粒子的属性。

（5）在 NvCloth 中，通过粒子间约束就可以实现布料的初步模拟，请简要解释其原理。

第7章
人工智能多媒体图形信息计算

从虚拟现实到电影特效，从工程设计到医学影像处理，计算机图形学的应用无处不在，影响着我们日常生活和工作中的方方面面。在图形信息的世界里，数字化的二维图像或三维空间被赋予了生命，通过数学、物理和计算机科学的交叉融合，我们能够创造出逼真的虚拟世界，让人们能够沉浸其中、与之交互，并从中获得无限的乐趣。从最简单的几何图形到复杂的动态场景，计算机图形学的应用范围不断扩大，为我们带来了前所未有的视觉体验和技术突破。

本章将深入探讨人工智能图形信息计算的相关知识和算法。首先对人工智能图形信息计算的基本概念进行简要介绍，随后细致解读该领域的 7 个发展里程碑：从早期 Skatchpad 的诞生到图形用户界面（Graphical User Interface，GUI）的出现，从虚拟现实技术的发展历程、图形处理器（Graphics Processing Unit，GPU）的发明到增强现实技术的产品应用 Google Glass，再从近两年火热的神经辐射场（Neural Radiance Fields，NeRF）图形表达方式到 3D-GS（Guassian Splatting）图形渲染。本章期望为读者勾勒出图形信息技术的演进轨迹，并对未来图形信息发展的可能走向进行展望。

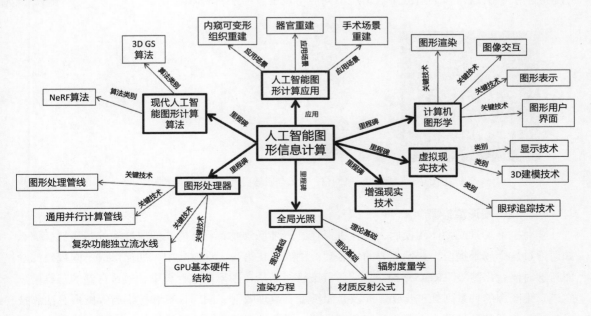

7.1 人工智能图形信息计算基础及发展里程碑

人工智能图形信息计算作为人工智能多媒体信息计算的重要技术之一，自 20 世纪 60 年代以来取得了巨大突破。本节我们将介绍图形信息智能计算的基础知识，以及其发展过程中的 7 个里程碑式技术。

7.1.1 人工智能图形信息计算基础

说到图形信息，无法绕开的话题就是计算机图形学。那么什么是计算机图形学？简单来说，计算机图形学（Computer Graphics，CG）是一门研究如何使用计算机生成、处理和呈现图像的学科，可理解为数字图像处理和计算机视觉的逆过程。数字图像处理和计算机视觉是对已有的图像进行处理或理解，如图像压缩、图像复原和图像识别等，而计算机图形学则包含了从图形表示到渲染出图像的过程。

7.1.1.1 图形表示

图形表示（Representation）是人工智能图形信息计算中重要的一部分。我们通过对场景和物体的几何和外观属性进行定义并将这些属性存储在计算机内，就可以表示该场景或物体。常用的几何属性定义也可称为几何表达方式（Geometry Representation），其可分为面表达方式（如点云、曲面元、网格和符号距离函数）和体表达方式（如颗粒、3D 高斯、占有场和密度场）。

如图 7-1 所示，一只眼球可以通过几何属性定义为有序的三维点云的集合。外观属性通常由光照和材质决定：光照决定了物体表面的明暗和反射特性，常用的光照模型包括环境光、漫反射、镜面反射、阴影等；材质描述了物体表面的颜色、纹理、光泽效果等。将场景和物体经过图形表示建模后，我们就可以通过渲染输出从不同视角观察该场景和物体的图像。

图 7-1 眼球的三维网格、点云与眼球后极部视网膜点云图

7.1.1.2 图形渲染概念

在对三维场景或物体建模后，计算机保存了三维场景或者物体的几何属性和外观属性。那么如何通过这个场景提取出我们想要的信息呢？例如，在第一人称游戏中，如何形成不同视角的画面？这时候就需渲染（Rendering）管线。渲染管线是指在图形信息计算中，通过存储的三维信息生成二维图像的一系列处理步骤，涉及光照模型、纹理映射、阴影计算和抗锯齿等图形算法和技术，通常包括几何处理、光栅化、着色、光照、投影及合成等。渲染管线能够显示高度逼真的图

形，从而呈现出逼真的视觉效果。

7.1.1.3　图像交互

图像交互（Interaction）是指用户通过各种输入设备（如鼠标、触摸屏、控制器）与数字图像进行实时互动的技术和方法。这种交互不仅包括基本的操作，如缩放、旋转、平移等，还涵盖复杂的编辑和分析功能，如标注、分割和测量等。在医疗应用中，医生利用交互式成像工具对 X 光、磁共振成像（Magnetic Resonance Imaging，MRI）、计算机断层扫描（Computed Tomography，CT）或光学相干断层扫描（Optical Coherence Tomography，OCT）等扫描图像进行详细的分析，如标记病变区域、测量组织的大小和形状，甚至进行三维重建，从而辅助诊断和制定治疗方案。

7.1.1.4　全局光照技术

在采用显式表达方式对场景进行表达后，渲染过程必不可少的一环便是光照。有了光照才能点亮场景，场景中的物体才会显现出颜色。20 世纪 70 年代提出的"纹理映射"技术让模型具备了现实的纹理，但渲染是光的艺术，真实的光照才能产生真实的画面。那时光线还没有单位，只能用一个模糊的强度度量，初始强度是 1，被物体反弹后会衰减，物体材质决定反射光线的具体衰减量。

材质模型是 20 世纪 70 年代图形学的瞩目成就，不同点处角度不一样，反射光强度也不一样，所以模拟就有了立体感。除了这种粗糙表面的漫反射，还有模拟金属的 Phong 材质以及后续的升级版 Blinn-Phong 材质。

但有了材质模型，光照效果的真实感仍然很差，想要模拟真实光照，必须模拟光在场景中传播时的物理行为，而光的强度和分布又由能量传输和守恒原理决定。于是科学家摒弃人为假设，转而利用 20 世纪 50 年代做工程热计算的学科——辐射度量学（Radiometry），由此图形学的光照才有了一个真实而准确的度量——渲染方程。该方程为 $L_O(x, w_o) = L_e(x, w_o) + \int_{H^2} f_r(x, w_i \to w_o)$ $L_i(x, w_i) \cos\theta_i \mathrm{d}w_i$，其中 L_O 是出射光辐射度，L_e 是自发光的辐射度，f_r 是双向反射分布函数，描述了入射光 w_i 到出射光 w_o 的反射特性，$\cos\theta_i$ 是入射光与表面法线的点积，决定了入射光的几何衰减。这个算法的原理是让光线打到物体后，将被照亮的位置当成光源再次照亮整个场景，本质上就是在光栅化基础上加了一次反弹的间接光。

如图 7-2 所示，目前主流的实时全局光照基本都是只提供了一次反弹的间接光，虽未真正逼近渲染方程，但一次反弹的全局光照也足够了。这一现象揭示了一个重要的事实——全局光照最终效果的贡献是随着光线反弹的次数依次递减的，这就为工程师实现无限次反弹逼近渲染方程提供了可能。基于此概念，专业游戏引擎虚幻 5 提供了一个可行的实现思路：分开求解直接光和间接光，从而实现实时全局光照。

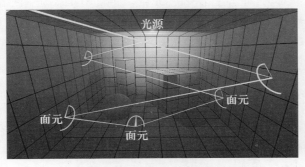

图 7-2　虚拟场景动态光照示意图

7.1.2　人工智能图形信息计算发展里程碑

人工智能图形信息处理技术的发展历程可以概括为 7 个重要里程碑，如图 7-3 所示。从早期图形用户界面的简单线条处理到如今高度复杂的图形渲染，这些硬件和技术的不断创新和发展使计算机图形学的应用范围不断扩大，为我们带来了前所未有的视觉体验和技术突破。

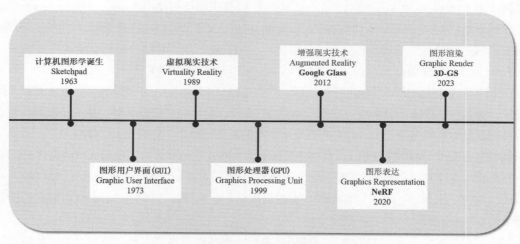

图 7-3　人工智能图形信息处理技术发展里程碑

图形学的早期发展与计算机科学密切相关，它的独特之处在于对可视化技术的探索和创新。伊万·萨瑟兰（Ivan Sutherland）在 1963 年开发的 Sketchpad 系统作为第一个交互式计算机图形系统，标志着计算机图形学的诞生。

随后，在命令行界面被广泛使用的年代，图形用户界面（Graphic User Interface，GUI）的提出为人机交互提供了全新的视角。杰伦·拉尼尔（Jaron Lanier）和汤玛斯·齐默曼（Thomas Zimmerman）在 1989 年提出了"虚拟现实"（Virtual Reality，VR）这一概念，并创办了第一家专门从事虚拟现实技术研究和开发的公司——VPL（VPL Research）研究实验室。该公司开发了各种如头戴式显示器、数据手套等虚拟现实设备，实现了用户与感知系统交互的功能。

早期图形处理的局限性在于传统的中央处理器（Central Processing Unit，CPU）的算力，它在处理图形和复杂视觉效果时面临着显著的性能瓶颈。1999 年英伟达（NVIDIA）推出了 GeForce 256，标志着 GPU 时代的到来。GeForce 256 因其硬件加速的变换和光照（T&L）计算能力，及对复杂图形的纹理映射技术，被称为"世界上第一块 GPU"。Google Glass 是一款由谷歌开发的智能眼镜，于 2012 年首次公开发布，标志着增强现实（Augmented Reality，AR 技术在消费市场中的重要进展。它与传统的眼镜不同，不仅配备了显示屏和摄像头，还具有语音控制和手势识别等交互功能。如今，增强现实技术已经成为许多商品和服务的重要组成部分，它为消费者带来了全新的购物和体验方式。

在 2020 年，本·米尔登霍尔（Ben Mildenhall）等人提出基于神经辐射场的场景表示方法 NeRF。与以往的显式表达（如网格）不同，NeRF 将三维场景的信息保存在神经网络中，通过训练神经网络模型来预测场景中每个点的颜色和密度，从而实现对真实世界场景的高精度渲染。在 2023 年，伯恩哈德·凯博（Bernhard Kerbl）等人提出了一种实现辐射场的实时渲染的新方法 3D-GS。该方法使用三维的高斯分布表示三维场景，并通过配套的渲染方法（即 Splatting 技术）渲染出二维图像。该方法使用显式表达的方式，优化速度快、能迅速重建三维场景，并且在渲染速度提高的同时实现高质量的实时新视图合成。

7.2　人工智能图形信息计算基础及发展里程碑

7.2.1　计算机图形学的开端——Sketchpad 的发明

伊凡·萨瑟兰是计算机科学领域的一位重要人物，也是计算机图形学和交互式计算机界的先驱。他在 20 世纪 60 年代做出了一系列开创性的贡献，其中最著名的是他的博士论文 *Sketchpad*，该论文的封面如图 7-4 所示。Sketchpad 第一次允许用户使用图形方式进行交互式设计的工作，并被认为是计算机图形学领域的里程碑之作，为今天常见的计算机界面（比如鼠标、绘图工具等）奠定了基础。

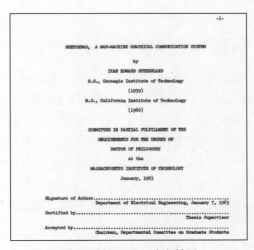

图 7-4　*Sketchpad* 论文封面

在 *Sketchpad* 中，伊凡·萨瑟兰首次提出了 GUI 的概念。与传统的文本输入方式相比，GUI 使用户能够更直观地与计算机进行沟通和操作。通过光笔等输入设备，用户可以在计算机屏幕上直接绘制图形，并即时观察到绘制的结果，这使用户能够以更自然的方式与计算机进行交互。

另一个重要的创新是 *Sketchpad* 引入了约束系统的概念。这个约束系统允许用户定义图形对象之间的关系和约束条件，比如两条直线平行、垂直等。当用户调整一个图形对象时，其他对象会根据约束条件自动调整，以保持它们之间的关系。这种约束系统使图形对象之间的关系更加灵活和智能化，为后来的 CAD 等应用奠定了基础。除此之外，*Sketchpad* 组织几何数据的巧妙方式开创了在计算中使用"对象"和"实例"的先河，与现代面向对象应用程序采用了相同概念。图 7-5 中展示了在 *Sketchpad* 中直线的元素的定义方式。

Sketchpad 标志着计算机图形学领域的重要突破，为后来图形用户界面、计算机辅助设计等领域的发展奠定了基础。它的影响不仅仅局限于学术界，对工业界和社会也产生了深远的影响，成

为计算机科学史上的经典之作。

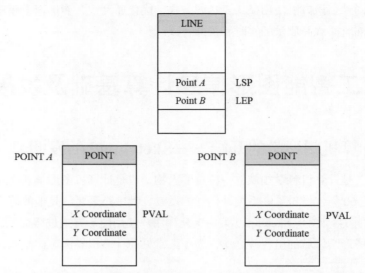

图 7-5　直线上有多个元素分量（如点 A 和点 B），而每个点又有其对应的 X，Y 坐标

7.2.2　图形用户界面

随着伊万·萨瑟兰提出 GUI 的概念，相关的研究就在计算机科学领域高速发展。GUI 使用图形和图标等可视化元素来执行操作，而不再像命令行界面那样依赖文本输入。相比于命令行界面，GUI 拥有更加生动的可视化图形元素，例如窗口、按钮和菜单等，能够提供更加直观、更容易理解的用户界面。通过单击、拖曳和输入的方式与图形界面中的元素进行交互。因为其操作过程的可视化，用户不需要记忆复杂的命令或者语法，极大地降低了学习成本，提供了良好的交互性。随着鼠标、触摸屏等输入设备的出现和普及，GUI 更加广泛地应用于桌面操作系统（如 Windows、macOS）和移动设备（如 Android、iOS）中。下面将详述 GUI 的发展历史，及其发展过程中涉及的相关硬件。

1968 年 12 月 9 日，道格拉斯·恩格尔巴特（Douglas Engelbart）博士于美国斯坦福大学发明了世界上第一个鼠标，其设计目的就是代替键盘的复杂指令，随后不久，他又开发了 OLS 系统，该系统包含鼠标驱动的光标和多个用于处理超文本的窗口。1973 年，施乐 PARC（Xerox Palo Alto Research Center）研发了第一台使用 Alto 操作系统的计算机，也是第一台带有鼠标的计算机。如图 7-6 所示，Alto 是第一个具备视窗、菜单、图标等所有现代 GUI 的基本元素的操作系统。1981 年，施乐公司延续 Alto 系统的概念，推出了 Star 操作系统，拥有了桌面软件和多语言系统。

1983 年，苹果公司发布 Lisa 操作系统，相比于 Star 操作系统更加完备，增加了菜单、桌面拖曳功能，并且实现了较为完备的复制粘贴功能。1984 年苹果公司继续发布了 Macintosh 操作系统，这是第一款成功面向大众市场的个人计算机，如图 7-7 所示。Macintosh 操作系统后续在教育和出版领域被广泛应用。1985 年，康懋达国际（Commodore International）发布 Amiga 操作系统，其支持彩色图像、立体声、多任务运行等功能，是一台适合多媒体应用和游戏的计算机。同年，微软公司发布 Windows 1.0，在个人计算机的市场中初次尝试使用 GUI。1987 年，苹果公司发布了 Apple Macintosh II，这是第一代彩色 Macintosh 操作系统，拥有 24 位可用颜色样本。同年，微软发布了 Windows 2.0 版本，允许使用超过 640KB 的内存，在窗口管理上有了显著的提高，可以自由重叠窗口，在屏幕上自由地缩放和移动窗口，甚至最大化或最小化。

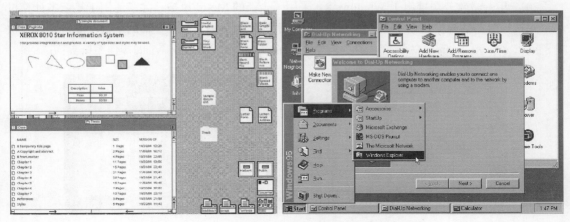

图 7-6　Alto 和 Star 操作系统的图形用户界面

1988 年，苹果公司的联合创始人史蒂夫·乔布斯（Steve Jobs）发布 NeXT 计算机。NeXT 计算机是工业设计领域的一个重大突破，其主要由未来主义的 black cube 和高分辨率的显示器、GUI 和 NeXTStep 操作系统组成。

1990 年，微软发布了 Windows 3.0，命令按钮和窗口控制条有3D 效果，操作系统本身支持标准模式，使用了超过 640KB 的内存和 386 增强模式的硬盘，从而增强了分辨率，使图形显示效果更好。

1992 年，微软发布了 Windows 3.1，这一版的 Windows 预装了TrueType 字体，成为可以用于印刷的操作系统；该版本同时包括一

图 7-7　Macintosh 个人计算机

个含有红色、黄色和黑色的色彩方案，主要是为了帮助患有一定程度色盲的用户更容易看清楚屏幕上的字体和图形。

1995 年，微软发布了 Windows 95，该系统首次在每个窗口上都添加了小的关闭按钮。设计团队对 GUI 进行了重新设计，且为图标和图形设计了各种状态（启用、禁用、选定、停止等），著名的"开始"按钮也首次出现。这对于微软操作系统本身和统一的 GUI 而言，都是一个巨大的进步。

1996 年，苹果公司并购了 NeXT，一年后，macOS 8 应运而生，它允许用户设置背景图片，而不仅仅是单一的黑白样式，用户甚至可以从本地的文件夹中选择图片来进行设置。

1998 年，微软发布了 Windows 98，IE 浏览器代替了 Windows Shell，桌面右边放置了广告，界面允许使用超过 256 色来渲染，Windows 资源管理器几乎完全改变，同时"活动桌面"也首次出现。

2001 年，微软发布了拥有全新用户界面的 Windows XP，该界面支持更换皮肤，用户可以改变整个界面的外观和感觉，支持数百万种颜色。

2007 年，微软发布 Windows Vista，其用桌面小工具取代了活动桌面。同年，苹果公司发布

了第 6 代 macOS X 操作系统 macOS X Leopard，再一次改进了用户界面。

2009 年，Windows 7 一经发布便迅速占领办公计算机的市场，其最大特点是可以高效快捷地查找和管理文件。

2012 年，微软公司推出了 Windows 8，采用了全新的 Metro 风格，除了适用于笔记本计算机和台式机平台的传统窗口系统显示方式外，还特别强化了适用于触控屏幕的平板计算机设计，吹响了反击 iOS 和 Android 的号角。图 7-8 展示了 macOS 8 和 Windows Vista 操作系统界面。

图 7-8　macOS 8 和 Windows Vista 操作系统界面

2012 年，随着 OS X 10.8 Mountain Lion 的发布，该系统的名称正式从 macOS X 缩短为 OS X。Apple 的新用户界面设计采用深色饱和度、纯文本按钮和最小的"扁平"界面。

2015 年，微软发布 Windows 10，其在易用性和安全性方面有了极大的提升，除了针对云服务、智能移动设备、自然人机交互等新技术进行融合外，还对固态硬盘、生物识别、高分辨率屏幕等硬件进行了优化完善与支持。

2016 年，苹果发布 macOS 10.12 Sierra，添加了 Siri、iCloud Drive、画中画支持、夜间切换模式。

2020 年，苹果发布 macOS 11 Big Sur，这是 Mac 操作系统的第 17 个主要版本，引入了更加现代和简洁的 GUI。

2021 年，微软发布 Windows 11，其提供了许多创新功能，增加了新版开始菜单和输入逻辑等，支持与时代相符的混合工作环境，侧重于在灵活多变的体验中提高最终用户的工作效率。

2023 年，苹果公司正式发布 macOS Sonoma，其主要改进了桌面小部件的交互性以及窗口管理功能。

从上述发展过程不难看出，GUI 的设计原则在发展过程中变得逐渐清晰和明确，即确保界面具有良好的用户体验，易于理解和操作。所以 GUI 设计应该尽可能遵循以下原则。

（1）一致性：界面元素的外观和行为应保持一致性，以降低用户的学习成本，引导用户养成使用习惯。

（2）功能性：首先考虑功能，然后才是表示。

（3）可视化反馈：用户的操作应立即产生可见的反馈，例如按下按钮后出现动画效果或状态变化，以增强用户的操作感知。

（4）简洁性：界面应简洁明了，只展示必要的信息和功能，不要向用户暴露实现细节，减少用户的认知负担。

（5）可预测性：用户应能够准确预测界面元素的行为和反应，例如熟悉的图标或符号应有明确的含义。

（6）直观性：界面应易于理解和操作，保持显示惯性，传递信息而不仅仅是数据。

7.2.3　虚拟现实技术

随着 GUI 的日趋成熟，人们的想象力不再局限于屏幕上的显示效果。虚拟现实（Virtual Reality，VR）的概念应运而生，这是一种基于可算信息的沉浸式交互环境，是一种新的人机交互接口，通俗来讲就是计算机生成一个逼真的各种感官一体化的虚拟环境。它诞生于 20 世纪 60 年代，是多媒体技术和三维技术的综合运用。VR 技术广泛应用于医学、军事、设计、考古、艺术、娱乐等领域，随着个人计算机的发展和流行，VR 技术得到越来越多的关注和应用。

VR 技术最早可以追溯到立体视觉的诞生。1838 年，英国物理学家查尔斯·惠斯通（Charles Wheatstone）阐述了立体视觉的概念。人在观察物体时两只眼睛看到的图像并不是完全一致的，而是有绝大部分的视觉重叠，大脑通过综合两个视觉信号而产生具有深度信息、立体感的图像。1849 年，大卫·布鲁斯特（David Brewster）在此基础上发明了透镜式立体镜，缩小了立体镜的尺寸，创造了手持设备。1929 年，爱德华·林克（Edward Link）设计出了用于训练飞行员的模拟器，这是第一个商业化的飞行模拟器，能够为飞行员提供驾驶飞机的真实感受，VR 的概念开始萌芽。

VR 技术的发展历程可以分为以下 3 个阶段。

（1）第一阶段（1950—1980）是 VR 技术的萌芽阶段。1960 年，摩登·海里戈（Merton Heilig）发明了第一款头戴式显示器 Telesphere Mask，它具有立体视觉图像和立体音效。1962 年，摩登·海里戈创造出第一台沉浸式虚拟现实设备 Sensorama，这是一个类似现在 4D 影院的设备，结合了视觉、听觉、触觉，能产生振动和风吹的感觉，模拟了一次穿越纽约的摩托车骑行，让用户体验虚拟场景，如图 7-9 所示。

图 7-9　第一台沉浸式虚拟现实设备 Sensorama

1965 年，计算机图形学之父伊凡·萨瑟兰发表了 *The Ultimate Display*，首次提出了 VR 的概念，并提及具有交互的图形显示、力反馈设备以及声音提示的 VR 系统，开启了人们对 VR 技术的研究和探索。1968 年，伊万·萨瑟兰成功研发了带有头部追踪器的三维头戴显示器。在这个系统中，用户可以通过头部的运动从不同的视角观察三维场景的线框图，这也是第一个使用计算机图形驱动的 VR 显示设备，为后续的头戴式可视设备（Head Mount Display，HMD）的发展奠定了基础。1977 年，丹尼尔·桑丁（Daniel Sundin）设计了第一只数据手套 Sayre Glove，该设备使用了有柔性管的光传感器，提供手指弯曲的测量值，用于操纵滑块。

（2）第二阶段（1980—1990）VR 的基本概念形成。20 世纪 80 年代，杰伦·拉尼尔（Jaron Lanier）正式提出虚拟现实一词，并通过他的公司 VPL Research 进行推广。此外，VPL Researc 还开发了第一个被广泛使用的头戴式可视设备 EyePhone。20 世纪 80 年代中期，美国国家航空航天局（National Aeronautics and Space Administration，NASA）Ames 研究中心研发了一个虚拟环境工作站（Virtual Environment Workstation），原型由摩托车头盔、Watchman 液晶显示器、广角立体光学系统和 Polhemus 磁头位置跟踪器建造，并且集成了一个用于虚拟现实的数据手套，可以实现在虚拟世界抓取物体。20 世纪 80 年代中期，Silicon Graphics 股份有限公司提供了小型、廉价的液晶电视和更强大的计算机图形机，这使得创建一个功能更强大的 VR 系统成为可能。

（3）第三阶段（1990 年至今）是 VR 技术全面发展的阶段。1991 年，Virtuality Group 推出了第一台 VR 游戏机 Virtuality。这台机器可以支持网络和多人游戏，配备了一系列硬件设备，如 VR 眼镜、图形渲染系统、3D 追踪器和类似外骨骼的可穿戴设备。1995 年，任天堂公司生产了第一款家用 VR 游戏设备 Virtual Boy。2015 年，Oculus VR 与三星电子合作开发了一款 VR 眼镜 Gear VR，使用三星手机作为虚拟设备的显示器，进一步推广了 VR 设备。2016 年，Oculus VR 继续推出 Oculus Rift，这是第一个面向消费者的 VR 头套。Rift 的分辨率为每眼 1080 像素 × 1200 像素，更新率为 90Hz，且具有宽广的视野。同年，索尼公司发布 PlayStation VR（PSVR），这是索尼专门为 PlayStation 4 游戏主机制作的设备。显示屏幕的刷新率最高达到 120 帧/秒，拥有 100° 的视野。此后，不断有企业进入 VR 领域，VR 应用拓宽至教育、娱乐、体育、医疗和社交等众多领域。并且随着增强现实（Augmented Reality，AR）技术的发展，越来越多的混合现实（Mixed Reality，MR）设备进入大众视野，例如 2016 年微软公司推出的 Hololens、2023 年苹果公司推出的 Apple Vision Pro 等。

VR 技术涉及多个关键领域和技术，包括头戴显示设备、主机系统、感知追踪系统和手柄控制器等硬件设备，以及对应的 4 个关键技术：显示技术、3D 建模技术、追踪技术和交互技术。

1. 显示技术

显示技术直接影响用户对虚拟环境的感知和沉浸程度。过去的立体显示技术，用户通过佩戴立体眼镜来观看立体影像，目前 VR 显示设备正从非裸眼式向近眼显示技术转变，且随着硅基有机发光二级管（OLEDoS）、微发光二极管（MicroLED）、光场显示等微显示技术的发展，近眼显示技术朝着高分辨率、低时延、低功耗、广视角、高刷新率、小型化等趋势发展。全息显示技术则代表了下一代显示技术的发展方向，其分辨率超过了人眼的分辨率，图像漂浮在空中并且具有较广的色域。全息显示技术通过计算机的运算来获得一个计算机图形的干涉图样，替代传统全息图物体光波记录的干涉过程，生成逼真的立体图像。本书提及的 Microsoft HoloLens 和 Apple Vision Pro 都是用到了全息显示技术。全息显示技术前景广阔，可能会在多个领域产生重大影响，期待它应用到越来越多的设备中去。

2. 3D 建模技术

3D 建模技术是虚拟环境创作的基础，直接影响虚拟世界的逼真度和质量。VR 场景可以分为模拟真实世界的场景、超脱现实的艺术创作场景和真实但肉眼不可见场景。根据不同 VR 场景的应用需求，大量的 3D 建模技术被研发，可大致分为多边形建模、体素建模和曲面建模这三类：多边形建模是常用的建模方法，通过组合多边形网格创建复杂的 3D 模型，适用于游戏制作和动画制作；体素建模则将物体分解为体素进行建模，适用于医学可视化和科学研究；曲面建模通过数学曲线和曲面创建几何体，常用于工程设计和电影特效。

3. 追踪技术

追踪技术是保证用户在虚拟环境中自由移动和交互的关键，目前可大致分为惯性追踪、光学追踪和电磁追踪。惯性追踪利用陀螺仪和加速度计等传感器实时测量用户的头部姿态和位置；光学追踪通过摄像头和红外光标记实现高精度追踪，但需要在使用区域内布置多个传感器；电磁追踪则利用电磁感应原理实现精准的用户追踪，但因为设备体积较大，很少在个人 VR 设备上使用，更多使用在医疗、军事等专业领域。

4. 交互技术

交互技术能够让用户通过眼睛、面部、手势和语音等方式直接与计算机提供的虚拟空间进行交互。目前主流的交互技术有手势识别技术、眼球追踪技术和语音识别技术。其中，手势识别技术主要有基于数据手套的识别系统和基于计算机视觉的识别系统，前者需要使用数据手套和定位器来收集用户手部的空间信息和时序信息进行手势识别，后者只需要摄像机来采集手势信息，通过计算机视觉技术完成手势控制。眼球追踪技术可以跟踪用户的视线，通过眼控仪收集眼角膜和瞳孔反射的红外线，分析出视线的注视点，实现凝视交互和目光焦点控制。语音识别技术是目前最为普及的智能交互技术，它可以将人说话的语音信号转换为可被计算机程序所识别的文字信息，从而完成语音指令。

VR 技术目前已经广泛应用到各行各业，未来也会与网络技术、多媒体技术有更深度的融合，创新性地革新一些行业，具有广阔的发展前景。

7.2.4 图形处理器

前面介绍了关于图形学的概念及其发展应用，本小节将介绍图形学发展中的关键硬件——图形处理器（GPU）。自 20 多年前 GPU 正式面世以来，它已经从专业领域的神秘技术发展到现在为人熟知的关键技术。从游戏、电影制作、人工智能到数字货币挖掘，GPU 的应用几乎遍布各个角落。本小节将回顾图形处理器的设计初衷——首先介绍图形处理管线逻辑，然后介绍相应流水线需求下的硬件结构。

7.2.4.1 GPU 图形处理管线及其发展

在了解 GPU 之前，需要先了解显示器是如何显示画面的，因为 GPU 的设计初衷就是辅助加速图形的显示。如图 7-10 所示，显示器的基本单元叫作像素，每个像素都包含红、绿、蓝 3 个分量，它们可组合成各种各样的颜色。每个分量通常可以用一个 8 位二进制数值表示，相对应的取值范围就是 0~255，数字越大亮度越高。用这样的方式，3 个分量组合之后一共可以表示 16, 777, 216 种颜色。随着内容和显示技术的发展，这几年也出现了每个分量用 10 位、12 位、16 位等更多位数来表示的设备，更多位数可以表达更多的细节或者更大的色彩范围，但实际原理并没有什么区别。为简单起见，本小节就全部以 8 位的情况为例进行讲解。

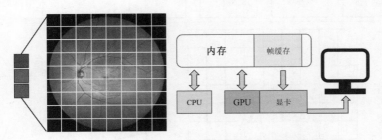

图 7-10　显示器的显示原理及 GPU 在图形显示中的功能

一台计算机如果要把内容输出到显示器要经过哪些步骤呢？首先要经过的就是帧缓存，这是内存上的一块区域，其存储的内容和显示器上显示的每个像素是一一对应的，8 位是一个字节，帧缓存中的每个字节表示像素的一个颜色分量。RGB 这 3 个颜色分量需要 3 个字节表示，加上一个字节表示透明度，因此帧缓存中每 4 个字节（=32 位）表示一个像素，尽管输出到显示器的时候，透明度大多会被忽略。

图像信息存入帧缓存之后，就需要显卡将缓存的内容输出到显示器上。不同于图形处理器，最基本的显卡并没有计算能力，只是图像的搬运工。那为什么要给显卡加上计算能力呢？请想象以下需求：将显示图像亮度翻倍，也就是将每个 RGB 分量都乘 2。如果在 CPU 上实现，需要把每个数字在写入帧缓存之前先乘 2，这样必然要占用大量计算资源。更好的解决方案是在显卡中加入一个简单处理器，能在大量数据上执行同样的操作。比如，把每个像素的分量都乘 2。虽然有大量像素要处理，但将操作的算法固定，就只需要修改参数即可实现目的。更进一步，如果操作需要更多灵活性，就可以挂上一个程序让流水线单元计算，这样的程序叫作着色器。当处理对象是像素时，着色器称为像素着色器，而这种可以绑上着色器的单元叫作可编程流水线单元。

像素着色器的输入是一个像素的坐标，它根据坐标从图像上访问颜色，执行操作后返回结果。显卡中有专门的硬件负责根据坐标值到图像纹理中采集数据并自动写入帧缓存，需要注意的是，像素着色器每次仅处理一个像素且单入单出。至此，一个最初级的针对图像的处理器已经初具雏形，它只能运行简单的像素着色器，逐个处理图像中的每个像素。

如果输入不再是简单的图像而是一个图形的几何网格该怎么办呢？这样的几何图形由一系列简单形状组成，比如点、线、三角形、四边形等，这些简单形状称为图元（Primitive）。为方便读者理解，本小节以三角形为例展开介绍。为了将图元三角形转化成屏幕可显示的像素，在到达像素着色器之前需要进行图 7-11 所示的光栅化（Rasterize）环节：给三角形覆盖的区域填充像素。这是个算法固定的操作，一般由硬件直接构成且不可编程以保证效率。这样的单元在 GPU 管线中被称为固定流水线单元。类似的单元还有 Output Merger，一般被放置在像素着色器之后用来判断深度，根据遮挡关系来决定显示哪个像素。

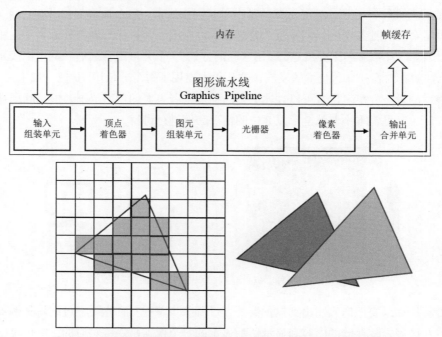

图 7-11　基本图形流水线、光栅化示意图以及三角图元间遮挡示意图

了解了图像、图形如何显示，接下来介绍几何结构是如何存储的。如图 7-12 所示，三维图形可以看作是由分布在空间里的点构成的，这些点称为顶点（Vertex），每个顶点包含位置坐标

(x, y, z)、法向量 (n_x, n_y, n_z) 以及颜色纹理 (c_x, c_y, c_z) 等信息。存放顶点的缓存（Buffer）叫顶点缓存。此外还有索引缓存，存储着顶点的整数索引，代表顶点间的连线，利用这两个缓存就可以表示出一个几何物体了。在开始光栅化之前还需要经过一个固定流水线单元——图元组装单元（Primitive Assembler），对顶点做进一步处理：首先把顶点组装成一个个三角形图元，然后把显示屏区域之外的区域裁剪掉并计算三条边的方程等，最后才能送入管线中的光栅化单元。

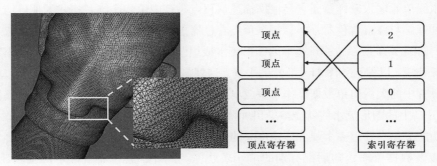

图 7-12　三维图形的顶点及边的概念

假如需要在不同位置从不同角度观察同一个几何体或者调整摄像机的焦距，物体在屏幕上的显示也会随之变化。此时由于几何本身的拓扑关系不变，索引缓存是一样的，但顶点缓存里的每个顶点都需要进行坐标变换，把空间中的一点从几何空间变化到屏幕空间。这里涉及 3 个坐标系的变化，需要进行图 7-13 所示的坐标变换，每个顶点的空间坐标在三个齐次坐标下的放射变换矩阵后，将被变换到对应的屏幕空间坐标。

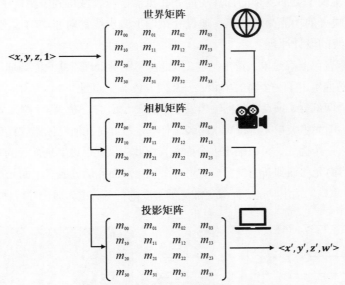

图 7-13　世界矩阵、相机矩阵和投影矩阵

其中，世界矩阵用来决定这个物体在空间中的位置、朝向、放缩等，经过这个矩阵，物体就会被摆到一个全局的世界里；相机矩阵用来决定摄像机的位置，经过这个矩阵，物体就会在以摄像机为原点的坐标系里，相机矩阵表示从摄像机能看到的一个空间；投影矩阵用来调整摄像机的参数，如视野宽窄、视域远近，经过这个矩阵，物体就会显示在屏幕空间中并带有近大远小的效果。

这一步被称为硬件变换和光照（Transform and Lighting，T&L），早期的 GPU 通常采用固定不变的算法来完成这一步，因此可以使用固定硬件和参数设置实现，如 1999 年发布的世界上第一块真正意义上的图像处理器——Geforce 256 就采用了这样的管线配置。但随着灵活性需求的增加，变换和光照单元很快就进化到可编程的顶点着色器阶段，其可以对每个顶点做单独变换。由于顶点信息可以根据需要使用不同格式来保存，因此需要调用者提供一个顶点格式的描述，将一个固定流水线单元输入采样器，它会根据描述从顶点缓存中组装出统一格式的顶点信息发送给顶点着色器处理。与像素着色器一样，每个顶点着色器也是单入单出地处理每一个顶点。

至此，如图 7-11 所示，一条基本的图形流水线组装完毕，可编程流水线单元和固定流水线单元二者取长补短，以保证效率和灵活性的平衡。这就是 21 世纪初主流 GPU 的构成，其将 CPU 从图形渲染过程中的大量简单数据操作中解放出来，利用 GPU 来高效地完成。调用者提供输入的信息，经过 GPU 上的图形流水线就能渲染出屏幕显示图像。无论是顶点着色器还是像素着色器，它们的程序功能只集中处理一个硬件传输出来的数据单元并返回处理后的结果，不需要考虑数据的内存读写以及数据传输，前后都有别的单元来处理。此外，着色器就像个回调函数（Callback Function），GPU 在大量数据上对每个单元调用回调函数进行并行处理。这也是 CPU 和 GPU 的第一个关键不同之处：CPU 擅长在小数据上做相对复杂的串形计算和逻辑控制；而 GPU 擅长在大量数据上做相对简单的变形计算，这个特点使它们有了分工和协作。

7.2.4.2　GP–GPU 通用并行计算管线

随着机器学习时代的到来，人们对算力的需求与日俱增。图形处理器在图形渲染时出色的并行计算能力开始引起研究人员的重视，以基本的图形流水线为基础，GPU 逐步扩充出了专用的通用计算管线，从而实现了更加复杂的计算功能并在机器学习领域得到了更广泛的应用。本小节将以基本图形流水线缺失的功能为切入点，通过介绍图形流水线针对非均匀输出的解决方案，来引出通用并行计算管线的设计原理。

由于顶点和像素着色器都是单入单出结构，因此基本图形处理管线只能处理顶点或像素，而无法处理图元。这一问题催生出了一个新的单元——几何着色器。如图 7-14 所示，几个可着色器将图元组装单元拆分成前后两部分，顶点着色器输出处理后的图元顶点，随后整个图元先被送入几何着色器进行处理，之后再由图元组装单元进行剩余组装工作。之所以将几何着色器放置在这儿，是由于其单入多出的结构，输入一个面元，可以输出多个面元，由此一来就可以实现面元的移动、切分和合并。例如，把整个三角形面元移动到新的位置或者将一个三角形面元切分成多个面元等。几何着色器的存在使 GPU 可以实现非均匀输出功能，完成更加灵活多变的任务，也为通用并行计算管线打下了基础。

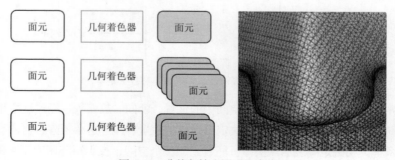

图 7-14　非均匀输出图元流水线

　　此外，几何着色器还有一个关键改进——可自定义。相较于顶点和像素着色器是管线中的固定单元，无法输出中间过程，如果不指定就无法串起整条流水线，几何着色器是用户可选的，如果不指定，顶点着色器就会直接输入数据给图元组装单元进行处理。此外，几何着色器输出的图元不但可以进入图元组装单元完成整条流水线的渲染，还可以把数据直接输出到内存，这个过程称为流输出。

　　几何着色器输出的图元也可以指定从顶点着色器直接获取输出，这就赋予了 GPU 从流水线中间直接导出数据的能力。如此一来，用户就可以将顶点缓存中的顶点单独存储到内存，以便反复多次使用以减少重复计算。几何着色器可以灵活地实现面元合并和细分功能。但它也有明显的缺点：为了保证灵活性，软件只能实现得非常保守，导致硬件性能很低。随着三角形细分在 CG 建模和图形处理领域的需求逐步增加，GPU 的流水线在顶点着色器之后加入了专门的镶嵌细分功能，其由以下 3 个部分组成。

　　（1）可编程外壳着色器：用来指定每个图元如何被细分。

　　（2）固定流水线镶嵌细分单元与固定算法：用来执行面元细分。

　　（3）域着色器：负责根据细分的参数计算细分后每个顶点的信息。

　　整个镶嵌细分单元也是可自定义的，可以选择作为整个流水线的其中一环，也可以用作独立输出。

　　随着图形处理管线的完善，GPU 强大的计算能力开始引发更多应用场景的思考。其不仅可以用来做图形渲染，还可以用作更加通用的并行计算。最早的尝试是渲染一个覆盖屏幕的大三角形，利用像素着色器做通用并行计算，相当于每个像素是一个线程。这样的思路虽然能一定程度上实现并行计算，但仍然存在单入单出的限制且输入数据需要通过整条流水线才能输出。该方式使开发人员必须了解图形流水线原理，极大地提高了开发门槛和难度。并行计算在效率和算力上的巨大优势，使人们即便面临诸多挑战也仍没有停止进一步探索。

　　2003 年前后，通用 GPU 计算（GPGPU）的概念悄然出世，进一步催生了有硬件支持的 GP-GPU 设计理念。如图 7-15 所示，全新设计的计算着色器可以利用 GPU 上的计算单元进行并行计算，配合无序访问视图机制（Unordered Access View），可以实现数据多入多出、任意读取/写入、无须经过固定流水线单元的功能。这样的设计使计算着色器完全独立于图形流水线存在，输入输出都是内存，限制比图形流水线小且整条计算流水线只有一步，使开发难度和程序构成更接近传统方式，极大地降低了开发和使用门槛。至此，GPU 的流水线已经同时具备图形渲染和通用并行计算的能力，非常接近目前的 GPU 设计。

7.2.4.3　GPU 复杂功能的独立流水线

　　以基本图形流水线和通用计算流水线为基础，GPU 逐步扩充出了更加复杂的管线结构，从而实现了更加复杂的功能和更广泛的应用。本小节让我们以光线追踪流水线为例，介绍 GPU 中实现复杂功能的流水线。

　　近 20 年来，电影特效和游戏用了各种方法来提高真实感，但这些方法往往互相冲突，相互掣肘。同时，光线跟踪这个古老但通用的技术由于计算量大且与光栅化渲染方法有着完全不一样的流程，一直无法很好地利用 GPU 进行硬件加速。长期以来，研究人员一直在尝试如何用现有的 GPU 实现更高效的光线跟踪。这一需求终于随着 GPU 提供光线跟踪的能力，得到了实质性的发展。使 GPU 具备这种能力的是一条独立的包含多种新类型着色器的流水线。

　　（1）光线生成着色器：负责生成光线。

　　（2）相交着色器：负责判定光线与物体是否相交。

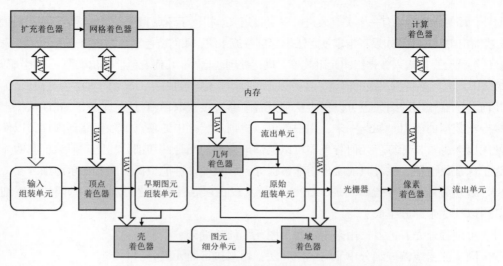

图 7-15　GPU 中独立存在的通用计算和光线追踪流水线

（3）任意命中着色器：在光线达到物体的时候判定是否要继续传播。

（4）最近命中着色器：在光线达到物体的最近点时计算颜色。

（5）未命中着色器：负责当光线没达到任何物体时计算颜色。

（6）与以上着色器配合使用的调度着色器：进行动态调用。

同样的思路也可以用在更多领域，比如，加入了计算神经网络专用的张量计算流水线、视频编码解码专用的流水线等，都是独立的流水线。至此，CPU 和 GPU 的第二大区别也体现出来了；CPU 是一个通用模块，编程的时候无须考虑模块间的配合；GPU 则分成多个模块，各有各的特点和用途，编程的时候需要开发者对它们有比较明确的了解，知道在程序里如何使用它们。目前的 GPU 流水线之间不能互相调用，如果要在图形流水线里用到计算流水线，需要先调用计算流水线并把结果写入 Texture 或者 Buffer，再用图形流水线读取。

长期以来，基于 GPU 的开发分为两大阵营，一类基本只用 GPU 的图形流水线，典型的是游戏和图形的应用；另一类基本只用 GPU 的通用计算流水线，典型的是机器学习的应用。后者在这几年非常火爆，从 PC 到手机再到服务器都有覆盖。虽然流水线相互独立，但随着现今 GPU 图形流水线的各个单元都有了任意输出的能力，如图 7-16 所示，在纯计算的情况下，可以利用一些固定流水线单元作为通用计算的补充，比如光栅化单元可以作为高效的插值器，进行数据线性扩散操作；输出合并单元里的 α 混合模块也可以作为高效的数据累加器，进一步提高通用计算的性能。

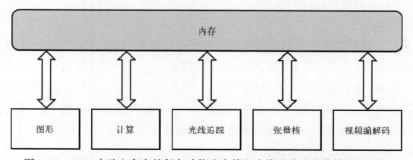

图 7-16　GPU 中独立存在的复杂功能流水线和光线追踪流水线简化流程图

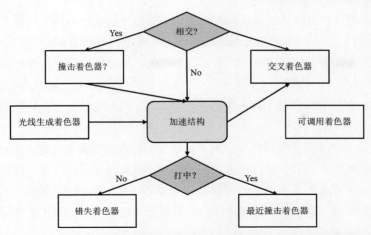

图 7-16　GPU 中独立存在的复杂功能流水线和光线追踪流水线简化流程图（续）

7.2.4.4　GPU 基本硬件结构

前面介绍了现代 GPU 在逻辑层面上应该包含哪些功能模块，但如果直接设计成硬件会遇到很多成本、性能和功耗等方面的问题，比如着色器种类繁多，单独设计硬件会导致负载不平衡、很艰难如何在有限成本内安排硬件实现复杂流水线。本小节就以解决以上关键问题的思路，来介绍 GPU 的基本硬件结构。

以 2003 年英伟达发布的 GeForce FX5600 显卡为例，其具有最基本的图形可编程流水线，硬件上它有 2 个顶点着色器和 4 个像素着色器。所以当顶点和像素的数量为 1:2 时，它才能发挥出最高效率。如果三角形顶点很多，像素很少，抑或顶点很少但像素很多时，硬件就会出现负载不平衡。随着渲染的内容和流水线越来越复杂，这种不平衡会全部累积到硬件上，此时负载问题将无法避免。

2005 年以前的解决方案是将顶点和像素在硬件上分开设计，如图 7-17 所示，顶点着色器由于要做更高精度的坐标运算，因此需要具备 32 位浮点精度，但其不需要读取纹理颜色信息。而像素着色器则正好相反，基本只读取纹理信息，不需要很高的精度。但是随着渲染任务和精度需求的增加，这种界限逐渐模糊。比如：大规模的图形渲染需求使顶点着色器要具备读取纹理的能力；用像素着色器做通用计算的需求，使其也需要 32 位浮点精度的支持。结果就是两个单元都具备了一样的纹理采样器及运算器，看似复杂但有效提高了硬件设计的一致性。

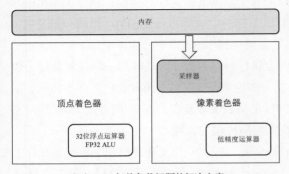

（a）2005 年前负载问题的解决方案

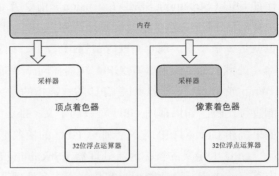

（b）渲染任务和精度需求增加后负载问题的解决方案

图 7-17　GeForce FX5600 显卡及着色器硬件设计的演变过程

基于一致性的硬件就可以通过共享同时解决本小节最开始提到的两个问题。这一解决方案叫作统一着色器架构（Unified Shade Architecture），其核心思想是用同样的硬件单元来执行各种不同的着色器，不需要再区分专用硬件单元。需要注意的是，虽然使用统一的硬件单元，但在流水线里，不同类型的着色器仍然属于不同阶段。使用统一着色器架构的流水线会有专门的调度器（Scheduler），它会根据 GPU 硬件上可支配的着色器总量，动态地分配所需数量的单元给不同着色器类型。

如图 7-18 所示，调度器会根据任务分配不同数量的顶点或像素着色器。如此一来，负载平衡的问题被动态调度解决了，GPU 硬件也可以因为共享而变得简单一致。基于同样的调度原理，统一着色器硬件架构可将着色器进一步拆分成共享采样器（Sampler）和运算器（Arithmetic Logic Unit，ALU）。一般来说，着色器中纹理采样的次数远低于运算次数，因此采样器的数量可远少于运算器。

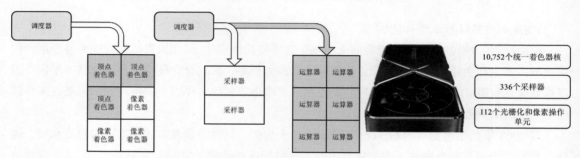

图 7-18　统一着色器架构的硬件分配机制及 RTX3090Ti 显卡的参数

除了统一着色器架构，其他固定流水线单元也都可以这样来调度。在较新的 GeForce RTX 3090 Ti 显卡上就有 10，752 个统一着色器核、336 个采样器以及 112 个光栅化和像素操作单元。GPU 动辄就有成千上万个核心，CPU 核心数却只有几十个。但两者对核的定义不同，为了方便读者理解，本小节先简单介绍两个计算机体系结构的概念：单指令单数据流（Single Instruction-Single Data，SISD）和单指令多数据流（Single Instruction-Multiple Data，SIMD）。

以公路交通做类比：指令就像红绿灯，数据就像车，数据流就像车道。在 SISD 里，每条公路就一条车道，由一个红绿灯控制路上车辆的走向；在 SIMD 里，有多条车道，它们共享同一个红绿灯，路上的车走向必须一致。CPU 上的一个核是 SISD 并带有一定的 SIMD 指令集作为补充。比如 SSE（Streaming SIMD Extension）指令级可以对 4 个数据流做同样的操作，相当于 4 车道。现在的 AB×512 指令集宽度更是达到了 16。而 GPU 上的一个核指的只是 SIMD 里的一条通路，也就是一条车道。现今 GPU 都是 SIMD 的，而且宽度能达到 128 位。

逻辑上可以认为所有 GPU 线程在同一个时刻会执行同样的指令，这样的一组线程就称为包（Wrap 或 Wave）。形象点说 CPU 的核数指的是一共有多少条路。所以，两者的定义并不相同，不能直接比较。如果都用 GPU 对核的定义，那么 CPU 的核数需要至少是 SSE 的宽度×4；反过来如果都用 CPU 对核的定义，那么 GPU 的核数至少需要除掉包的宽度。

GPU 上定义的核称为流处理器（Streaming Processor，SP），一组流处理器加上控制器和片上内存，就成为一个功能相对完整的流式多处理器（Streaming Multi-processor，SM）。图 7-19 展示的是英伟达 RTX 30 系列 GPU 的 SM 结构，每个 SM 包含 128 个 SP 和 4 个采样器。SM 是 GPU

上的主要组成部分，同系列不同款的 GPU 区别也主要在 SM 的数量上。高端的 3090 Ti 有 84 个 SM，低端的 3050 就减少到了 20 个，但 SM 本身是不变的。

知道了核的概念也就了解了 CPU 和 GPU 的第三大区别：数据流宽度。GPU 的 SIMD 很宽，大部分晶体管都用于计算，少量用于控制。但会面临分支分歧（Branch Divergence）的问题，多指令多数据流（Multiple Instruction Multiple Data stream，MIMD）被用来解决这个问题。英伟达在 GPU 上做的 MIMD 是一个取巧的方式，相当于为每条车道安排了单独的红绿灯，当直行的时候左拐的车道亮红灯，轮到左拐的时候直行的车道亮红灯。在这种情况下，分支分歧仍然会耽误执行时间，但每条车道只执行一个分支里的代码，并没有计算浪费，使得功耗下降，同时硬件复杂性不会过度增加。

计算数据流很宽，内存自然也要跟得上，独立显卡有自己的内存，称为显存，CPU 的内存就称为主存，常见显存的类型是 GDDR（Graphics Double Data Rate），硬件位宽是 128 到 512 位，高于主存 DDR（Double Data Rate）的 32 到 64 位。即多车道每次读取很宽的数据，显存的设计思想就是用高时延换取高吞吐量，其时延往往在百纳秒，这个数量级比主存高很多，也就是说当要读取显存数据时，需要等其成团之后再一起发送，这样会严重影响 GPU 的执行效率。这里再次利用了调度的思想来解决问题——用计算掩盖访存。通过这样的调度，使 GPU 线程数量可以远远大于核的数量。

图 7-19　CPU 和 GPU 指令数据流差异图，现代 GPU 硬件结构图

如图 7-19 所示，SM 内部会有一个寄存器空间，每个包都会占用一部分空间用以存储局部变量。这里可以看出 CPU 和 GPU 的第四大区别：CPU 计算的时延小但所需高速缓存大，GPU 计算的吞吐量大但高速缓存小。这个特点使它们在不同场合有着不同的适用性。正因为 GPU 可以大量使用计算掩盖访存，所以它对缓存的要求小了很多；而 CPU 为了降低访存的时延，需要很大的芯片面积做多级缓存。考虑到缓存的功耗很大，因此 GPU 采用这种设计也能进一步降低功耗。

GPU 的发展和应用已经远远超出了最初的图形渲染领域，成为支持科学计算、机器学习、高性能计算和许多其他领域的关键技术。随着技术的不断进步，GPU 的架构和能力将继续提升，为各行各业带来更多的创新和应用。未来，我们可以期待 GPU 在解决复杂问题和推动技术创新方面发挥更加重要的作用。

7.2.5 AR 技术与 Google Glass

增强现实（Augmented Reality，AR）技术是一种通过计算机实时计算影像后将其与现实世界结合的技术。伊凡·萨瑟兰成功研发了三维头戴显示器，这不仅推动了 VR 技术的探索，也是 AR 技术的基本实现形式——将计算机计算产生的附加信息叠加到现实场景进行增强。1992 年，托马斯·考德尔（Thomas Caudell）在其论文 *Augmented reality: an application of heads-up display technology to manual manufacturing processes* 中首次提及了 AR 的概念，即将计算机呈现的元素叠加到真实世界的技术。1994 年，保罗·米尔格拉姆（Paul Milgram）和岸野文朗（Fumio kishino）提出了现实-虚拟连续系统，旨在将真实环境和虚拟环境分别作为连续系统的两端，位于它们中间的被称为混合现实（Mixed Reality，MR）。MR 的定义如图 7-20 所示，其中靠近真实环境的是 AR，靠近虚拟环境的则是 VR。

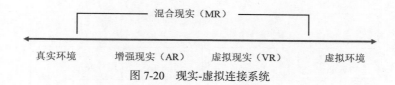

图 7-20 现实-虚拟连接系统

1997 年，罗纳德·阿祖玛（Ronald Azuma）在论文 *A Survey of Augmented Reality* 中明确提出了 AR 的定义，他认为 AR 应该包含虚实结合、即时交互和三维定位。

（1）虚实结合：AR 利用虚拟和现实元素的独特结合，使数字内容与物理环境叠加来增强现实场景。将计算机生成的图形、文本、语音等各种模态信息叠加到用户所处的真实场景中，使用户能够体验丰富的环境，其中虚拟对象和信息增强了他们对现实的感知。

（2）即时交互：AR 可以实现用户与真实场景中的虚拟信息的实时交互。用户可以与叠加在物理环境中的虚拟内容进行积极互动，虚拟信息可以根据用户的行为或环境的变化而变化。

（3）三维定位：三维定位是指在真实场景中合理地叠加虚拟元素，保证信息叠加到正确的位置，让用户得到更加准确的增强信息。

通过利用全球定位系统（Global Positioning System，GPS）、深度感知或深度估计等先进技术，AR 系统可以将虚拟元素精确地定位到用户环境中的特定位置。三维定位技术使虚拟对象的放置、透视变化和遮挡变得更加真实。如图 7-21 所示，南方科技大学刘江教授所授的多媒体信息处理课堂上，学生所做的 AR 与 VR 应用就满足了以上要求，从中可以看出 AR 技术在医学、考古、教学、交通和游戏领域的巨大应用潜力。

图 7-21　南方科技大学刘江教授的所授多媒体信息处理课上，学生所做的 AR 与 VR 应用

随着计算和显示技术的飞速进步，AR 技术开始向可穿戴设备发力。2012 年谷歌推出了第一款 AR 眼镜 Google Glass，它具有和智能手机一样的功能，可以通过声音控制拍照、视频通话和辨明方向，以及上网、处理文字信息和电子邮件等，成为 AR 技术中的里程碑式产品。Google Glass 通过集成多个传感器、显示器和通信模块，提供 AR 功能和便捷的智能服务，其协同工作的硬件和软件成分如下。

（1）光学显示：Google Glass 使用一个微型棱镜显示器，将数字信息投射到用户的视野中。该显示器位于眼镜框的右侧，略微向下移动眼睛即可查看。同时，棱镜显示器是半透明的，可以叠加在用户的实际视野上，实现 AR 效果。

（2）传感器和输入设备：内置摄像头用于拍摄照片和视频，支持用户通过语音或触摸控制进行拍摄；加速度计和陀螺仪这些传感器用于检测用户头部的运动和方向，支持头部运动控制功能；触摸板位于眼镜框侧面，用于触摸和滑动控制，可以进行导航和选择操作。

（3）语音识别和控制：Google Glass 集成了语音识别技术，用户可以通过说出特定的命令来控制设备，同时设备能够理解和执行用户的自然语言指令，提供更直观的用户交互体验。

（4）无线连接和通信：Google Glass 支持 Wi-Fi 和蓝牙连接，可以与智能手机和其他设备进行数据同步和通信。其内置 GPS 模块用于定位和导航应用，提供实时位置服务。

（5）操作系统和应用程序：Google Glass 运行基于 Android 的操作系统，支持各种定制应用程序。开发者可以为 Google Glass 开发专门的应用程序，扩展其功能和用途。

（6）电源和续航：内置可充电电池，提供数小时的续航时间，具体取决于设备使用情况和功能开启程度。设备采用节能设计，通过优化硬件和软件，尽可能延长电池续航时间。

Google Glass 的基本原理是通过这些硬件和软件组件的集成与协同工作，为用户提供 AR 体验和智能服务，使信息获取和交互更加便捷和高效。Google Glass 的成功应用，推动了公众对 AR 技术的认知，并使 AR 技术朝着多领域探索发展。

2015 年 1 月 22 日，微软在发布会上推出了 Hololens 全息影像头盔，这是一款 MR 设备，集成了 AR 和 VR 的特性。2016 年，现象级 AR 手游 Pokemon Go 上线。将游戏中的宠物小精灵置于城市景观中，只有使用应用的人才能看见以及捕捉到它们，这使 AR 技术迅速流行起来。2017 年，苹果公司宣布在 iOS 11 中带来了全新的 AR 组件 ARKit，该应用适用于 iPhone 和 iPad 平台，使得 iPhone 一跃成为全球最大的 AR 平台。

2018 年，根据小说改编的电影《头号玩家》促进了 VR 的发展，VR 游戏变得更加有趣和复杂。2019 年，微软公司发布 HoloLens 2，用一个虚拟的手腕图标取代了 Bloom 手势来调用"开始"菜单。微软还支持单手打开"开始"菜单手势，该手势使用了眼球追踪技术。图 7-22 展示了南方科技大学的学生利用 HoloLens 2 所做的月球车项目和 AR 手术培训项目。

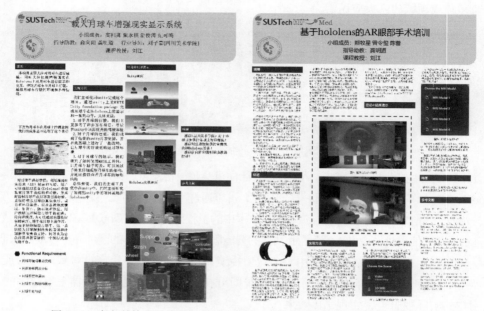

图 7-22　南方科技大学的学生利用 Hololens 2 做的月球车项目和手术培训项目

2021 年，法国公司 Lynx 展示了用于 AR 和 VR 的独立头显。同年，Kura Gallium 公司展示了拥有 150 度视场角（对角）的 AR 眼镜。2023 年，苹果公司于苹果全球开发者大会上发布 Vision Pro，采用 micro-OLED 屏幕，拥有 2300 万像素，单眼分辨率超 4K，搭载双驱动音响系统，支持空间音频技术，提供较强的沉浸感。

目前，AR 技术已经广泛应用于娱乐、教育、军事、医疗和产品检验维修等领域，有可能替代现有的智能手机成为下一代便携智能设备。AR 技术是 VR 技术中的一个分支，现在越来越多的设备开始运用 MR 技术以兼容两者的特点，开发更具创新的智能设备。但目前各种 AR 设备仍然没有像智能手机这样便携和易用，进一步的便捷化和降低用户学习成本仍是需要长时间探索的内容，我们期待技术突破的那一天。

7.3　现代人工智能图形信息计算算法：NeRF/3D GS

神经辐射场（Neural Radiance Fields，NeRF）和 3D 高斯泼溅（3D Gaussian Splatting，3D GS）都是近年来非常流行的三维场景重建方法。通过用神经网络或三维高斯分布来表达场景，人们可以渲染出不同视角下的场景图像，实现视角独立的色彩和光照效果。

7.3.1　图形表达与 NeRF

三维场景的表达方式可以分为隐式（Implicit）表达和显式（Explicit）表达。显式表达将三维场景用点云（Point Net）、体素（Voxel）、网格（Mesh）等实体形式呈现，使人们可以直观地观察到这个场景；而隐式表达是将三维场景的信息存储在一个特定的函数（Function）中。

图形表达与 NeRF

本小节将详细介绍 2020 年提出的 NeRF，它采用了隐式学习的方式来表达静态的三维场景，将三维场景信息存储在 MLP 神经网络中，整体框架如图 7-23 所示。通过输入多个不同角度的图像，NeRF 可以表达出这个场景，并在新视角下直接渲染出对应的图像（Novel View Synthesis）。

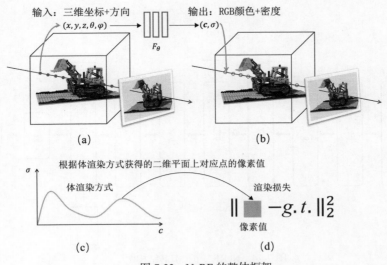

图 7-23　NeRF 的整体框架

为了更好地理解 NeRF，我们需要深入探讨 3 个问题：如何使用 NeRF 来表达三维场景，如何从该表达中渲染出不同视角的 2D 图像，如何对 NeRF 进行训练。接下来我们将详细回答上述 3 个问题。

1. 用 NeRF 来表达场景

要表达一个三维空间，我们需要考虑哪些参数？我们可以联想到，一个连续的三维空间一定是由无数个带有属性的离散的点组成的这些点的固有属性包括该点的位置坐标 $\boldsymbol{x}=(x,y,z)$，从不同视角方向 $\boldsymbol{d}=(\theta,\varphi)$ 观察时该点的颜色 $\boldsymbol{c}=(r,g,b)$，以及该点的体素密度 σ（也可以理解为透明度）。因此，要用一个连续的函数来表达这个三维场景，我们需要获取以上信息。

NeRF 将一个连续的场景表示为一个输入为 5D 的函数 $F_{\Theta}(\boldsymbol{x},\boldsymbol{d})$，即 $F_{\Theta}(x,y,z,\theta,\varphi)$，输出该点对应于该视角的对应点的颜色 $\boldsymbol{c}=(r,g,b)$ 和体素密度 σ，如图 7-23（a）、（b）所示。模型的表达式可写作：

$$(\boldsymbol{c},\sigma)=F_{\Theta}(\boldsymbol{x},\boldsymbol{d}) \tag{7.1}$$

在具体实现中，使用一个 MLP 网络来近似这种连续的 5D 场景表示，如图 7-24 所示。

下面我们将详细说明 NeRF 对输入端和输出端的处理。

（1）输入端处理。由于神经网络更倾向于学习低频信息，直接将 (x,y,z,θ,φ) 作为神经网络的输入时，新生成的渲染图在颜色和几何的高频变化方面表现不佳。为了更好地让神经网络学习到高频特征，提升图像的清晰度，需要对网络的输入 (x,y,z,θ,φ) 分别进行编码，将位置 $\boldsymbol{x}=(x,y,z)$ 和视角 $\boldsymbol{d}=(\theta,\varphi)$ 映射到更高维的空间中，即 $\mathbb{R}\xrightarrow{\gamma}\mathbb{R}^{2L}$。具体来说，编码函数 γ 如下：

$$\gamma(p) = \left(\sin\left(2^{0}\pi p\right), \cos\left(2^{0}\pi p\right), \ldots, \sin\left(2^{L-1}\pi p\right), \cos\left(2^{L-1}\pi p\right)\right) \tag{7.2}$$

其中 p 表示需要编码的标量，L 表示维度。具体实现时，对于位置 $\boldsymbol{x} = (x, y, z)$，一般设置 $L = 10$，对应图 7-24 中网络的输入 $\gamma(\boldsymbol{x})$ 的维数，即 $3 \times 2 \times 10 = 60$ 维；而对于视角 $\boldsymbol{d} = (\theta, \varphi)$，设置 $L = 4$，并且将观测角度从球坐标系 $\boldsymbol{d} = (\theta, \varphi)$ 转成直角坐标系单位向量形式，即 $\boldsymbol{d} = (d_x, d_y, d_z)$，因此对应图 7-24 中 $\gamma(\boldsymbol{d})$ 的维数为 $3 \times 2 \times 4 = 24$ 维。同时，为了解决 MLP 层数过多可能造成的梯度爆炸和梯度消失问题，在 MLP 第 5 层引入了残差结构（Residual Structure），在第 5 层的 256 个特征中加入 $\gamma(\boldsymbol{x})$。

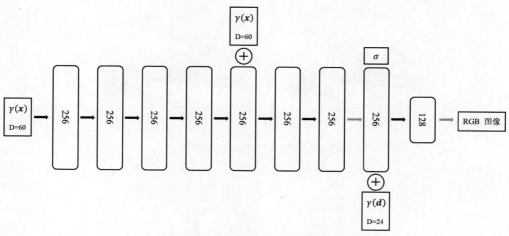

图 7-24　NeRF 中的 MLP 结构图

（2）输出端处理。在图 7-23 中，颜色 $\boldsymbol{c} = (r, g, b)$ 以及体素密度 σ 并不是同时输出的。体素密度 σ 与观测角度无关，因此在输入观测角度 $\gamma(\boldsymbol{d})$ 之前就已经输出；而对于颜色 $\boldsymbol{c}$，采用基于视角（View-Dependent）的颜色预测，即在不同的视角下，观察到的颜色可能不同。因此，将 MLP 的第 8 层的输出特征与 $\gamma(\boldsymbol{d})$ 生成新的 128 维特征，然后通过激活函数生成颜色 $\boldsymbol{c}$。

2. 从 NeRF 中渲染图像

NeRF 能够利用一个简单的 MLP 网络将三维场景的信息存储起来，相比显式表达方式如网格或点云所需的存储容量小。但是，如何从 NeRF 渲染出我们希望观察的角度对应的 2D 图像呢？下面将详细讨论基于 NeRF 的体素渲染算法，如图 7-23（c）所示。

想象用相机从某个角度拍摄一个三维场景。生成的 2D 图像上的每个像素实际上对应从镜头出发的一条射线上的所有连续空间点，而该像素的颜色则对应这条射线上所有连续点的辐射量的叠加。基于这个想法，NeRF 已经保存了三维场景中所有空间点的颜色和体素密度信息。因此，要生成新视角的 2D 图像，我们需要通过渲染算法计算在该视角下的所有射线在 2D 图像上的最终颜色。

（1）经典的体素渲染算法（Classical Volume Rendering）

体素密度 $\sigma(x)$ 可以解释为一条射线在位置 x 处被终止的概率，而这个概率是可微的。设一条从镜头出发的射线为 $\boldsymbol{r}(t) = \boldsymbol{o} + t\boldsymbol{d}$，其中 $\boldsymbol{o}$ 为射线原点，$\boldsymbol{d}$ 为射线角度的单位向量，t 为对应的放大系数。那么在 2D 图像上某像素对应该视角的颜色 $C(\boldsymbol{r})$ 可用积分表示为：

$$C(\boldsymbol{r}) = \int_{t_n}^{t_f} T(t) \cdot \sigma(\boldsymbol{r}(t)) \cdot c(\boldsymbol{r}(t), \boldsymbol{d}) \mathrm{d}t \tag{7.3}$$

其中，t_n 对应射线的近端，t_f 对应射线的远端。$c(r(t), d)$ 和 $\sigma(r(t))$ 可由 NeRF 生成，分别对应射线上某一点的颜色和体素密度。$T(t)$ 表示为沿射线从 $r(t_n)$ 到该点 $r(t)$ 的累计透射率，记为：

$$T(t) = \exp\left(-\int_{t_n}^t \sigma(r(s)) \mathrm{d}s\right) \tag{7.4}$$

那么为了从 NeRF 中渲染出视图，需要估计在该视角下从镜头出发的不同射线所经过的空间点的颜色积分 $c(r_1), \ldots, c(r_n)$，从而赋予新渲染的 2D 图像对应像素的颜色。

（2）基于随机分段采样来近似积分的体素渲染方法

为了计算 $C(r)$，我们可以直观地想到在求积区域均匀地采样 N 个点，并将它们叠加起来进行近似。然而，采用均匀的离散点信息会导致 MLP 只能在固定的离散点集合中得到训练，从而限制了 NeRF 的分辨率，使最终渲染得到的图像不够清晰。随机分层抽样的方法可解决这个问题。

首先，将射线的 $[t_n, t_f]$ 划分为 N 个等间隔的区域，然后从每一个区域中均匀随机抽取一个样本 t_i。其中 t_i 满足如下均匀分布：

$$t_i \sim \mathcal{U}\left(t_n + \frac{i-1}{N}(t_f - t_n), t_n + \frac{i}{N}(t_f - t_n)\right) \tag{7.5}$$

这样做的好处在于，即使在采样离散点的前提下，也能保证采样位置的连续性，从而使 MLP 可以在连续的空间中进行训练。

基于随机分层采样的离散点，上述积分可简化为求和的形式：

$$\hat{C}(r) = \sum_{i=1}^N T_i \cdot \left(1 - \exp(-\sigma_i \delta_i)\right) \cdot c_i \tag{7.6}$$

其中，$\delta_i = t_{i+1} - t_i$ 是邻近两个采样点的距离，$T_i = \exp\left(-\sum_{j=1}^{j-1} -\sigma_j \delta_j\right)$。由于 σ_i 和 c_i 可以通过 NeRF 函数得到，因此基于这样的渲染方式，可以利用 NeRF 函数从任意角度中渲染出图像。

3. NeRF 的训练过程

由前面两部分内容可知，要从 NeRF 中生成新视角的图像需要两步：第一，在对应视角的若干射线上分层采样离散点（x, y, z, θ, φ），然后查询 NeRF 函数，得到该点的颜色 c 和体素密度 σ；第二，渲染图像，得到对应视角在二维平面上的像素颜色 $\hat{C}(r)$。

在具体的训练过程中，每个场景优化了一个单独的 NeRF 网络。输入数据集为采集到的场景 RGB 图像，每张图像对应相机的外参（相机坐标系到世界坐标系的转换，也可理解为相机的观察视角）和内参（相机生成的 2D 图片的长、宽、焦距），以及场景边界的远近参数。对于合成数据，一般使用真实相机的姿态、内参数和边界；而对于真实数据，使用 COLMAP 程序估计这些参数。

每次优化迭代时，从数据集中所有像素的集合中随机采样一批相机光线。对每条光线，在其上随机采样 N 个点，并查询 NeRF 网络以获取每个点的颜色 c 和体素密度 σ。然后使用基于随机分段采样来近似积分，渲染出对应于该相机光线在 2D 图像上的像素颜色。损失函数定义为渲染颜色 $\hat{C}(r)$ 和真实像素颜色 $C(r)$ 之间的总平方误差：

$$\mathcal{L} = \sum_{r \in \mathcal{R}} \left\|\hat{C}(r) - C(r)\right\|_2^2 \tag{7.7}$$

其中 $\mathcal{R}$ 是这个数据集中每批次射线的集合。渲染过程如图 7-23（d）所示。

NeRF 的渲染过程计算量很大，因为对应每条从相机发射到对应像素的射线都需要采样大量点。然而实际上，一条射线上的大部分区域都是空区或者被遮挡的区域，对最终的颜色没有贡献。因此，程序采用了 Coarse to Fine 的形式，同时优化 Coarse 网络和 Fine 网络。

对于 Coarse 网络，先采样较为稀疏的 N_c 个点，并将前述离散求和公式（7.6）重新表示为：

$$\hat{C}_c(r) = \sum_{i=1}^{Nc} \omega_i c_i \tag{7.8}$$

其中，$\omega_i = T_i\left(1 - \exp\left(-\sigma_i \delta_i\right)\right)$。

然后对 ω_i 进行归一化得到 $\hat{\omega}_i = \dfrac{\omega_i}{\sum_{j=1}^{N_c} \omega_j}$，并将 $\hat{\omega}_i$ 视为沿着射线 r 的概率密度函数（Probability Density Function，PDF），通过这个概率密度函数可以粗略得到射线上对颜色贡献更大的采样点情况，如图 7-25（a）所示。

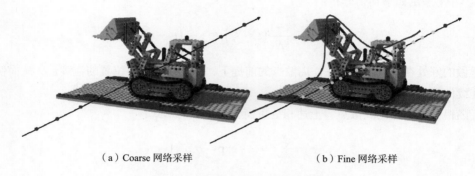

（a）Coarse 网络采样 　　　　　　　　　　　（b）Fine 网络采样

图 7-25　Coarse to fine 采样细节示例

接着使用反变换采样，从该概率分布中采样 N_f 个点，如图 7-25（b）所示。最后根据第一组的 N_c 个样本点和第二组的 N_f 个样本点的并集，通过 Fine 网络来计算光线的最终渲染结果 $\hat{C}_f(r)$。该过程将更多的样本分配给包含可见内容而不是被遮挡的区域，因此，总体损失函数为：

$$\mathcal{L} = \sum_{r \in \mathcal{R}} \left\| \hat{C}_c(r) - C(r) \right\|_2^2 - \left\| \hat{C}_f(r) - C(r) \right\|_2^2 \tag{7.9}$$

由此，NeRF 的训练完成。NeRF 作为一种先进的三维场景表示方式，具有高质量的渲染效果和精确的几何光照信息捕捉能力。然而，其计算复杂度高、渲染耗时长，对大量数据和高性能硬件的需求也相应增加。尽管如此，随着硬件性能的提升和算法的优化，越来越多基于 NeRF 的改进算法实现了高保真度、高计算速度和实时渲染，另外也有在 NeRF 基础上发展的动态三维场景表达算法，欢迎有兴趣的读者阅读相关书籍。

7.3.2　图形渲染与 3D GS

图形渲染是指在图形信息计算中，通过存储的三维模型生成二维图像的一系列处理步骤。传统的图形渲染涉及光照模型、纹理映射、阴影计算和抗锯齿等图形算法和技术，通常包括几何处理、光栅化、着色、光照、投影及合成等步骤。3D GS 在 2023 年由伯恩哈德·凯伯（Bernhard Kerbl）等人提出，旨在利用多个

图形渲染与
3D GS

各项异性的三维高斯分布球来表达静态的三维场景，并通过 Splatting 投影方法和 Tile-based Rasterizer 可微光栅化渲染出不同视角下的二维图像。3D GS 的横空出世，在 NeRF 圈掀起轩然大波，其最突出的特点莫过于能够在较少的训练时间中重建出三维场景，并允许以 1080p 的分辨率实现高精度的实时渲染。本小节将详细阐述 3D GS 技术原理及其实现方式。

不同于点云、网格这类显式表达方法在空间中是离散的，隐式表达 NeRF 在空间中是连续并且可微的。NeRF 选取空间坐标和视角方向作为输入，输出这些对应点的颜色和密度；再对光线进行采样，将一系列采样点的颜色和密度加权集合起来渲染出最终二维平面中像素的颜色。而 3D GS 则是在离散和连续间的一个平衡：在整个三维空间中，每个高斯球离散分布；而在高斯球内部，又是连续可微的。通过结合离散和连续表示方法的优势，3D GS 克服了 NeRF 在随机采样中产生的噪声的影响，在极大地提高渲染速度的同时保证了渲染质量。

请再思考 3 个问题：如何使用三维高斯分布球（3D Guassian）来表达三维场景，如何从该表达中渲染出不同视角的 2D 图像（Splatting），如何对 3D GS 进行训练。接下来我们将详细回答上述 3 个问题。

1．3D Guassian

正如 3 个顶点能表达空间中的三角形，继而很好地构建三维模型，椭球也是很好的基础元素，能够表示足够多样的几何体。那么椭球状的三维高斯分布就自然而然成为场景的表示方法。

为了帮助大家理解 3D 高斯，我们先从 1D 高斯说起。其实 1D 高斯分布即大家熟悉的正态分布：$N_{\mu,\sigma}(x)=\dfrac{1}{\sqrt{2\pi}\sigma}\exp\left(-\dfrac{(x-\mu)^2}{2\sigma^2}\right)$，如图 7-26 所示。其中均值 μ 控制正态分布的对称轴所在位置，标准差 σ 控制密度集中程度，$x\in[\mu-3\sigma,\mu+3\sigma]$ 的概率为 0.9974。

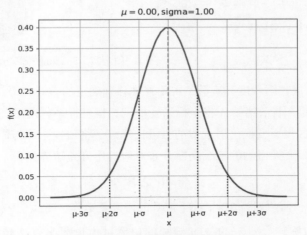

图 7-26　1D 高斯即正态分布曲线

将一维高斯拓展到三维高斯，可得到椭球状的三维高斯表示。标准的 3D 高斯的标准形式为 $G_s(x)=\left(\dfrac{1}{\sqrt{2\pi}^3\det(\Sigma)}\right)e^{-\frac{1}{2}(x-\mu)^{\mathrm{T}}\Sigma^{-1}(x-\mu)}$，其中 $x=[a,b,c]^{\mathrm{T}}$ 是三维列向量坐标，$\mu=\left[\mu_x,\mu_y,\mu_z\right]$ 为椭球中心，$\Sigma=\begin{bmatrix}\sigma_a^2 & \mathrm{Cov}(a,b) & \mathrm{Cov}(a,c)\\ \mathrm{Cov}(b,a) & \sigma_b^2 & \mathrm{Cov}(b,c)\\ \mathrm{Cov}(c,a) & \mathrm{Cov}(c,b) & \sigma_c^2\end{bmatrix}$ 为协方差矩阵，控制椭球在 X,Y,Z 轴向的伸缩与旋

转。舍去指数部分前的系数，并且默认模型坐标中心在原点以方便旋转和伸缩，默认在旋转和收缩之后再将椭球位置进行平移。3D 高斯的表达式可简略定义为：

$$G(x) = \mathrm{e}^{-\frac{1}{2}(x)^{\mathrm{T}} \Sigma^{-1}(x)} \qquad (7.10)$$

需要注意的是，并不是所有随机生成的协方差矩阵 Σ 都可以表示椭球，Σ 需要保持其正定性。因此需要使用缩放变换 S 和旋转变换 R 组合得到协方差 Σ：

$$\Sigma = RSS^{\mathrm{T}}R^{\mathrm{T}} \qquad (7.11)$$

其中 $S = \mathrm{diag}(s_x, s_y, s_z) \in \mathbb{R}^3$ 表示对应坐标轴上的缩放尺度，旋转矩阵 R 则由四元数组 q 表示，在训练时梯度将传递到 s, q 并对其优化。除了上述三维协方差矩阵 Σ 外，三维高斯分布的参数还有其中心位置 $\mu = [\mu_x, \mu_y, \mu_z]$，不透明度 α，以及用球谐系数（Spherical Harmonics，SH）$\in \mathbb{R}^k$ 表示与视角相关的颜色 c（k 与 SH 的阶数有关）。多个大小、方向、缩放不一致的椭球在空间中分布，就表达这个三维场景。

2. Splatting 投影方法和 Tile-based Rasterizer 可微光栅化加快渲染速度

在用若干个椭球表达出三维场景后，如何从该表达中渲染出不同视角的二维图像呢？或者换个说法，如何将那么多个空间中的三维椭球体投影到二维平面中呢？这就是我们将要详细阐述的 Splatting 方法，如图 7-27 所示。在投影到二维平面后，在渲染过程中使用 Tile-based Rasterizer 可微光栅化加快渲染速度。

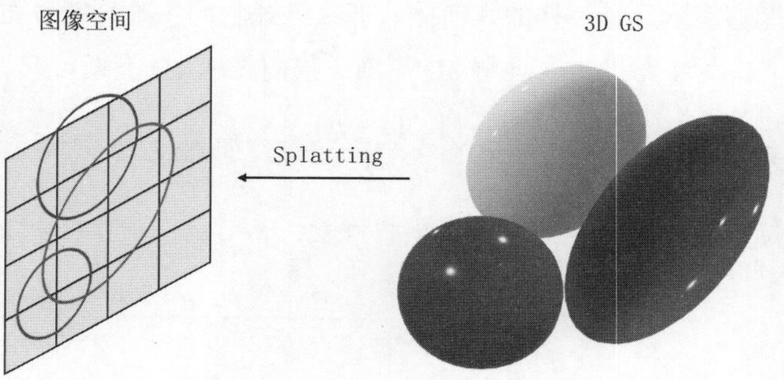

图 7-27　Splatting 投影方法示意图

前面讨论了三维高斯分布椭球先在空间原点用 Σ 确定收缩尺度和旋转，再用 μ 平移到确定的位置。于是，为了从三维空间中的一个椭球渲染到二维图像，需要先将坐标系变换到相机坐标系，设相机外参为 W，相机内参为 K，再根据视角通过投影变换仿射近似的雅可比矩阵 J 将透视空间与像素对齐[1]，得到投影到二维平面的椭圆。投影变换得到的三维高斯分布对应的协方差矩阵为：

$$\Sigma' = JW \Sigma W^{\mathrm{T}} J^{\mathrm{T}} \qquad (7.12)$$

其中 Σ' 的前两行和前两列为 2D 平面下椭圆的协方差矩阵，即 $\Sigma^{2d} = (JW \Sigma W^{\mathrm{T}} J^{\mathrm{T}})_{1:2,1:2}$，表示 2D 椭圆的缩放和旋转。对应的 2D 椭圆的位置可由世界坐标系转换到图像空间坐标系 $\mathrm{Proj}(\cdot | E, K)$ 得到，即 $\mu^{2d} = \mathrm{Proj}(\mu | E, K)$，颜色也可以由三维高斯分布的属性得到。而对应 2D 高斯的不透明度 α^{2d} 为：

$$\alpha^{2d} = 1 - \exp\left(-\frac{\alpha}{\sqrt{\det(\Sigma)}}\right) \qquad (7.13)$$

有了单个三维椭球在二维投影的表达后，需要考虑空间中存在多个椭球的情况。如图 7-28 所

---

[1] Zwicker 等，*EWA volume splatting*。

示，3D GS 先对二维平面的像素进行分块，以降低每个像素进行高斯运算的计算成本；而后根据三维椭球的深度值对投影的二维椭球进行排序，以确保后续渲染中正确处理遮挡关系，最后将排序后的二维高斯根据渲染方法叠加。

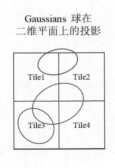
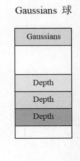

Gaussians 复制		Gaussians 深度排序	
Tile 1	Depth	Tile 1	Depth
Tile2	Depth	Tile1	Depth
Tile1	Depth	Tile2	Depth
Tile2	Depth	Tile2	Depth
Tile3	Depth	Tile3	Depth
Tile4	Depth	Tile3	Depth
Tile3	Depth	Tile4	Depth

图 7-28　3D GS 渲染中的分块和排序

（1）分块：将整个图像划分成多个不重叠的 tile 即图像块，每个块包含 16×16 个像素。考虑到投影后二维高斯可能会覆盖多个图像块，可以将二维高斯复制，并为每个高斯分配一个唯一的标识符，即处在图像块的 ID，实现每个图像块与一个或多个高斯相关联的关系。

（2）排序：给定二维像素的位置 x'，通过相机外参 W 实现视图变换，可以计算该图像块与所有重叠的三维高斯球之间的距离，即这些高斯球的深度，并形成对应这 N 个高斯球的排序列表。

（3）渲染：对所有的高斯球进行混合透明度合成来计算该像素的最终颜色：

$$C = \sum_{i \in N} c_i \alpha_i^{2d} \prod_{j=1}^{i-1} \left(1 - \alpha_j^{2d}\right) \tag{7.14}$$

其中 i 表示第 i 个椭球体，c_i 是第 i 个椭球体在该视角下的颜色。而对应的最终不透明度 α' 为：

$$\alpha_i^{2d} = \alpha_i \cdot \exp\left(-\frac{1}{2}\left(x' - \mu^{2d}\right)^{\mathrm{T}} \sum_i^{2d^{-1}} \left(x' - \mu^{2d}\right)\right) \tag{7.15}$$

应用于 NeRF 的基于体积的渲染方法需要选择采样点来查询隐式几何形状，并将其属性变换累加以计算像素颜色。为了保证渲染质量和隐式几何的连续性、维持细节的还原度，通常需要增加采样量，从而导致 NeRF 计算性能下降。而 3D Spaltting 这种渲染方法的好处是，经过二维投影变换后的椭圆分布已经和画布像素对齐，沿着第三维积分即深度方向积分则可得到椭球在某一像素上的着色，而正巧沿着某一轴线积分的结果是一个 2D 高斯，所以这里可以直接用 2D 高斯替换积分过程，从而解决了 NeRF 需要大量采样、查询的问题，将计算量仅仅限制在三维高斯的数量上，从而实现了优化速度的提升。

3. 总体流程

3D GS 的整体流程如图 7-29 所示。首先利用 Structure From Motion（SFM）算法生成 SFM 点云，将点云初始化后得到 3D 高斯椭球。然后借助相机内外参将椭球投影到图像平面上，利用可微光栅化渲染得到图像。得到渲染图像后，与图像真值比较求得损失函数，并沿蓝色箭头反向传播，实现 3D 高斯分布参数的更新，同时送入自适应密度控制中，控制 3D 高斯的密度。在该流程中，我们将详细阐述前文没有涉及到的生成 SFM 点云、自适应密度控制和优化过程。

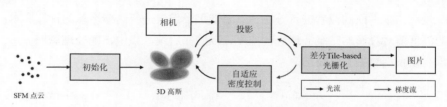

图 7-29　3D Gaussian Splatting 的整体流程图

（1）生成 SFM 点云：

SFM 是一种三维重建的算法，可以通过两个或多个场景图像恢复相机位姿，并重建三维坐标点云。初始化点云的过程如下。

① 对每一张图像，使用 SIFT、SURF、ORB 等算法提取特征。

② 对相邻的图像，使用 KNN、FLANN 等算法进行特征匹配，筛选出满足一致性和稳定性的匹配对。

③ 对匹配的特征点，使用 RANSAC、LMedS 等算法进行异常值剔除；同时，使用多视图几何的约束，如基础矩阵、本质矩阵、单应矩阵等，进行相机位姿以及三维坐标点的估计。

④ 对估计的相机位姿和三维坐标点，使用 Bundle Adjustment（BA）等算法进行优化，以减少重投影误差和累积误差。

⑤ 3D GS 直接调用 COLMAP 库采用 SFM 生成的稀疏点云来初始化 3D 高斯，生成的 SFM 点云如图 7-30 所示。当无法获得点云时，可以使用随机初始化来代替，但可能重建质量会降低。

（a）南方科技大学计算机科学与工程系的 iMED 的眼脑模型　　（b）利用 SFM 生成眼脑模型的点云

图 7-30　眼脑模型和对应的 SFM 点云

（2）自适应密度控制

在梯度回传时，通过自适应控制机制对点进行密集化和剪枝，来控制 3D 高斯的密度和数量，如图 7-31 所示。

① 点密集化：首先从 SFM 的初始稀疏点集开始，自适应控制单位体积内高斯的数量和密度，使该集合可以从一个初始稀疏的高斯集合进化到一个更好代表场景的更稠密的集合。该过程关注缺

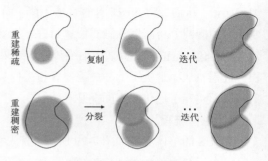

图 7-31　自适应控制流程

失几何特征或高斯过于分散的区域，在一定数量的迭代后执行密集化，比如 100 个迭代，针对在视图空间中具有较大位置梯度（即超过特定阈值）的高斯进行密集化。对于未充分重建的区域，克隆创造高斯的复制体并朝着位置梯度移动。对于过度重建的区域的大高斯区域，用两个较小的高斯替换一个

大高斯，按照特定因子减小它们的尺度。

② 点剪枝：在优化过程中，3D GS 选择移除冗余或影响较小的高斯（即透明度 α 低于指定阈值的高斯椭球）。此外，高斯椭球可能会收缩或增长，那么周期性地移除那些在世界空间中非常大的高斯和那些在视图空间中具有大足迹的高斯，可以在保证高斯的精度和有效性的情况下节约计算资源。

（3）优化过程

在训练迭代的过程中，3D GS 不断将真实图像与训练中渲染出的视图进行比较，计算损失函数，通过随机梯度下降不断更新 3D GS 的参数。由于在渲染过程中使用了可微光栅化的方法，GPU 加速框架的优势能够被充分利用。由于 3D 到 2D 投影的歧义性，投影的位置不可避免地会发生错误。因此，优化过程中既需要能够创建几何图形（参考自适应控制的点密集化），也需要在几何图形被错误投影时能够破坏或移动它（参考自适应控制的点剪枝）。由于大的均匀区域可以用少量的大的各向异性高斯来捕捉，因此三维高斯协方差的参数质量对于场景表示的紧凑性至关重要。

为了获得平滑梯度，对 α 使用 sigmoid 激活函数将其约束在[0,1)范围内，对协方差 $\sum$ 使用指数激活函数。初始协方差矩阵估计为一个各向同性的高斯，取值为到该分布最近 3 点距离的均值，并设计了如公式（7.16）所示的损失函数优化网络：

$$\mathcal{L} = (1-\lambda)\mathcal{L}_1 + \lambda\mathcal{L}_{D-SSIM} \qquad (7.16)$$

由此，3D GS 正式训练完成。

7.4　现代人工智能图形信息计算应用：医疗场景

近年来，随着计算机图形学及图形渲染技术的快速发展，它们在教育、娱乐、体育、医疗、影视和军事等各个领域都得到了广泛关注。本节将结合主编所在团队的医学背景，介绍人工智能图形信息计算在医疗场景下的相关应用。

在医疗场景下，以三维重建和图形渲染为主的技术进步为医疗影像分析、手术规划和培训、虚拟现实手术模拟等提供了强有力的支持。本节将以器官、手术场景和内窥可变形组织重建的相关工作为例，介绍图形信息在医疗场景中的新应用。三维重建技术是指从二维图像数据中重建出三维模型的过程。在医疗领域，三维重建技术的应用可以帮助医生更直观地了解患者的病情，为手术规划和诊断提供支持。

1. 器官重建

器官重建是指通过医学影像数据重建出患者器官的三维模型，其为医学诊断、手术规划和个性化治疗提供了支持。高质量的器官重建模型可以帮助医生更准确地评估病情、制定手术方案，并在手术中提供导航支持。我们先以眼科和脑科学为例，介绍器官形状重建及新视角生成的应用。

正如 7.3.1 小节介绍的，三维场景的表达方式可以分为隐式或显式表达，第一个应用案例是基于显式表达的眼球后部形状重建。眼球后部形状是许多眼科临床应用中的关键诊断指标，例如近视预防、手术计划和疾病筛查。然而，现有的眼球形状表示受限于眼科医学成像设备没有进行大视野下的三维成像的能力，无法为外科医生做出准确的决策提供足够的信息。2023 年的 MICCAI 会议上提出了一种基于小视场光学相干断层扫描图像重建完整三维眼球后部形状的新颖任务，并提出了一种全新的眼球后部形状网络（PESNet）来完成此任务，如图 7-32 所示。

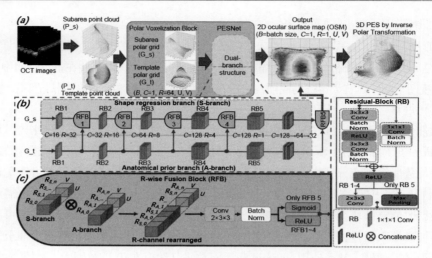

图 7-32　PESNet 框架图

PESNet 以局部视网膜色素上皮细胞层点云作为输入，具有双分支设计，以包含眼球的解剖信息作为指导。通过特殊设计的极体素化模块和半径感知融合模块，成功实现了超大视野下的眼球后部形状重建。眼球后部的形状重建结果如图 7-33 所示。这一定量及定性结果表明，这种方法能为健康人重建具有良好代表性的完整后眼球形状，通过对患者数据进行测试，进一步证明了方法的有效性。总的来说，PESNet 在准确重建完整的三维眼球后部形状方面比传统方法有了显着的改进，这一成果对临床应用具有重要意义。

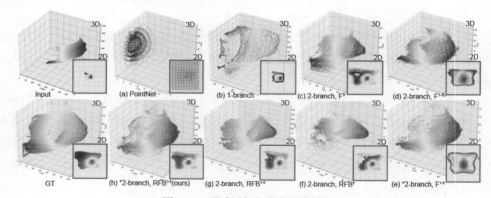

图 7-33　眼球后部的形状重建结果

Nikolakakis 等人 2024 年提出名为 GaSpCT 的网络，其是一种基于 3D GS 的新视图合成和 3D 场景表示方法，用于为头部计算机断层扫描（CT）扫描生成新颖的投影视图。他们采用 Gaussian Splatting 框架，基于 3 张正交角度的二维投影图像作为输入，使用大脑定位在视野内的统一先验分布来初始化 3D 空间中的高斯位置而无需 SFM 方法，实现了 CT 新视角合成的目标。这一功能的实现，有效减少了总扫描持续时间和患者在扫描期间接受的辐射剂量，并证明渲染的新视角图像与模拟扫描的原始投影视图紧密匹配，并且比其他隐式三维场景表示方法具有更好的性能和更短的训练时间与内存开销。

2. 手术场景及内窥可变形组织重建

手术场景及内窥可变形组织重建是指通过手术视频或图像数据重建出显微或微创手术场景或人体组织的三维模型，为手术培训、规划、导航和评估提供支持。高质量的手术场景和组织重建可以帮助医生更准确地了解手术环境、手术部位的结构，从而提高手术的精确性和安全性。

手术场景三维重建是机器人手术研究的一个关键领域，采用动态辐射场实现从单视角视频中可变形组织的三维重建。然而，这些方法通常存在优化耗时或质量较差的问题，限制了它们在后续任务中的应用。早期尝试采用深度估计在内窥镜重建中取得了巨大成功，但这些方法仍然难以产生逼真的三维重建，关键原因有两个：首先，非刚性变形有时会导致较大的运动，需要实际动态场景重建，这限制了这些技术的适应性；其次，单视角视频中存在遮挡，导致学习受影响部分时信息有限，产生困难。虽然一些框架结合了工具遮罩、立体深度估计和稀疏翘曲场用于单视角三维重建，但它们在存在剧烈非拓扑可变形组织变化时仍然容易失败。

基于上述分析，新的手术场景重建方法 EndoGaussian 被提出，其是一种基于 3D GS 的实时手术场景重建框架。该框架将动态手术场景表示为规范高斯点云和时间相关的变形场，该变形场可以预测新时间戳下的高斯变形。由于具有高效的高斯表示和并行渲染管道，该框架与以往方法相比，显著地提高了渲染速度。此外，EndoGaussian 将变形场设计为轻量级编码体素和极小型的 MLP 的组合，从而实现了高效的高斯跟踪且渲染负担很小。同时，EndoGaussian 设计了一种整体的高斯初始化方法，以充分利用表面分布先验，该方法通过从输入图像序列中搜索信息点来实现。在达芬奇机器人手术视频上的实验表明，EndoGaussian 实现了更高的渲染质量。

计算机图形学及图形渲染技术在医疗领域的应用日益广泛。最新的三维重建技术，如 NeRF 和 3DGS，为器官重建、手术场景重建和内窥镜手术重建提供了强有力的技术支持。通过这些技术，医生可以生成高质量的三维模型，为医学诊断、手术规划和导航，以及预后评估提供了有效手段，从而提高了手术精确性和术中安全性，也提高了患者的预后恢复水平。我们相信，随着技术的不断发展，三维重建和图形渲染技术将在医疗领域发挥更加重要的作用。

7.5　本章小结

本章介绍了人工智能图形信息计算的 7 个里程碑，包括 Sketchpad、图形用户界面、虚拟现实技术、图形处理器 GPU、增强显示技术，以及近几年火热的神经辐射场 NeRF 和 3D 高斯泼溅。图形学，利用计算机来帮助我们认知周围的世界，再根据计算机中的结果来推动真实世界中各行各业的发展，真正将虚拟世界与真实世界联系起来，为我们呈现了可视化的美、数学的美、物理的美以及应用的美，是一个相当诗情画意的领域。

习题

（1）为什么人们将 Sketchpad 视为计算机图形学的开端？

（2）GPU 和 CPU 有哪些区别？

（3）英伟达 RTX 3090 Ti 显卡有 10752 个 SIMD 核，这相当于多少个 CPU 核数？

（4）NeRF 是如何实现的？ NeRF 隐式表达相比于传统的显式表达优势在哪里？

（5）3D GS 是如何实现的？为什么它的渲染速度比 NeRF 要快？

第8章
人工智能多媒体视频信息计算

　　随着科技的飞速进步和互联网的日益普及，视频这一多媒体形式正逐渐崭露头角，成为信息传播、知识共享和社交互动的重要载体。视频资源以其直观、生动和富有感染力的特性，在全球范围内引发了前所未有的观看热潮，是现代社会中不可或缺的一部分。然而，随着视频数据量的急剧增长，如何高效、准确地处理和分析这些视频信息，成为人们目前面临的新挑战，这正是视频信息处理技术诞生的背景。

　　本章主要介绍人工智能多媒体视频信息计算的发展历史和关键技术。首先，我们将对视频定义与基本属性进行介绍，以及介绍人工智能视频信息计算的7个里程碑式技术。早期视频的主要形式为模拟视频，随后，数字视频的出现极大地提升了视频质量以及处理的灵活性。数字视频压缩技术的出现提高了视频数据的存储和传输效率，为视频信息的广泛应用奠定了坚实基础。随着互联网技术的发展以及移动设备的普及，多媒体视频逐步发展出与时俱进的不同形式：流媒体技术、网络视频、短视频等，丰富了人们的生活。如今，人工智能技术不断发展，视频生成技术也取得了突破性进展，通过算法和模型生成的视频内容已经能够达到甚至超越人类制作的水平。在未来，随着技术的不断进步和应用的不断拓展，视频将继续发挥其重要作用，为我们的生活带来更多可能。

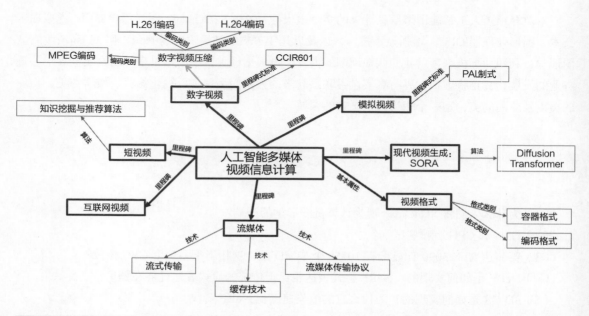

8.1　人工智能视频信息计算基础及发展里程碑

　　人工智能视频信息计算是人工智能多媒体信息计算的重要分支。本节我们将深入介绍人工智能视频信息计算的基础知识，并梳理人工智能视频信息计算领域的 7 个里程碑式技术。这些技术不仅代表了人工智能视频信息计算技术的发展脉络，也展示了其在实际应用中的广泛影响力和巨大潜力。

8.1.1　人工智能视频信息计算简介

8.1.1.1　视频简介

　　视频是一种通过连续捕捉和展示静态图像以产生动态视觉效果的媒介，结合声音、文字等多种元素，实现信息的直观、生动传播。它既是现代信息传播的重要工具，也是人们娱乐、学习、交流的重要载体。视频已成为现代社会中不可或缺的一部分，广泛应用于电视、电影、广告、教育、娱乐和通信等领域。

　　早期视频的主要形式为模拟视频，通过模拟信号的方式来传输与处理视频内容。随着数字技术的崛起，视频的形态也随之发生了翻天覆地的变化。数字视频的出现，不仅提升了视频的质量，还使视频更易于传输、存储和编辑。此后，互联网和移动通信技术逐渐普及，视频的形式也愈发多样化。从网络流媒体、视频网站到短视频，人们可以随时随地观看和分享视频内容。同时，视频的互动性也越来越强，观众可以通过弹幕、评论等方式，与其他观众进行实时交流，分享自己的看法和感受。

　　总之，视频不仅是一种媒体形式，更是一种记录、传达和分享生活的方式。它已经成为我们生活中不可或缺的一部分，无论是在工作、学习还是娱乐中，视频都扮演着重要角色，因此对其处理技术的研究与应用显得尤为重要。人工智能视频信息计算作为现代人工智能多媒体信息计算领域的重要分支，不仅产生了视频信号的传输、显示等手段，更发展出了视频的压缩、生成等技术。

8.1.1.2　动画与视频的区别

　　第 6 章讲解了动画的相关知识，尽管动画和视频都是以图像序列的形式呈现，但它们在制作方式和呈现效果上存在着显著的区别。动画通常是由艺术家逐帧绘制或利用计算机生成的。这意味着每一帧图像都是经过精心设计和构思的，艺术家可以借助自己的想象力创造出各种奇妙的场景和角色，更加注重艺术创作和想象力。相比之下，视频通常是由摄像机捕捉到的真实事件和场景，包括人物、景物等，然后记录成图像序列并加上音频，更强调对真实世界的记录和展示。动画和视频各有其独特的魅力，二者在创作方式、技术需求与特点上有所区别，如表 8-1 所示。

表 8-1　　　　　　　　　　　　　　　　　动画与视频的区别

区别	动画	视频
创作方式	以手工绘制或计算机生成的方式来创建图像序列，图像可以是完全虚构的，也可以是基于现实物体的夸张或变形	通过实际拍摄来获取连续的图像序列，图像可以是真实的场景、人物或物体，记录现实世界的动态变化
技术需求	需要依赖绘画、数字技术、摄影等多种技术手段和设备进行创作和制作	需要依赖摄像机、录音设备、编辑软件等技术手段和设备进行拍摄和制作

续表

区别	动画	视频
特点	能够创造出非现实世界的动态画面，具有表现性和艺术性。可以用更强的表现力和想象力，通过夸张、变形等手法来表现事物，给观众带来不同的视觉体验	能够真实、全面地记录现实中的相关信息，具有纪实性和真实性

当前，现代视频和动画领域正经历着前所未有的技术革新和创作突破。现代动画运用先进的计算机生成技术，结合真实与虚拟元素，能够创作出更加生动逼真的动画角色和场景；现代视频制作更加注重实时捕捉与处理技术，通过高清摄像机、无人机等先进设备，捕捉并还原真实世界的每一个细节。此外，现代视频还融合了多种技术手段，如慢动作、特效处理等，以丰富视频的表现形式和观看体验。随着人工智能和机器学习技术的不断进步，自动生成视频与动画成为可能，现代视频和动画正朝着更高质量、更丰富的表现形式发展。

8.1.1.3 视频的基本属性

视频的格式、质量、播放行为等由视频的基本属性定义，其基本属性主要包括分辨率、帧率、长宽比例和比特率等。

（1）分辨率：视频中图像的清晰度和细节程度。它通常用水平像素数量乘以垂直像素数量表示，如 1920×1080。更高的分辨率意味着更清晰的图像，但也会占用更多的存储空间和传输带宽。

（2）帧率：视频中每秒显示的图像帧数，通常以帧每秒（FPS）表示。较高的帧率可以使视频更加流畅，特别是在快速运动或动作场景中。标准视频帧率为 24FPS、25FPS 或 30 FPS，但在某些情况下，如电影制作和游戏，可能会使用更高的帧率。

（3）长宽比例：视频图像的宽度与高度之比。常见的长宽比包括 16：9（高清电视和大多数网络视频）、4：3（标准电视）和 2.35：1（影院电影）等。选择合适的长宽比可以更好地适应不同的显示设备和观看环境。

（4）比特率：表示视频每秒传输的数据量，通常以千比特每秒（Kbps）或兆比特每秒（Mbps）为单位。高比特率通常意味着更高的视频质量，但也需要更多的存储空间和带宽。

对视频基本属性的了解有助于选择合适的视频格式、优化视频质量和兼容性，并满足特定的播放需求。

8.1.1.4 视频编码格式与容器格式

视频编码与视频格式是一对容易混淆的概念，且二者之间存在着密不可分的关系。准确来说，视频格式通常指视频容器格式，是视频的"容器"，而视频编码格式则是这个容器中的"内容"。编码方式决定了视频数据如何被压缩和存储，而容器格式则决定了这些数据如何被组织和呈现。

视频编码是一种重要的技术，它的目的是将视频数据压缩成更小的文件大小，以节省存储空间和带宽，并确保在播放时保持足够的质量，后面将着重介绍。在视频编码的过程中，可使用各种压缩算法来将视频图像转换为数字数据。常见的视频编码标准包括 MPEG（MPEG-2、MPEG-4）、H.264/AVC、H.265/HEVC 等。这些编码标准在不同的场景和需求下有着各自的优势。视频编码的选择取决于多种因素，包括所需的视频质量、带宽、设备兼容性等。在实际应用中，需要权衡这些因素，选择最适合特定场景的编码标准和参数，不同视频编码格式的对比如表 8-2 所示。

表 8-2　　　　　　　　　　　　　　　　不同视频编码格式的对比

对比项	MPEG-2	MPEG-4	H.264/AVC
压缩效率	较低，文件大小较大。相比于后来的标准，压缩效率显得落后	优于 MPEG-2，可以在相同图像质量下显著减少文件大小	非常高，比 MPEG-2 和 MPEG-4 Part 2 高，可以在相同图像质量下进一步减少文件大小
图像质量	适用于标清和部分高清内容，图像质量较低	图像质量较高，适用于多种分辨率，从标清到高清	高质量，适用于从标清到超高清的多种分辨率
兼容性	非常广泛，尤其在传统电视广播和 DVD 上广泛使用	较广泛，多数现代设备和平台都支持	非常广泛，几乎所有现代设备和平台都支持，包括智能手机、电脑、蓝光播放器和流媒体设备
应用场景	主要用于 DVD 视频、电视广播、一些老旧的摄像设备和早期数字电视	网络视频流、视频电话、部分摄像设备	广泛用于网络视频流、蓝光光盘、电视广播、视频会议、监控系统等

　　视频格式是多媒体文件的一种存储方式，用于将视频编码、音频编码、字幕等不同的数据流整合在一个单独的文件中。这种格式确保了不同媒体流在播放时的同步性，同时提供了对视频、音频和其他媒体数据的元数据描述。视频容器格式的选择对于文件的兼容性、可编辑性和播放质量都至关重要。常见的视频容器格式包括 MP4、AVI（Audio Video Interleave）、WMV（Windows Media Video）、FLV（Flash Video）等。每种格式都有其独特的特点和适用场景，不同视频容器格式的对比如表 8-3 所示。

表 8-3　　　　　　　　　　　　　　　　不同视频容器格式的对比

对比项	MP4	AVI	WMV	FLV
简介	广泛使用的多媒体容器格式，能够封装视频、音频、字幕和图像等多种数据	较早的多媒体容器格式，由微软公司开发，体积通常较为庞大	由微软公司开发的编码格式及其对应的容器格式，专为 Windows 平台优化	由 Adobe 公司开发，主要用于网络视频流媒体
优势	高压缩效率，优良的图像质量，广泛的设备和平台兼容性	图像质量好，跨平台兼容性好	较高的压缩效率和图像质量，特别适合在 Windows 系统上播放	适用于低带宽条件下的流媒体播放，曾经在网络视频中广泛使用
应用	广泛用于网络视频流、移动设备、蓝光光盘等	早期的数字视频存储和播放，特别是在 Windows 系统中	Windows 平台上的视频流和文件存储，适用于在线和离线播放	曾广泛用于视频网站和其他需要低时延视频流的平台，如今逐渐淡出

　　总的来说，视频编码与视频格式是相互关联、相互影响的。视频编码是视频格式的基础，而视频格式则为视频编码提供了应用的场景和方式。这两者共同构成了我们日常所见的各种视频文件的基本构造。

8.1.2　人工智能视频信息计算发展里程碑

　　视频信息处理技术的发展历程可以概括为 7 个重要里程碑，如图 8-1 所示。它们分别是：PAL 制式的模拟视频（Analog Video）、CCIR 601 数字视频（Digital Video）、MPEG-4 数字视频压缩（Digital Video Compression）、iPod/iTunes 流媒体（Streaming Media）、Youtube 互联网视频（Internet Video）、Musical.ly 短视频（Short Video）以及 Sora 视频生成（Video Generation）。通过对这些里

程碑式技术的介绍，我们可以更好地理解多媒体视频信息处理的发展历程。

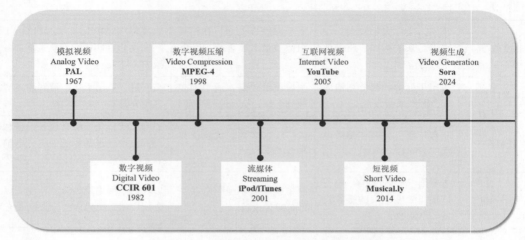

图 8-1　人工智能视频信息计算发展里程碑

人工智能多媒体视频信息计算的第一个里程碑是 1967 年德国工程师沃尔特·布鲁赫（Walter Bruch）提出的逐行倒相制（Phase Alternating Line，PAL）。这是一种电视广播中的彩色调频方法，规定了模拟视频的编码标准，主要用于欧洲、亚洲和澳大利亚等地区。PAL 制式以其优良的颜色稳定性和兼容性而广受欢迎，提供了 720×576 的分辨率和 4:3 的画面比例。尽管随着数字广播标准如 DVB-T（Digital Video Broadcasting - Terrestrial）和 DVB-T2 的兴起，PAL 制式逐渐退出历史舞台，但其对彩色电视发展的贡献依然值得肯定。

1982 年，国际无线电咨询委员会（CCIR）提出了 CCIR 601 标准。该标准定义了数字视频的编码方法和信号格式，将视频信号划分为亮度和色度两部分，并规定了关键参数如帧率、分辨率和色度采样率。CCIR 601 标准的推出不仅标准化了数字视频技术，还提升了视频质量，推动了数字电视的普及，成为人工智能多媒体视频信息计算发展历程中的重要里程碑。

1998 年，MPEG-4 标准正式发布，开启了数字视频压缩技术的新纪元，成为人工智能视频信息计算的里程碑。与之前的标准相比，MPEG-4 不仅注重视频和音频编码的比特率效率，还强调了多媒体系统的交互性和灵活性。该标准广泛应用于视像电话和视像电子邮件等领域，拓展了数字视频的应用范围。

2001 年，苹果公司推出了 iPod 和 iTunes，标志着流媒体技术开始广泛进入人们的生活。互联网的高速普及和移动设备的广泛应用，使用户可以随时随地获取媒体内容，推动了流媒体服务的兴起。网络带宽的提升和视频压缩技术的成熟，为流媒体服务的发展奠定了坚实的基础。

2005 年 YouTube 网站正式上线，这标志着互联网视频新时代的到来。YouTube 改变了人们获取和分享视频内容的方式，鼓励用户上传、分享和交流自己的视频内容，迅速发展成为全球最大的视频分享平台之一。它不仅丰富了人们的视听生活，还为创作者提供了展示才华和创意的舞台，成为改变人类生活方式的里程碑技术。

2014 年，随着智能手机的普及，短视频平台如 Musical.ly 开始迅速崛起，标志着 AI 与视频的结合进入新的发展阶段，这些平台通过提供即时、个性化和高质量的媒体内容，改变了用户获取信息和娱乐的方式。AI 技术对用户兴趣的分析和个性化推荐进一步提升了用户体验，推动了数字媒体产业的快速发展。

2024 年 Sora 模型的发布，标志着视频生成技术的重大进步。Sora 模型具备强大的文本理解能力和出色的视频生成效果，用户可以轻松将创意转化为生动有趣的视频作品。这项技术在短片、广告和宣传片的制作中表现尤为出色，展现了其广泛的应用潜力，成为现代人工智能视频处理技术的最新里程碑。

回顾人工智能多媒体视频信息计算技术的发展历程，从早期的模拟信号处理，到数字技术的崛起、网络视频的普及，再到如今的 AI 视频生成技术，每一步都深刻影响了我们的生活和工作方式。这些进步不仅提升了视频质量，改善了我们观看视频的方式，还拓展了视频应用的领域和边界。未来，随着技术的不断进步，我们可以期待视频技术将带来更多的创新和变革。

8.2 人工智能视频信息计算算法

在介绍了视频的基本概念、基本属性以及人工智能视频信息计算发展的总体趋势后，我们将进一步详细介绍人工智能视频信息计算领域的 7 个重要里程碑。这些里程碑不仅代表了技术发展的重大突破，还为后续的研究和应用提供了宝贵的实践经验。我们将深入探讨它们的核心技术、实现方法及其对人工智能视频信息计算领域的深远影响。

8.2.1 模拟视频与 PAL

模拟视频是一种利用连续变化的电子信号来表示图像和声音信息的技术，采用模拟信号传输和处理视频信号，其信号以连续变化的波形承载，包含了图像的亮度、色彩和对比度等信息。

模拟视频信号由摄像机等设备捕捉后，通过光电信号元件将光信号转换为电信号，再通过同轴电缆或模拟信号线传输至后端设备，最终可在电视机等显示设备上呈现出可视图像。模拟信号的传播和处理相对简单，不需要复杂的编码解码过程；模拟视频传输的是连续变化的信号，因此能够呈现出较为平滑的图像，这些特点使模拟视频在早期得到广泛应用。

在模拟视频的众多制式中，PAL 制式是其中很重要的一种。在 PAL 制式提出之前，国家电视标准委员会（National Television System Committee，NTSC）系统已于 1952 年在美国推出，是全球第一个彩色电视广播标准。然而，NTSC 系统存在显著的缺陷，例如颜色在传输过程中容易失真，尤其在接收条件不佳的情况下，色彩偏差更加明显。这种颜色失真的问题在不同的电视机和接收条件下会导致观看体验不佳，成为困扰用户的一大问题。为了解决这些问题，德国工程师沃尔特·布鲁赫于 1967 年提出了 PAL 制式。

PAL 制式是一种电视广播中的彩色调频方法，主要用于欧洲、亚洲和澳大利亚等地区。与 NTSC 相比，PAL 制式采用了逐行倒相技术，对同时传送的两个色差信号中的一个色差信号进行逐行倒相，另一个色差信号进行正交调制。这样，如果在信号传输过程中发生相位失真，由于相邻两行信号的相位相反，便可以起到互相补偿的作用，从而有效地克服了因相位失真而引起的色彩变化。因此，PAL 制式对相位失真不敏感，图像色彩误差较小，与黑白电视的兼容性也很好。此外，PAL 还采用特殊的色彩编码方式，这使得视频信号在传输过程中能够保持较高的色彩还原度和稳定性。PAL 还具有较强的兼容性，可以与其他标准的视频制式互相转换。

具体来说，PAL 制式以每秒 25 帧、625 行隔行扫描的方式呈现视频，其分辨率为 720×576，画面比例 4:3。这种配置不仅保证了图像的清晰度，还有效减少了闪烁，使观看体验更加舒适。PAL 制式的另一个优点是它的兼容性和适应性很强，能够在各种接收条件下保持良好的图像质量，这使得它在电视广播历史上占有重要地位。

总的来说，PAL 制式的提出和发展是多媒体视频信息处理历史上的一个重要里程碑。它通过解决 NTSC 系统的缺陷，显著提升了彩色电视的观看体验，推动了电视技术的发展。尽管随着技术进步，数字广播标准逐渐成为主流，但 PAL 的贡献仍然值得肯定。PAL 制式不仅在当时带来了显著的技术进步，也为未来的视频处理技术奠定了坚实的基础。然而，模拟视频因其信号的本质特性，在处理与传输过程中不可避免地会出现信号衰减和干扰问题，因此在网络传输等现代应用场景中显得力不从心。

8.2.2　数字视频与 CCIR 601

数字视频是指通过数字信号来表示、传输和处理的视频信号。它通过将模拟视频信号转换为数字信号，彻底改变了视频信号的表示、存储、传输和处理方式，拓展了视频的应用领域。模拟视频与数字视频的具体区别如表 8-4 所示。

表 8-4　　　　　　　　　　　　　　模拟视频与数字视频的区别

对比项	模拟视频	数字视频
数据表示	以连续波形形式传输信号，信号的幅度和频率可以随时间连续变化	以离散的数字信号方式表示、存储、处理和传输的视频信息
存储需求	需要依赖模拟设备和介质，如录像带、模拟电视信号等	通过数字存储媒体（如硬盘、光盘等）进行存储
应用领域	传统的电视广播、录像带等领域	广泛应用于数字媒体、互联网、移动设备、监控安防等领域。随着数字技术的不断发展，数字视频的应用范围也在不断扩展

与模拟视频相比，数字视频具有更好的多平台兼容性、更强的抗干扰能力以及更高的传输效率与稳定性，如表 8-5 所示。首先，数字视频采用了数字化编码技术，将视频信号转换为离散的数字数据。这意味着视频数据可以被更为精确地复制与处理，保持较高的保真度，而不会像模拟信号一样信号衰减。同时，数字视频还具备更强的纠错能力，能够在信号传输过程中自动检测和修复错误，确保视频信号的稳定性和可靠性。其次，数字视频支持更高效的压缩技术，这使得它能够在保证一定画质的前提下，大大减少存储空间和传输带宽的需求，因此在网络传输、移动存储以及云存储等应用中具有显著优势。最后，数字视频还支持更高的分辨率与帧率，并具备更强的编辑和处理能力。随着技术的不断进步，可以通过各种算法和软件工具对现代数字视频进行灵活的处理和编辑，实现视频内容的个性化定制和创意呈现。

表 8-5　　　　　　　　　　　　　　　数字视频的优势

对比项	模拟视频	数字视频
兼容性	不同系统之间兼容性差，如 NTSC、PAL 和 SECAM 系统之间互不兼容	具有较好的兼容性，可以在不同设备和平台之间轻松传输和播放
抗干扰性	图像质量容易受到电磁干扰和信号衰减影响，长距离传输时信号质量会下降	具有较强的抗干扰能力，长距离传输时信号质量几乎不会下降

续表

对比项	模拟视频	数字视频
可复制性	模拟视频信号每转录一次,就会有一次误差积累,产生信号失真	数字视频可以进行无数次的复制而不失真
压缩与文件大小	通常不使用压缩,传输和存储需要较大的带宽和空间	可以使用多种压缩算法(如 MPEG、H.264)来减小文件大小,提高存储效率
可编辑性	编辑和处理能力相对有限,通常需要使用专业的设备和软件	可以通过数字化设备进行编辑处理,更加灵活

在数字视频领域,CCIR 601(也称为 ITU-R BT.601)是一个重要的标准。该标准于 1982 年由国际无线电咨询委员会(International Radio Consultative Committee)提出,它定义了数字视频信号的色彩空间、采样格式与编码方式等关键参数,在电视和视频信号处理领域具有重要地位,广泛应用于数字视频的采集、存储和传输,为数字视频的标准化奠定了基础。

首先,CCIR 601 标准使用了 YCbCr 色彩空间,其中 Y 表示亮度,Cb 和 Cr 表示色度分量。YCbCr 色彩空间的优势在于它与人眼的感知特性更匹配。人眼对亮度的变化更为敏感,而对色度变化的敏感度较低,因此 YCbCr 色彩空间可以在减少数据量的同时保持较高的视觉质量。此外,YCbCr 色彩空间还方便了视频信号的压缩和传输。

其次,CCIR 601 定义了 4:2:2 的色度取样格式,其中 Y 分量以 13.5 MHz 的频率取样,Cb 和 Cr 分量以 6.75 MHz 的频率取样。CCIR 601 选择 13.5 MHz 和 6.75 MHz 的原因在于,它们是所有主要模拟电视系统(如 NTSC 和 PAL)行频率的公倍数。这种设计使数字视频信号在不同系统之间具有良好的兼容性和一致性,便于在数字视频与这些模拟系统之间进行转换和处理,同时确保信号的完整性和质量。

最后,CCIR 601 标准还规定了数字视频信号的编码方式。它采用了基于块的编码方法,将图像划分为多个独立的块,对每个块分别进行编码。这种编码方式能够充分利用图像的局部特性,提高编码效率,同时保持较高的图像质量。

综上所述,数字视频通过数字化编码技术彻底改变了视频信号的表示、传输和处理方式,相较模拟视频具有更高的信号质量与更强的稳定性。而 CCIR 601 标准的制定为数字视频的标准化和互操作性奠定了基础,对现代视频技术的发展具有深远的影响。

8.2.3　数字视频压缩与 MPEG-4

8.2.3.1　视频压缩技术简介

随着科学技术的不断发展,人类迈入信息时代,数字化日益普及。视频已经作为一种媒体形式进入计算机中,可以被计算机识别与处理。然而视频数据包含的信息丰富、细节多,不仅有静态的图像信息,还有动态的运动信息、音频信息。数字化的视频信息具有海量数据,这为多媒体信息的存储与传输带来了巨大的困难,也成为有效获取与利用多媒体信息的瓶颈之一。

数字视频压缩与
MPEG-4

假如不对原始的视频数据加以处理,它将占用多少内存呢?我们先来估算一段白内障手术视频的大小。可以通过考虑几个参数来估计,包括分辨率、帧率与时长。通常,为了追求更好的展示效果,白内障手术视频的分辨率会比较高,时长一般在几分钟到十几分钟之间,帧率通常为 30FPS 或更高。为了简化计算,我们简单地假设这段视频时长为 10min,帧率为 30FPS,分辨率

为 1920×1080，且不包含音频。

首先，需要计算每一帧的大小。由于分辨率为 1920×1080，每个像素使用 24 位来表示颜色（即 3 字节），所以每一帧的大小为：

$$1920 \times 1080 \times 3 = 6,220,800 \text{bytes} \tag{8.1}$$

其次，计算总的帧数。由于帧率为 30FPS，时长为 600s，所以总的帧数为：

$$30 \times 300 = 18,000 \text{帧} \tag{8.2}$$

最后，将每一帧的大小乘以总的帧数，得到视频文件的总大小：

$$6,220,800 \times 18,000 = 111,974,400,000 \text{bytes} \tag{8.3}$$

将其换算成更常见的单位，这段视频占用内存大约为 104.3 GB。这样的数据量对于个人用户来说，可能很快就会填满整个硬盘；对于企业或机构来说，则意味着巨大的存储和传输成本。因此，将视频数据压缩的重要性不言而喻。

8.3.2.2　视频数据冗余

图像、音频以及视频等多媒体数据在存储和传输时经过了一定的处理，以保持和验证数据的完整性，提高传输效率，或者更有效地利用存储空间。因此，多媒体数据或多或少都存在着一定的冗余。如果将视频中的冗余数据去除，可以使视频数据极大地减少，从而减少占用空间，提高传输效率。视频压缩即对原始视频数据进行数据编码，减小文件大小，正是通过减少或完全消除数据中的冗余，从而不损失或少损失其中的信息来实现的。视频数据冗余主要体现在以下几个方面：空间冗余、时间冗余、结构冗余、视听冗余与其他冗余，如表 8-6 所示。

表 8-6　　　　　　　　　　　　　　　　　视频信息的冗余类型

空间冗余	在视频帧内，相邻像素之间存在相似性，例如蓝天或墙壁的相邻像素颜色相近，通过去除这种冗余可以减少数据量
时间冗余	在视频序列信息中，相邻帧的图像往往有较大相关性。当前帧的图像信息与上一帧图像仅在微小处发生变化，因此存在时间冗余
结构冗余	某些图像具有均匀分布、规律纹理的结构单元，如草席图像、规则的瓷砖排布图像等，这便是结构冗余
视听冗余	由于人体生理特性所限，人类视觉、听觉系统所能接受的信息有限。例如人类对亮度比色度敏感，这一生理特性导致视频中存在一定的视听冗余
其他冗余	多媒体数据中添加了一些额外的数据，以便检查数据的完整性与正确性，这部分数据可以被归为其他冗余

8.3.2.3　MPEG 编码

20 世纪 80 年代末，随着数字技术的快速发展，人们开始寻求一种高效的音频和视频压缩方法，以满足日益增长的存储和传输需求。1988 年，国际标准化组织（International Standardization Organization，ISO）和国际电工委员会（International Electrotechnical Commission，IEC）联合成立了一个专家组，即运动图像专家组（Moving Picture Experts Group，MPEG），负责研究制定了运动图像及其伴音乐的数字编码、解码、同步等标准。

MPEG 的核心在于通过高效编码技术，实现视频数据的精简和优化。在 MPEG 算法中，视频压缩主要遵循 3 个重要原则：消除冗余、仅对运动区域进行编码以及运动补偿。首先，消除冗余是 MPEG 算法实现视频压缩的基础。视频数据中存在大量的空间冗余和时间冗余，这些冗余信息不仅占用了大量的存储空间，也增加了传输带宽的需求。其次，MPEG 算法强调仅对运动区域进行编码。在视频序列中，大部分场景是静态的或变化缓慢的，而真正包含重要信息的往往是那些运动区域。最后，运动补偿是 MPEG 算法中的另一个关键原则。通过预测当前帧与前一帧或后一帧之间的差异，MPEG 算法能够利用这种时间相关性来减少编码所需的数据量。

经过数年的研究和实验，MPEG 专家组于 1992 年发布了第一个正式的压缩编码标准——MPEG-1。MPEG-1 标准主要针对影音光碟（Video Compact Disc，VCD）和 MP3 等应用而设计，它采用了基于块的离散余弦变换和运动补偿等技术，实现了对音频和视频数据的高效压缩。MPEG-1 的推出标志着多媒体压缩技术进入了一个新的时代，它使大容量的音频和视频文件能够在有限的存储空间内存储，并且通过压缩后的数据传输也变得更加快速和高效。

MPEG-1 视频数据流的层次结构是其编码技术的核心组成部分，通过精细的分层设计，实现了视频数据的高效压缩和灵活处理。如图 8-2 所示，MPEG-1 视频数据流主要包括以下 6 个层次。

（1）序列层（Sequence Layer）：一个视频数据可看作一系列运动图像所组成的视频序列。序列层是整个视频数据流的最高层次，它为随机播放提供了全局参数支持。这些参数包括图像的宽高、像素高宽比、帧率、码率、视频缓存检验器（Video Buffering Verifier，VBV）大小、帧内量化矩阵以及帧间量化矩阵等。这些参数对于解码器正确解码视频数据至关重要。

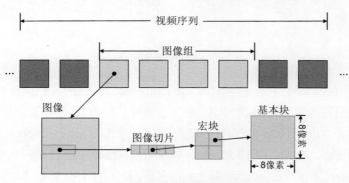

图 8-2　MPEG 视频数据流层次结构

（2）图像组层（Group of Pictures Layer）：图像组层在序列层之下，为随机播放、视频编辑以及分数帧率提供支持。图像组由多个连续的图像帧组成，可以根据需要进行调整。

（3）图像层（Picture Layer）：图像层是处理单个图像帧的层次。在这一层，视频数据被组织成单独的图像帧，每帧图像都包含了完整的视频内容。根据 MPEG-1 的编码规则，图像帧被分为不同类型（I 帧、P 帧或 B 帧），每种帧类型都有其特定的编码方式和作用。

（4）图像切片层（Picture Slice Layer）：图像切片层将单个图像帧进一步切分为多个切片。切片是视频编码中的一个基本单位，用于并行处理和错误恢复。通过将图像帧切分为多个切片，可以并行处理这些切片，从而提高编码和解码的效率。同时，切片也使得视频在传输过程中即使丢失部分数据，也能在一定程度上恢复出完整的图像。

（5）宏块层（Macroblock Layer）：宏块层是 MPEG-1 视频编码中最基础的层次。宏块是运动估计与运动补偿的基本单位，通常由多个像素点组成（如 16×16 像素）。在这一层，编码器会对宏块进行运动估计和补偿，以消除视频中的时间冗余。同时，宏块层还提供了宏块地址、运动矢量等关键信息，用于解码器重建原始视频内容。

（6）基本块层（Basic Block Layer）：基本块层是 MPEG-1 视频数据流的最底层，处理的是视频数据的基本单元。在这一层，视频数据被进一步分解为更小的块（如 8×8 像素的块），并进行 DCT 和量化等处理。DCT 用于将空间域的视频数据转换为频率域的数据，以便于进行更有效的压缩。量化则是对 DCT 系数进行缩减或舍入，以减少数据量并引入一定的压缩损失。

通过以上 6 个层次的精心组织和处理，MPEG-1 能够实现高效的视频压缩，同时保持较好的视频质量。这种层次化的结构使得 MPEG-1 编码的视频数据在存储、传输和播放过程中都具有较高的灵活性和可扩展性。

为了进一步提高压缩效率，MPEG-1 标准除了对单幅图像进行编码外，还利用图像序列的相关特性去除时间冗余度。为此，MPEG 标准将视频图像序列划分为帧内图（Intra-coded Picture，I 帧）、预测图（Predicted Picture，P 帧）以及双向预测图（Bidirectional Predicted Picture，B 帧），再根据不同的图像类型分别处理，如图 8-3 所示。

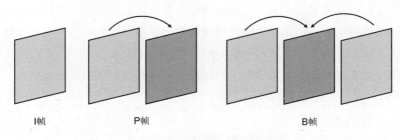

图 8-3　I 帧、P 帧与 B 帧

I 帧是视频序列中的基础帧。它通常是每个 GOP 的第一帧，其压缩基于帧内编码（如 JPEG 技术），即仅对单帧内的数据进行压缩，而不依赖于其他帧。它保留了图像的完整信息，因此可以在不参考任何其他帧的情况下重建。由于 I 帧不依赖其他帧进行编码，因此其压缩率相对较低，但质量较高。

P 帧，即前向预测帧。P 帧的编码依赖于前一帧视频帧，编码器会寻找前一个参考帧中与当前 P 帧最相似的部分，并通过运动矢量来表示两帧之间的差异。这样，P 帧仅需存储与前一帧的差异信息，而不需要存储整个帧的像素数据。因此，P 帧的压缩率通常比 I 帧更高。在解码过程中，解码器会根据运动矢量从参考帧中预测出 P 帧的内容，并与差异信息相结合，从而恢复出完整的 P 帧图像。

B 帧，即双向预测帧。B 帧的编码不仅依赖于前一帧视频帧，还依赖于后一个 P 帧。它利用前后两个参考帧之间的时间冗余信息来进行更高效的压缩。编码器会同时考虑前后两个参考帧，通过双向预测算法来估计当前 B 帧的内容。因此，B 帧的压缩率通常是最高的。然而，由于 B 帧的编码和解码过程相对复杂，它可能需要更多的计算资源。在解码时，解码器会根据前后两个参考帧以及运动矢量来恢复出 B 帧的图像。

在 MPEG 编码中，IPB 帧的组合使用可以实现高效的视频压缩。编码器会根据视频内容的特点和压缩需求，灵活地选择 I 帧、P 帧和 B 帧的比例和排列方式。由于 P 帧需基于前一帧生成，而 B 帧需要基于前后信息编码与重建，因此视频在编码与解码过程中的视频流顺序与图像的显示顺序往往并不一致。具体来说，重建 B 帧所需的参考帧须在相应的 B 帧之前传输。假设显示顺序为 I, B, B, P 的视频需要进行编解码，此时 1I 帧用作 4P 的参考帧，而 1I 和 4P 两帧用于 2B 和 3B 的预测。因此，编码序列中帧的顺序是 1I, 4P, 2B, 3B，解码器可解码出显示顺序，即 1I, 2B, 3B, 4P。

除 MPEG-1 之外，MPEG 专家组还继续研发并推出了其他 MPEG 标准。1994 年推出了更为先进的 MPEG-2 标准，在 MPEG-1 的基础上进一步扩展了应用范围，支持更高的视频分辨率和更丰富的音频格式，成为电视广播、数字光碟（Digital Video Disc，DVD）等高清视频应用的首选标准。MPEG 专家组还一度计划推出用于高清电视的 MPEG-3 标准，然而 MPEG-2 标准即可满足需求，因此 MPEG-3 标准没有正式推出。

1998 年，MPEG-4 标准推出，该方法基于 MPEG-1、MPEG-2 与苹果的 QuickTime 技术，并引入了基于对象的编码方式，支持多种媒体类型的编码，包括语音、视频、图像和文本等，并且提供了更好的交互性和可扩展性。这使得 MPEG-4 在互联网流媒体、移动媒体和多媒体通信等领域得到了广泛应用，是多媒体视频信息处理的一个重要里程碑。与 MPEG-1 和 MPEG-2 相比，MPEG-4 是一种更为先进的编码标准，它不仅支持更高的数据压缩比和网络传输的优化，还增加了对各种多媒体模态（包括语音、视频、文本和图像）的支持。

MPEG-4 标准的诞生，使视频多媒体处理技术步入了全新的时代，在技术上实现了真正意义上的融媒体创新。它不仅能够提供高质量的视频压缩效果，确保信息的有效传递与存储，更为重要的是，它支持语音、图像、文本等多种媒体类型的集成，实现了多媒体元素的深度融合。这种技术上的优化使视频多媒体在表达形式和内容上变得更为丰富多样，为用户带来了更为沉浸式的体验，进一步推动了多媒体产业的创新与发展。因此，MPEG-4 对多媒体的发展具有重要意义，使多媒体内容的传输和处理变得更加灵活和高效。

随着技术的不断进步和市场的变化，MPEG 专家组继续拓展其标准化工作。1998 年推出了多媒体内容描述接口标准 MPEG-7，它提供了一种标准化的方式来描述多媒体内容的特征和属性。通过 MPEG-7，人们可以更加方便地对多媒体信息进行检索、管理和交换，推动了多媒体内容的有效利用和共享。2000 年，MPEG 发布了 MPEG-21 标准，这是一个面向未来的多媒体框架标准，包括一个权限表达语言和一个权限数据字典。与其他描述压缩编码方法的 MPEG 标准不同，MPEG-21 描述的是定义了内容描述和访问、搜索、存储以及保护内容版权的标准。MPEG-21 旨在建立一个能够整合多种媒体类型、支持多种交互方式的多媒体平台，为未来的多媒体应用提供灵活且可扩展的架构。MPEG 系列标准如图 8-4 所示。

图 8-4　MPEG 系列标准

如今，MPEG 压缩编码技术已经广泛应用于各个领域，包括电视广播、电影制作、互联网流媒体、移动媒体等。它使得大容量的多媒体内容能够在有限的存储空间和传输带宽下实现高效的存储和传输，为人们的生活带来了极大的便利。同时，随着技术的不断创新和应用场景的拓展，MPEG 压缩编码技术将继续发挥重要作用，推动多媒体产业的持续发展。

8.3.2.4　H.261 与 H.264

1990 年国际电信联盟（International Telecommunication Union，ITU）制定了 H.261 标准，它是为视频会议和视频通信而设计的压缩标准，采用基于帧的压缩技术，将视频分解成一系列帧，并对这些帧进行高效压缩。H.261 主要采用了运动补偿和离散余弦变换等技术，实现了对视频数据的有效压缩，为早期的实时视频通信提供了有力支持。然而，由于技术限制，H.261 在编码效率和灵活性方面存在局限性。

随着技术的进步和高清视频需求的增长，H.264 应运而生。作为新一代的视频压缩编码标准，H.264 由 ITU-T 视频编码专家组（Video Coding Experts Group，VCEG）和 ISO/IEC 动态图像专家组（MPEG）联合制定。与 H.261 相比，H.264 采用了更为先进的编码算法和技术，如多参考帧、可变块大小、去块效应滤波等。这些技术的引入使 H.264 在相同视频质量下，能够使用更少的带宽和存储空间，还能够根据不同的应用需求进行灵活的参数调整和优化，从而实现最佳的编码效果，这为高清视频和流媒体应用提供了有力支持。

与 MPEG 系列相比，H.261 与 H.264 更专注于视频编码的优化，而 MPEG 则是一个涵盖音视频及系统的综合编码标准。尽管它们在应用场景和编码效率上有所区别，但都是推动多媒体发展的重要力量，共同促进了视频编码技术的进步。此外，H.264 与 MPEG-4 AVC 实为同一标准，体现了不同组织在视频编码领域的合作与共识。

总之，MPEG-4 技术提供了一种高效、灵活的视频处理手段，使视频内容的存储、传输和播放变得更加便捷和经济，为人们带来了更加优质、高效的视频体验，推动了多媒体领域的发展和创新。

8.2.4　流媒体与 iPod/iTunes

流媒体（Streaming Media）是指通过互联网或其他网络，使用流式传输技术，实时传输音频、视频等多媒体内容的技术。它将连续的多媒体信息经过压缩处理上传到网络服务器，允许用户在接收数据的同时播放媒体内容，无须等待整个文件下载完成。这种实时传输和播放的特点使流媒体技术成为现代网络应用中不可或缺的一部分。

流媒体技术的发展历程可以追溯到 20 世纪 90 年代，当时正值互联网的兴起和普及，然而由于网络带宽有限和传输技术不成熟，多媒体文件的下载和播放往往需要较长时间，用户体验不佳。因此人们开始探索如何通过网络传输多媒体内容，并不断追求传输的实时性与高效性，以提升用户体验。在这样的背景下，1994 年，一家名为 Progressive Networks 的美国公司成立，标志着流媒体技术的正式亮相。该公司于 1995 年推出了基于 C/S 架构的音频接收系统 Real Audio，适用于网络音频播放，并且可以随着用户网络带宽的不同而改变声音的质量，在保证大多数人能听到流畅声音的前提下，令带宽较宽敞的听众获得较好的音质。

随着 Real Audio 的成功，流媒体技术逐渐引起了更多人的关注。苹果和微软等科技巨头看到了流媒体技术的巨大潜力，纷纷加入了这个领域。2001 年，苹果发布了 iPod，这是一款便携式音乐播放器，它具有大容量的存储空间、高品质的音乐播放效果和简约的外观设计，深受广大消费者喜爱。与 iPod 一同推出的还有 iTunes，这是一个供 Mac 和 PC（Personal Computer，个人计算机）使用的免费应用程序，其界面如图 8-5 所示。iTunes 不仅能够播放所有的数字音乐和视频，还可以将用户的媒体文件收藏导入 iPod。用户可以通过 iTunes 轻松管理自己的音乐和视频库，创建个性化的播放列表，甚至可以从 iTunes Store 购买和下载音乐、电影和电视节目。iPod 与 iTunes 的结合为用户提供了无缝的媒体体验，这不仅彻底改变了人们享受音乐的方式，更标志着流媒体技术的成熟与广泛应用，是人工智能视频信息计算的一个重要里程碑。

流媒体技术的核心在于其独特的传输和播放机制。它采用了流式传输的方式，将多媒体内容分割成一系列小的数据包，并通过网络逐个发送给用户。用户在接收到一个数据包后，可以立即开始解码和播放，而无须等待整个文件下载完成。这种流式传输的方式不仅提高了传输效率，还减少了用户的等待时间，提升了用户体验。

为了实现流式传输，流媒体技术采用了多种关键技术，如表 8-7 所示。

图 8-5　苹果公司流媒体播放器 iTunes Store

表 8-7　　　　　　　　　　　　　　　　流媒体技术基础

压缩编码	视频编码：使用 H.264、H.265（HEVC）等视频编码标准，将原始视频数据压缩以减少带宽需求
	语音音频编码：使用 AAC、MP3 等音频编码标准对音频数据进行压缩
缓存技术	客户端缓存：在用户设备上临时存储部分视频数据，常见的缓存策略包括预加载、缓冲区管理等
	内容分发网络（CDN）缓存：在多个地理位置分布服务器缓存视频内容
传输协议	HTTP Live Streaming（HLS）：由 Apple 开发，通过将视频分割成小段并通过 HTTP 传输，实现流媒体播放
	Dynamic Adaptive Streaming over HTTP（DASH）：一种开放标准，类似于 HLS，通过动态调整视频质量以适应网络带宽变化，确保平滑播放
	Real-Time Messaging Protocol（RTMP）：由 Adobe 开发，适用于直播流媒体传输，低时延、高实时性

首先是编码技术，它将原始的多媒体内容转换为适合网络传输的格式，包括视频编码与语音音频编码。常见的视频编码格式包括 H.264、H.265 等，它们能够在保证一定画质的前提下，大大减少数据的传输量。音频编码格式有高级音频编码（Advanced Audio Coding，AAC）、MP3 等，这些编码格式能够有效压缩音频数据，同时保证音质。

其次是缓存技术，为了确保流畅的播放体验，流媒体技术在用户端的计算机上创建了一个缓冲区。在播放前，系统会预先下载一段内容作为缓冲，当网络实际连线速度小于播放所需的传输速度时，播放程序就会从缓冲区中读取数据，从而避免播放的中断。客户端缓存技术包括预加载和缓冲区管理，预加载可以提前下载部分内容，而缓冲区管理则是动态调整缓冲内容的存储和读取。内容分发网络（Content Delivery Network，CDN）缓存也是关键技术之一。CDN 通过在多个地理位置部署缓存服务器，将内容分发到离用户最近的服务器，从而加快内容的传输速度，提高播放的稳定性和流畅度。

最后，还有特殊设计的网络传输协议。流媒体技术通常采用基于 HTTP 的协议进行数据传输，如 HLS（HTTP Live Streaming）和 DASH（Dynamic Adaptive Streaming over HTTP）等。这些协议能够根据网络状况自动调整传输速度和视频质量，保证流畅的播放效果。HLS 和 DASH 可以将视频切分成小段，客户端根据网络带宽动态选择合适质量的片段进行播放，从而实现自适应流媒体传输。这些传输协议不仅提高了播放的连续性和稳定性，还增强了用户的观看体验。

通过结合先进的编码技术、缓存技术和传输协议，流媒体技术能够在各种网络环境下提供高质量的多媒体内容播放体验。这些技术共同作用，使流媒体成为现代视频和音频传输的重要手段，广泛应用于各种在线内容服务。随着技术的不断进步，流媒体技术也经历了从音频到视频、从低速到高速的演变，流媒体应用进一步快速发展，并逐渐深入人们生活的各个领域。

流媒体的广泛应用极大地便利了人们的生活，丰富了人们的视听体验，如表 8.8 所示。音乐流媒体平台能实时播放各类视频内容，并依据用户喜好推荐个性化内容；直播服务通过流媒体技术，让体育赛事、演唱会等现场活动实时传输至用户设备，提供沉浸式观看体验；教育领域则借助流媒体实现远程教学和在线学习，打破地域限制，丰富学习资源；企业领域亦广泛应用流媒体技术，如线上会议、培训及产品发布等，有效节省成本、提升效率。随着智能手机和平板等移动设备的普及，流媒体技术也逐渐向移动端延伸，使用户可以随时随地观看流媒体内容。

表 8-8　　　　　　　　　　　　　　　流媒体的不同应用

音乐流媒体	Spotify：提供海量音乐库，使用户可以在线听歌、创建和分享播放列表，并根据用户喜好推荐个性化内容 Apple Music：类似于 Spotify，提供音乐流媒体服务，同时还提供独家音乐内容和个性化推荐
在线教育	慕课 MOOC：提供来自全球知名大学和机构的在线课程，用户可以通过流媒体视频学习各种课程内容
远程会议	Zoom：广泛应用于远程办公、在线教育和网络研讨会，支持高质量的视频和音频流媒体
直播流媒体	Facebook Live：用户可以通过 Facebook 平台进行实时视频直播，适用于新闻报道、活动直播和个人分享

总之，流媒体技术以其独特的实时传输和播放特点，改变了人们获取和观看视频内容的方式，并深入到了现代生活的方方面面。随着技术的不断进步和市场的不断扩大，流媒体技术的未来发展将更加广阔和多样化。我们可以看出流媒体技术的几个发展趋势：更高质量的音视频体验、更加个性化的推荐与内容定制、更强的互动性与社交性。我们期待着流媒体技术在未来能够为我们的生活方式带来更多惊喜和创新。

8.2.5　互联网视频与 YouTube

在信息化的今天，互联网已经逐渐成为我们日常生活中不可或缺的一部分。互联网视频即通过互联网传输的视频内容，与传统的电视广播相比，它不受时间和空间的限制，只要有网络连接我们就可以随时随地观看各种视频内容。这种独特的传播方式为我们的生活带来了便捷与乐趣，同时也在教育、娱乐、新闻传播等领域发挥着日益重要的作用。

2005 年，陈士骏等人创立了视频网站 YouTube，这是互联网视频发展的重要里程碑，其界面如图 8-6 所示。用户不仅可以观看网络视频，还可以进行个人创作并上传平台。这不仅为创作者提供了展示才华、实现价值的舞台，还鼓励了视频种类的多样性。如今，YouTube 已成为全球最受欢迎的在线视频平台之一。从音乐、电影、电视节目到游戏、教育、娱乐和新闻，YouTube 上的视频内容丰富多彩，满足了人们多样化的需求。

图 8-6　视频网站 YouTube

YouTube 的一大亮点是其互动性。观众可以在视频下方发表评论、点赞、点踩、分享和订阅上传者，也可以与其他用户以及创作者进行互动。这种互动不仅增加了观看视频的乐趣，也让用户有机会与志同道合的人建立联系，拓展自己的社交圈。同时，这也拉近了观众与创作者之间的距离，视频创作者可以根据观众的反馈和建议，不断改进和优化自己的作品，从而提升视频创作的质量。同时，YouTube 还提供了字幕、360 度视频、直播等功能，进一步丰富了用户的观看方式与互动体验。

相比传统视频媒体，以 YouTube 为代表的网络视频平台具有显著的优势，如表 8-9 所示。首先，用户可以随时随地观看视频，只需通过互联网连接，无论是在家中、办公室，还是在路上，都能方便地访问平台上的海量内容。其次，平台利用先进的算法为用户提供个性化推荐，根据用户的观看历史和兴趣爱好，推送相关视频内容，大大提升了用户体验。此外，网络视频平台提供了实时聊天和互动功能，用户可以在观看直播或视频时与其他观众和内容创作者进行实时交流，增强了参与感和社区感。最后，这些平台为内容创作者提供了一个自由的舞台，任何人都可以上传并分享自己的视频内容，展现创意和才华，同时还能通过广告分成和粉丝打赏等方式获得收入。这些优势使网络视频平台在现代社会中越来越受欢迎，逐渐成为人们获取信息和娱乐的主要渠道。

表 8-9　　　　　　　　　　　　　网络视频较传统视频的优势

随时随地观看	用户可以随时随地通过互联网访问视频内容，无须复杂的设备，无须等待特定的播放时间
个性化推荐	网络视频平台使用大数据和人工智能，根据用户的观看历史、搜索记录和偏好，推荐个性化内容，提高用户满意度
互动性与社交性	观众可以在直播视频中与主播和其他观众进行实时聊天和互动，增加观看的参与感和乐趣
内容创作	网络视频平台为个人和小团队提供了低门槛的内容创作和发布途径，无须昂贵的设备和专业的制作团队

综上所述，网络视频作为一种新兴的信息传播方式，已经深入到了我们日常生活中。其内容的丰富多样性、观看的灵活便捷性、强大的互动性以及创作的自由性，不仅为传统的视频媒介注入了新的活力与特色，更在无形中改变了我们的生活方式。

8.2.6　短视频与 Musical.ly

近年来，短视频以其独特的魅力迅速崛起，逐渐成为大众娱乐和信息获取的新宠。据《中国网络视听发展研究报告（2024）》的数据显示：2023 年，移动互联网用户人均单日使用时长为 435 分钟，其中移动端网络视听应用人均单日使用时长为 187 分钟，短视频人均单日使用时长 151 分钟。足见短视频之风靡。短视频就是时长较短的视频内容，它的出现离不开移动互联网技术的快速发展和智能手机的普及。随着网络带宽的提升和智能手机的性能优化，用户可以随时随地通过手机观看、分享和创作短视频。这种便捷性使短视频在短时间内迅速传播，成为社交媒体平台上的一股热潮。

与传统网络视频相比，短视频最大的特点在于其时长短、节奏快、内容精炼。一般来说，短视频的时长在几秒到几分钟不等，这要求创作者的表达形式形象、准确、有冲击力，能够在有限的时间内将信息准确、生动地传递给观众。因此，短视频往往具有高度的概括性，语言表达一般较为有趣，以便迅速吸引观众的注意力。同时，短视频也注重视觉效果和音效的运用，通过循环播放耳熟能详的歌曲，配合夸张的音效等手段，营造出富有冲击力和感染力的视听效果。

短视频的另一个特点是内容多样、形式灵活。它可以涵盖生活的方方面面，包括生活记录、才艺展示、知识科普、搞笑娱乐等各个领域。创作者可以根据自己的兴趣和特长，选择适合自己的创作方向。同时，短视频的创作门槛较低，创作形式也非常灵活，可以是单人自拍、多人合作，也可以是专业团队制作的精良作品。这种多样性使短视频能够满足不同用户的观看需求，吸引更广泛的受众群体。

短视频的技术基础包括视频压缩算法、内容分发网络技术、云计算技术和推荐算法。这些技术的结合确保了短视频平台能够在移动网络环境下提供流畅的观看体验。首先，短视频通过先进的视频压缩算法，如 H.264 和 H.265，将视频数据快速压缩，减少文件大小，同时保持较高的画质。其次，内容分发网络技术通过在多个地理位置部署缓存服务器，将视频内容高效地分发到离用户最近的服务器，进一步加快了视频加载速度。短视频平台还利用云计算技术，实现了海量视频内容的存储和管理，以及高效处理大量用户的访问请求。推荐算法在短视频平台中也扮演了重要角色。平台通过分析用户的观看历史、兴趣爱好和互动行为，利用机器学习和数据挖掘技术，为用户提供个性化的内容推荐。这不仅提升了用户体验，也增加了用户粘性，使用户能够发现更多感兴趣的视频内容。

短视频能利用知识挖掘与推荐算法，为用户提供个性化的推荐内容。短视频知识挖掘与推荐算法从视频感知分析开始，通过视觉分析、语音识别和文本光学字符识别（Optical Character Recognition，OCR）技术对视频内容进行多模态内容解析。视觉分析可以识别视频中的人物、物体和场景，例如识别出某个著名演员在特定场景中的出现。语音识别则将视频中的语音信息转换为文本，这对于理解对话内容和背景信息非常重要。文本 OCR 技术则用于提取视频中出现的文字信息，如字幕、标牌等，进一步丰富了视频内容的解析维度。

在这些基础数据的支持下，便能进行视频知识理解了。视频知识理解包括实体理解和主题理解两个方面：实体理解旨在识别视频中的人名、角色名、地点名等关键信息，例如确定某个角色的名称和出演的演员；主题理解则侧重于识别视频的主要情节、动作和场景。例如，在一部动作电影中，主题理解可以识别出追逐场面和主要冲突情节。之后，进行视频情景理解，即对视频中的动作和场景进行详细理解，包括实际理解和主题理解两个部分，并生成视频的情景知识图谱。这个知识图谱不仅包含视频中出现的实体，还包括这些实体之间的关系和互动。例如，它可以展示某个角色与另一个角色之间的对话关系，或者某个场景中发生的关键事件。

随后，将理解的实体和主题进行结构化处理，包括定义实体（如别名、演员、角色等）和主题（如动作片段、电影片段等）。这种结构化处理可以帮助构建相关的知识子图，具体创建过程参见 3.2.4 小节。知识子图通过详细展示实体与实体、主题与主题之间的关系，形成复杂的知识网络。例如，图谱中可以展示某个演员在不同电影中的角色，或者某个主题在不同视频中的多次出现。

通过知识图谱，推荐算法可以进行精准的短视频内容推荐。算法通过分析知识图谱中的节点和关系，推荐用户可能感兴趣的相关视频内容。例如，如果用户对某个演员的电影感兴趣，推荐算法可以推荐该演员出演的其他电影，或者与该电影主题相关的视频内容。这种对短视频内容的深度解析和精准推荐不仅提高了用户的观看体验，也为视频内容的发现和推荐提供了强大的技术支持，使用户能够更容易地找到自己感兴趣的视频内容。

2014 年，上海闻学网络科技有限公司推出短视频应用程序 Musical.ly，这是一款以音乐为主题的短视频社交平台，其界面如图 8-7 所示。用户不仅可以选择心仪的背景音乐录制自己的短视频、展示自己的个人才艺，还可以与其他用户分享自己的创意和才华、交流音乐文化。除了个人创作，Musical.ly 还鼓励用户之间的互动和合作。用户可以关注其他创作者，点赞、评论和分享他们的作品，还可以与其他创作

图 8-7　短视频社交平台 Musical.ly

者进行合作，共同创作出更具创意和观赏性的短视频作品。这种社交属性使 Musical.ly 成为一个充满活力和温暖的社区，让用户能够在这里找到志同道合的朋友，共同追求音乐梦想。总之，Musical.ly 以音乐+短视频的形式，在年轻人中风靡一时。2017 年，Musical.ly 被抖音的母公司字节跳动收购，之后与 TikTok 合并，专注于海外市场。抖音则是面向中国大陆的版本，其功能更丰富多样，除音乐短视频等功能外，还包含直播、电商平台等业务，甚至在北京、上海、成都试点开展外卖配送服务。

短视频作为一种新兴的视频媒介，凭借简洁明快的节奏、生动有趣的画面以及丰富的信息含量，吸引了大量用户的关注和喜爱。然而，短视频的发展与流行也伴随着一些风险。首先，短视频内容的质量参差不齐，一些低俗、含有不良信息的内容时有出现，对用户的身心健康造成潜在威胁；其次，短视频的创作门槛相对较低，导致大量重复、缺乏创意的作品涌现，使用户产生审美疲劳；最后，由于短视频的获取异常便捷（在抖音中，用户仅需向下划动即可观看一个新视频），并配备了个性化推荐系统，用户往往容易沉溺其中难以自拔，可能导致思维浅薄化。针对这些问题和挑战，应用程序开发者与监管平台需继续探索应对措施，以确保短视频行业的健康发展。

8.3　现代人工智能视频信息计算算法：Sora

随着人工智能技术的飞速发展，视频生成技术逐渐成为热门话题。视频生成指利用人工智能技术，让模型根据给定的输入（如文本描述、图像或视频片段）自动生成具有连贯性和逼真度的视频内容。这项技术不仅极大地拓展了创作者的想象空间、提高了制作效率，也让我们看到视频生成领域乃至人工智能技术未来巨大的发展潜力。

视频生成与 Sora

视频生成模型的核心在于其强大的生成能力。通过训练大量的视频数据，模型学会了如何捕捉视频中的运动规律、场景变化以及色彩搭配等要素。当给定一个描述性提示时，模型能够将这些要素进行组合和创新，生成与提示相匹配的视频内容。这种生成能力不仅限于简单的图像组合，还能够实现复杂的场景构建、动作变换等细节。此外，视频生成模型还兼具高效性，能够在短时间内生成高质量的视频内容。这大大提高了影视制作的效率，使更多的创意和想法得以实现。

近年来，生成对抗网络（Generative Adversarial Networks，GAN）是视频生成领域的热门技术。它由生成器和判别器两部分组成，生成器负责生成视频帧，而判别器负责判断生成的视频帧是否真实。通过不断的对抗训练，GAN 模型能够逐渐提高生成视频的质量，使得网络能够生成越来越逼真的内容。在视频生成中，GAN 模型可以捕捉视频帧之间的时间连续性和空间一致性，从而生成流畅且逼真的视频内容。本书 5.2.5 小节介绍的扩散模型（Diffusion Model）是另一种重要的视频生成技术。它借鉴了物理学中的扩散过程，通过逐步添加噪声和去噪声的方式，从随机噪声中生成视频。扩散模型在视频生成中表现出色，能够生成具有丰富细节和动态变化的视频内容。此外，扩散模型还具有较好的可控性，可以通过调整噪声的强度和扩散速度来控制生成视频的风格和特性。

2024 年 2 月 16 日，科技公司 OpenAI 发布了名为 Sora 的文本生成视频大模型，这再次掀起了科技界的热潮。Sora 这个名称源自日文的"空"（そら），即天空之意，象征着无限的创造力和可能性。该模型仅需用户输入对所需视频的自然语言描述，便能生成令人惊艳的视频内容。在此之前，虽然已有 Runway、Pika 等文生视频工具，但它们仍在努力突破视频连贯性的几秒限制。而 Sora 却已经能够直接生成长达 60s 的一镜到底视频，其技术的成熟度与先进性令人瞩目。更值得一提的是，目前 Sora 还未正式发布，就已经展现出了如此惊人的效果，让人对其未来的潜力充满了期待。

Sora 是一款专注于视频生成的大模型，它利用大语言模型（Large Language Model，LLM）的强大自然语言处理能力，能够理解文本描述并生成高质量的视频内容。其中，LLM 是一种深度学习模型，它基于海量的文本数据进行训练，具有强大的语言处理能力。与其他 Sora 视频模型相比，基于大模型的 Sora 可以更加准确地理解自然语言输入、呈现细节，更好地理解和表达物体在物理世界中的存在，以及在场景中表达情感色彩。

Sora 的技术基础可以概括为 3 个部分：Transformer 架构、时空块（Spacetime Patch）以及 Diffusion Transformer（DiT）架构。

1. Transformer 架构

Transformer 架构在自然语言处理任务中表现出了强大的处理能力（详见 3.3 节），是 Sora 技术的基础和重要组成部分。其核心优势在于自注意力机制，能够高效处理长距离依赖问题，从而提升模型在理解和生成语言方面的表现。Sora 充分利用了 Transformer 架构的核心特性，具备强大的语言理解和生成能力，这使其能够精确响应用户的文本描述，生成高质量的视频内容。

2. 时空块

大模型的成功有一部分归功于文本令牌（Token）的使用，这种令牌成功地将文本、代码、数学和各类自然语言等不同模态统一起来。同样地，Sora 模型采用类似于 GPT-4 等大模型对文本令牌进行操作的方式来处理视频，即将视频数据转为时空块。块序列类似于语言模型中的单词令牌，这使模型能够有效地处理各种视频信息。Sora 将视频输入压缩到低维空间，再将视频表示分解为时空块，如图 8-8 所示。这种基于视觉块的视频特征表示方法使 Sora 能够在不同分辨率、时长和长宽比例的视频上进行训练。在推理时，也可以通过在适当大小的网格中排列随机初始化的块来控制生成视频的大小。此外，该方案也适用于生成图像，因为图像可以被视为单帧视频。

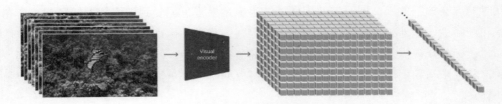

图 8-8　Sora 将视频输入转为视觉块

3. Diffusion Transformer 架构

Diffusion Transformer 是一种结合了扩散过程与 Transformer 架构的新型深度学习模型，该模型通过巧妙地将两种技术的优势结合，显著提升了图像生成任务的效果。

模型首先从随机噪声开始，逐步进行去噪，最终生成清晰连贯的图像场景，如图 8-9 所示。这个去噪过程利用 Transformer 的自注意力机制，使每一步生成的数据都能够考虑到全局信息，从而提高生成数据的质量。在扩散过程的每一个时间步中，Transformer 的自注意力机制被用于建模当前时间步与其他时间步之间的依赖关系。这种全局建模能力使每一步生成的数据更加准确，细节更加丰富。在实际生成数据时，Diffusion Transformer 从纯噪声开始，逐步应用学习到的去噪过程，最终生成高质量的目标数据。

图 8-9　Sora 模型生成图像的过程：随着训练次数增加，噪声逐渐去除，生成图像质量提高

　　此外，Sora 相比现有的其他视频生成模型，还具备一些其他优势。首先，Sora 具有强大的语言理解能力。OpenAI 利用 Dall·E 模型的重述要点（Recaptioning）技术，生成视觉训练数据的描述性字幕，还结合了 GPT 技术，将简短的用户提示转化为更为详尽的转译，从而确保 Sora 能够精确响应用户提示，生成高质量的视频内容。其次，Sora 支持多样化的输入方式，包括图像、提示词以及已有的视频，这种灵活性使 Sora 能够执行更广泛的图像和视频编辑任务，如创建无缝循环视频、将静态图像转化为动画、向前或向后扩展视频等。此外，Sora 在保持场景和物体的连贯性与一致性方面表现出色：它支持生成有动态摄像机运动的视频。随着摄像机的移动和旋转，人和场景元素在三维空间中一致移动，从而提升了生成视频的自然度。最后，Sora 在处理被遮挡物体时也表现极佳，即便画面主体暂时离开视野，也能保持其连贯性和稳定性。使用 Sora 生成视频的一个示例如图 8-10 所示，输入的提升词是：几只巨大的、毛茸茸的猛犸象踏着白雪皑皑的草地走近。

　　总的来说，Sora 与其他的视频生成模型为影视制作与内容创作带来了革命性的变化。它以强大的生成能力、灵活性和高效性，为创作者提供了前所未有的高效解决方案。然而，目前 Sora 及其背后的视频生成技术仍面临着一些挑战和限制。例如，现有技术还无法完全理解真实世界的物理规律，很难模拟出正确的复杂运动和光影效果。图 8-11 是使用提示词"篮球穿过篮筐，然后爆炸"用 Sora 生成的视频的其中一帧：篮球与篮筐发生了不合物理规律的接触，类似于模型交互时的"穿模"效果。同时，使用模型的生成结果也可能受到训练数据的影响，存在一定的偏差和局限性。此外，视频生成技术也可能存在一些道德伦理风险，如滥用技术可能侵犯个人隐私、误导公众视听，还可能导致原创作品的版权被侵犯，甚至身份被盗用等。然而，随着技术的不断进步与相关法律法规的确立，我们可以期待一个更加真实、安全、可控的视频生成技术的到来。

图 8-10　Sora 生成效果展示

图 8-11　Sora 生成效果局限性：不合理的物理建模

8.4　现代人工智能视频信息计算应用：
手术场景分析

　　手术场景分析是一种利用先进的计算机智能技术对手术过程中的场景进行实时监控和分析的方法。其主要目的是提高手术的精确性和安全性，优化手术流程，并为术后评估和培训提供数据支持，这涉及多项关键技术，包括计算机视觉、机器学习、深度学习等。手术场景分析的应用，不仅提升了外科手术的效果，还为医疗培训和手术质量评估提供了宝贵的参考。

　　手术场景分析算法常常涉及器械和组织的检测、器械与组织间关系的识别以及手术步骤的实时跟踪，本节以基于场景图生成的手术场景理解为例，介绍手术场景分析算法。

　　基于场景图生成的手术场景理解过程可分为两个阶段。第一个阶段进行物体检测，识别和定位静态图像中的关键信息。静态图像的目标检测任务已在 5.2.6 小节介绍过，该任务专注于在单幅图像中准确识别和定位目标物体。而视频的目标检测则进一步扩展了应用范围，它是时间序列中的目标检测任务，需要在连续的视频帧间保持对目标的持续跟踪和分类，以捕捉目标在动态变化中的状态和行为。一般而言，视频的目标检测任务通过深度学习算法实现，如 Faster-RCNN 和 Mask-RCNN 等，在这一过程中识别出各个物体，并确定它们的边界框。第二阶段是关系检测和图结构生成。在物体检测的基础上，使用图神经网络（Graph Neural Network，GNN）等技术进一步分析这些物体之间的关系，如"钳子夹持血管"或"剪刀切割组织"。这一阶段的目标是生成一个结构化的场景图，其中的节点表示手术过程中涉及的物体，边表示它们之间的操作关系。这些方法能够动态捕捉手术过程中各个步骤的变化和关键操作，提供了对手术场景的精确理解。

　　针对这两个阶段的任务，可以采用一种新的方法，将器械和组织之间的交互表示为一组五元组：器械边界框、组织边界框、器械类别、组织类别和动作类别，并开发了一种名为五元组检测网络的新模型。该模型设计了一种改进版的 Faster R-CNN 网络，它结合了时空注意力层（Spatio-Temporal Attention Layer，STAL），可以同时考虑视频中的空间和时间信息，更准确地识别出器械和组织。接着进行五元组的预测，即根据第一阶段识别出的器械和组织，预测它们之间的交互动作。这一阶段使用了一个基于图的五元组预测层（Graph-based Quintuple Prediction Layer，GQPL），通过分析器械和组织之间的关系，预测出它们之间的具体交互动作类别。

　　这项研究的成果不仅具有深远的学术价值，而且在实际应用中具有重要的意义。手术视频场景的精确分析不仅可以提供实时的手术过程监控，还可以用于术后评估和培训。医生可以通过这项技术了解每一步操作的细节和相互关系，从而优化手术流程，提升手术质量。此外，这一技术还可以用于手术机器人辅助系统，提供更智能的操作建议和警示，确保手术安全。可见，人工智能视频信息计算技术的应用，特别是在手术分析领域，为现代医疗领域带来了革命性的变革，极大地提高了手术的安全性和效果。

8.5　本章小结

　　本章全面介绍了视频信息处理的 7 个里程碑及相关知识。首先介绍了视频的概念与基本属性，并引入了从模拟视频到数字视频的发展历程，以及二者的区别与联系，展现了视频技术的深刻变革。随后重点讲解了数字视频压缩技术，这是视频处理中的关键环节，对于提升视频传输效率和质量具有重要意义。此外，还介绍了流媒体、互联网视频和短视频等现代视频应用，展现了视频技术在信息社会中的广泛应用和深远影响。值得一提的是现代视频生成技术 Sora，这一创新技术为视频创作带来了无限可能，展示了视频处理技术的发展潜力。最后，介绍了视频信息处理技术的应用案例，旨在带领读者了解这一技术的现实应用与发展前景。

习题

（1）什么是模拟视频？什么是数字视频？二者有何区别？

（2）请简述 MPEG 视频压缩标准中的 I 帧、P 帧和 B 帧分别是什么，并从编码与解码的角度解释它们的区别。

（3）某视频使用了 MPEG 视频压缩标准，其中一段序列中帧的类型依次为 I B B P B B P。请确定这些帧的编码顺序。

（4）什么是流媒体？它与传统视频媒体有何区别？

（5）简单介绍一下 Sora 的技术基础。

第9章
融媒体及生成式融媒体经典应用

　　近年来，随着人工智能多媒体计算、大模型及生成式人工智能技术的突破性进展，融媒体特别是生成式融媒体的发展进入了一个全新的阶段。融媒体不仅是多媒体和多媒体算法的进一步演化，更是这些先进技术融合应用的产物。融媒体算法能够融合来自不同媒体源的信息，通过智能分析，生成新的融媒体内容。算法需要考虑融媒体中不同媒体之间的语义关联和上下文信息，以实现信息的有效融合和呈现。融媒体的发展主要体现在以下两个层面：在技术层面，融合多种媒体输入的通用人工智能计算融媒体算法和大模型的开发；在应用层面，多媒体融合算法和大模型技术的具体应用。

　　近几年，生成式融媒体模型从 ChatGPT、Whisper、Sora 到 GPT-4o 被相继开发出来，它们在文本、语音、图像、图形、动画和视频等通用多媒体模态信息融合和生成领域取得了重要进展。

　　本章主要介绍生成式融媒体模型与 GPT-4o 以及 4 个生成式融媒体的经典应用，包括图文生成式融媒体系统、通用生成式融媒体系统、生物学生成式融媒体系统和虚拟真实世界，如图 9-1 所示。旨在通过具体案例呈现生成式融媒体技术在具体应用领域的不同层面上提供的新质生产力支持，促进了行业升级。

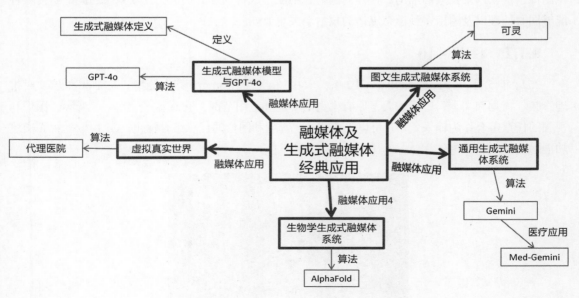

9.1　生成式融媒体模型与 GPT–4o

本节我们先回顾目前的生成式融媒体基础模型——Transformer，并深入探讨它在处理非序列数据任务中的应用。然后介绍对行业产生巨大影响的生成式融媒体模型 GPT-4o 的原理和功能。

9.1.1　生成式融媒体基础模型

随着深度学习时代的到来，基于大数据的模型训练和优化为多模态处理提供了坚实的基础。多模态技术旨在综合处理文本、图像、音频和视频等多种形式的媒体数据，从而实现更高层次的信息理解和生成。近年来，Transformer 模型的出现极大地推动了这一领域的发展。第 3 章和第 4 章介绍了 Transformer 模型在人工智能文本信息计算领域的应用，并展示了它在自然语言处理任务中的卓越性能。而 ViT 的出现打破了 Transformer 只能应用在文本、语音等序列数据中的技术壁垒，让 Transformer 算法同样能够应用在视觉任务中。ViT 依靠 Transformer 模型中的自注意力机制来捕捉图像中的特征，其主要思想是把图像编码为序列型数据，即将输入图像分割成固定大小的图像块（Patch），再将这些图像块展平成为一维向量，然后通过一个线性变换（全连接层）将其映射到一个固定维度的嵌入空间，最后加入位置编码，从而将图像转换为一串序列数据。ViT 的性能已经在各种视觉任务中得到印证，比如第 5 章提到的图像识别、图像分割任务以及视频分类、视频目标检测任务等。

尽管 Transformer 已经在 ChatGPT、Whisper 以及 SAM 等大模型中广泛使用，但是它有一个不足——仅适用于单一模态的任务，缺少处理多种媒体模态的能力，也缺少输出多种媒体模态的能力。比如使用 ChatGPT 时，它只能针对文本输入进行回应，回应的内容也只能是文本。由于缺少图像、语音以及视频的辅助，这样的回复并不能达成特别好的人机交互效果。因此，研究一种能够同时处理以及输出多种模态媒体的技术至关重要。

9.1.2　GPT–4o

2024 年 5 月，OpenAI 推出了 GPT-4o，其中"o"代表 omni，即全能型。GPT-4o 能够实时推理音频、视觉和文本，广泛扩大了原有模型的功能和应用范围。它兼容接受文本、音频、图像和视频的任意组合作为输入，并且可以生成文本、音频和图像的任意组合输出。GPT-4o 的视频交流功能如图 9-1 所示。

图 9-1　GPT-4o 的视频交流功能

在 GPT-4o 推出之前，ChatGPT 也提供了语音模式，但其平均时延较高，分别为 GPT-3.5 的 2.8s 和 GPT-4 的 5.4s。这一功能是由 3 个独立模型组成的：一个语音识别模型将音频转录为文本，ChatGPT 处理并生成文本输出，另一个语音合成模型将文本转换回语音。显然，这种方法在语音识别时就丢失了大量语音中本来拥有的语气、语调甚至情绪信息，导致其核心模型没有获得这些信息，同时由于其核心模型只能输出文字，所以最后也无法输出笑声、歌声或任何情感表达。

与之相比，GPT-4o 中新增的语音响应功能尤为卓越，在短短 232ms 内即可对音频输入做出响应，平均响应时间为 320ms，与人类对话中的响应时间相似。GPT-4o 中使用了一个在文本、视觉和音频上端到端训练的新模型，这意味着所有输入和输出都由同一个神经网络处理。端到端的新模型可以同时处理多种模态，这直接简化了语音输入的处理流水线，因此达成了如此快速的响应时间。具体来说，模型在训练时能够根据输入同时优化多个模态的参数，使不同模态之间的数据和特征可以相互学习和调整。这一过程有助于提升模型整体的性能，而不是局限于单一模态的最优解。

在其他性能方面，GPT-4o 在英语和代码文本上的表现与 GPT-4 Turbo 相当，而在非英语语言文本上的表现有显著改善。此外，它的 API（Application Programming Interface）速度更快、成本降低了 50%。与现有模型相比，GPT-4o 在视觉和音频理解方面尤其出色。通过整合多模态信息，GPT-4o 能够处理更为复杂的任务。例如，在语音及视频交互中，模型可以综合考虑语音情感、背景噪音和视觉线索，从而做出更加全面和准确的响应。

9.2 图文生成式融媒体系统

图文生成式融媒体系统在日常生活有着广泛的应用，如短视频创作、电商推广、游戏开发、社交媒体内容生成以及教育培训等。目前，不少科技公司纷纷推出了图文生成式融媒体系统，为用户提供对应的服务。下面的快手公司自主研发的图文生成式融媒体系统"可灵"为例进行介绍，它可以通过图文来自动生成视频。

可灵是首个国产的 Sora 级的文生视频融媒体系统，采用了与 Sora 类似的生成式融媒体技术，如 Diffusion Transformer 架构、生成对抗技术、大模型技术、自然语言处理以及计算机视觉技术。研发人员通过对这些技术的有机融合，使可灵拥有了强大的生成表达能力。以下是可灵的优点总结。

（1）高质量视频生成：可灵可以生成时长 2min、分辨率 1080p、画面流畅度 30FPS 的超长视频。它提供了电影级别的画面质量，使用户能够创作出专业水准的视频内容。

（2）先进的运动模拟技术：可灵采用 3D 时空联合注意力机制，能够模拟和重建复杂的时空运动，如在海边奔跑的小狗和在沙漠中骑马的将军，为用户提供了具有真实感的视频体验。

（3）遵从真实世界物理规律的视频内容：可灵生成的视频内容遵循现实世界的物理规律，如重力和光学反射，增加了视频的真实性和可信度。如一水滴落入水面的视频，不仅能准确地模拟水滴的下落过程，还能生动地再现水花溅起和波纹扩散的效果。

（4）强大的融媒体组合能力：可灵采用了先进的文本-视频语义理解技术和 Diffusion Transformer 架构、大模型以及融媒体技术，能够将用户的输入图文转化为具体的视频内容，甚至是虚构的场景，满足用户的需求。

通过可灵的用户接口输入提示语"一名宇航员在月球表面奔跑，低角度镜头展现了月球的广阔背景，动作流畅且轻盈，视频质量高清。"可以得到如图 9-2 所示的视频图像。

图 9-2　可灵生成的视频图像 1

再通过用户接口输入原始图像 9-3（a）和对应提示语"风吹动竹叶，下雪的天气，景深效果"，可以得到如图 9-3（b）所示的视频图像。

（a）　　　　　　　　　　　　（b）

图 9-3　可灵生成的视频图像 2

9.3　通用生成式融媒体系统

本节以谷歌公司的 Gemini 为例，来介绍通用生成式融媒体系统。Gemini 是由谷歌公司所设立的人工智能实验室 DeepMind 在 2023 年发布的一款生成式融媒体系统，可以自动处理和生成文本、图像、音频、视频、图形以及动画等多媒体信息。其主要包括 3 个不同体量的模型：用于处理高度复杂任务的 Gemini Ultra、用于处理多个任务的 Gemini Nano 和用于处理终端上设备的特定任务的 Gemini Pro。类似于 OpenAI 公司不断对 ChatGPT 进行优化，谷歌公司也一直对 Gemini 进行迭代升级。Gemini 具有强大的语言和对话能力、多媒体模态理解和长上下文处理能力，在融媒体领域具有广阔的应用前景。图 9-4 为通过 Gemini 的用户接口输入提示语后，它给出的回答。

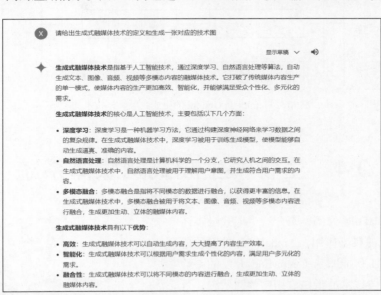

图 9-4　Gemini 生成内容的示意图

　　除了用于处理常见的融媒体任务，谷歌公司还在 Gemini 的基础上研发了面向医学辅助诊断领域的通用医学辅助诊断生成式融媒体系统 Med-Gemini，其继承了 Gemini 在多媒体信息智能处理方面的强大能力，如语言和对话、多媒体模态理解和长上下文处理。同时，Med-Gemini 针对医学多媒体模态数据的特点，对 Gemini 进行了改进，它们之间的生成式融媒体技术的关系如图 9-5 所示。

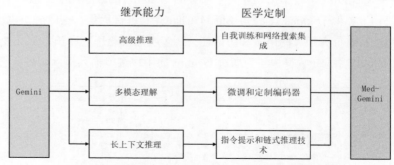

图 9-5 Med-Gemini 与 Gemini 的生成式融媒体技术的关系

9.4 生物学生成式融媒体系统

本节以 AlphaFold 为例，来介绍生成式融媒体技术在医学领域的典型应用。AlphaFold 是谷歌公司的国际顶级人工智能团队 DeepMind 开发的一款基于生成式融媒体技术的蛋白质结构预测系统。蛋白质结构预测是指对蛋白质在三维空间中的折叠形状进行精准预测，这对于理解蛋白质的功能和蛋白质与其他生物分子的相互作用至关重要。蛋白质结构预测是一个具有挑战性的生物学问题，学术界对一个蛋白质结构和形状的了解通常需要花费数年时间，然而 AlphaFold 能够在数天内预测蛋白质的三维结构，这对传统的蛋白质的三维结构识别研究来

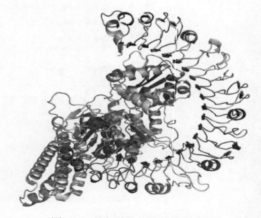

图 9-6 蛋白质的三维结构示意图

说是一项颠覆性的技术。图 9-6 为一个蛋白质的三维结构示意图，有助于大家理解这个任务。

目前，AlphaFold 生成式融媒体系统主要有 3 个版本：AlphaFold 1（2018 年发布）、AlphaFold 2（2020 年发布）、AlphaFold 3（2024 年发布）。2018 年，AlphaFold 1 在第 13 届蛋白质结构预测的关键评估（Critical Assessment of protein Structure Prediction，CASP）比赛中排名第一，并且成功地预测了一些被 CASP 评定为较难预测的蛋白质的三维结构，其开始在蛋白质结构预测这个任务中崭露头角。

AlphaFold 生成式融媒体系统真正在学术界和工业界引起极大轰动的是 AlphaFold 2，它的相关技术以论文 *Highly accurate protein structure prediction with AlphaFold* 的形式发表在 *Nature* 期刊上，它也在 2020 年的 CASP 比赛中以明显优势获得第一。

2024 年，DeepMind 再次在 *Nature* 期刊上发表论文介绍 AlphaFold 3，相较于 AlphaFold 1 和 AlphaFold 2，它是一个强大的蛋白质结构预测统一框架，能够精准预测蛋白质与其他各种生物分

子相互作用的结构，包括配体（小分子）、蛋白质、核酸（DNA 和 RNA）如何聚集在一起并相互作用，以及预测翻译后修饰和离子对这些分子系统的结构影响，有助于科研人员在原子水平上精确地观察生物分子系统的结构。AlphaFold 3 的另一个突破是引入了最新的生成式人工智能技术，在生成新的蛋白质的三维结构方面有着较大改进，这为未来发现新的蛋白质的三维结构提供了一个可行的研究方向。

本节选取 AlphaFold 3 作为生成式融媒体技术在医学领域的应用案例，主要是为了表明生成式融媒体技术在医学领域具有广泛的应用空间，不仅局限在临床辅助诊断应用领域。

AlphaFold 3 本质上还是一个以深度神经网络模型为基本骨架，融合生物学先验知识、生成式人工智能技术、多媒体文本、图形、动画、图像人工智能计算算法原理的生成式融媒体系统，如图 9-7 所示。

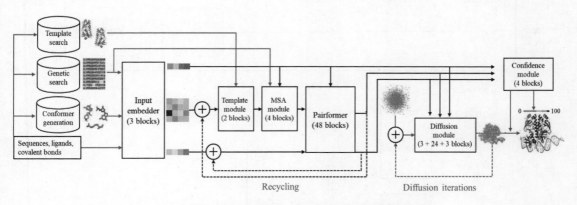

图 9-7　AlphaFold 3 生成式融媒体系统的整体架构示意图

（1）输入：AlphaFold 3 是一个蛋白质结构预测统一框架，支持多种分子结构输入类型，如氨基酸序列、核酸序列、小分子和配体、离子和修饰残基。在数据输入预处理方面，它接受多序列比对作为输入用于捕捉进化信息，有助于提高结构预测的准确性。同时，使用已知的模板结构作为参考，以及进行序列编码。例如将氨基酸或核酸序列编码成特征向量，这些向量包含序列信息和其他可能的特性（如化学性质）。对不同结构的数据进行预处理需要用到多媒体文本、图形、动画人工智能计算算法等，如图 9-7 对已知的模板结构数据进行预处理就需要用到人工智能文本信息计算算法。

（2）网络架构：AlphaFold 3 采用基于扩散（Diffusion）方法的深度神经网络架构，主要由 Pairformer 模块和扩散模块组成。Pairformer 模块主要专注于分子中成对的相互作用表示信息的学习，生成融合表示信息，以及减少了对多序列比对（MSA）处理的依赖（基础模块是 Transformer），对整体网络结构进行优化，如图 9-8 所示。扩散模块的优势在于生成特征表示信息（如图 9-9 所示），AlphaFold 3 也是利用这一优势直接对原子坐标进行预测，而不是像 AlphaFold 2 那样依赖旋转框架和等变处理。AlphaFold 3 能够在原子坐标和粗粒化的表示上进行构象学习，特别是采用多尺度扩散过程（图 9-10 所示）进行原子坐标的生成和调整，从而提高分子结构预测的精确性。

（3）训练优化策略：AlphaFold 3 采用生成式扩散方法使其容易产生幻觉问题，即模型可能在无结构的区域中生成看似合理的结构。为了解决这个问题，AlphaFold 3 使用了一种交叉蒸馏方法，通过 AlphaFold-Multimer v2 预测的结构丰富了训练数据。在这些结构中，无结构区域通常由长的延伸环代替紧凑的结构，并用它们进行训练，可以使 AlphaFold 3 模仿这种行为，从而达到减少幻觉行为的目的。此外，AlphaFold 3 还开发了一种扩散的"回滚"程序，用于训练期间的完整结构预测生成，然后使用这个预测的结构对对称的真实链和配体进行排列，并计算性能指标来训练置信度头，从而提高蛋白质的三维结构预测的可靠性。

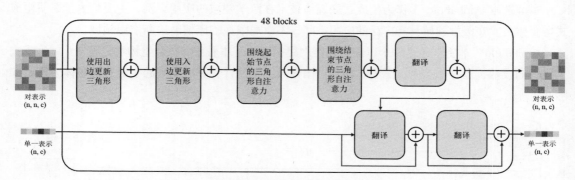

图 9-8　Pairformer 模块示意图

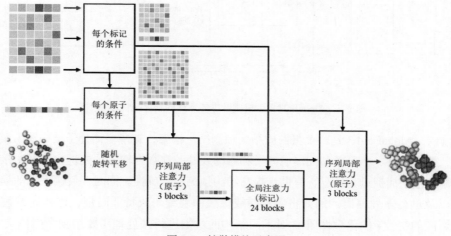

图 9-9　扩散模块示意图

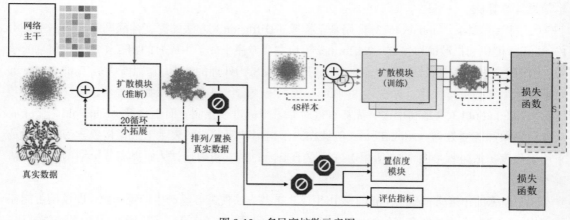

图 9-10　多尺度扩散示意图

以上是对 AlphaFold 3 生成式融媒体系统的深度神经网络架构的简单介绍。尽管目前人们对 AlphaFold 3 的主要关注点还是其强大的分子空间结构的预测能力，但随着生成式融媒体技术的快速发展，新一代 AlphaFold 生成式融媒体系统在蛋白质的三维结构生成领域也将会有突破。

下面演示一个基于 AlphaFold 3 的蛋白质结构预测和生成案例，帮助大家进一步了解蛋白质的三维结构预测问题，以及初步了解怎么使用 AlphaFold 3。

AlphaFold 3 系统为用户提供了相对便捷的接口，用户可以通过简单的操作自行进行蛋白质结构预测和生成。如图 9-11 所示，用户仅需要找到蛋白质对应的序列，将其输入 AlphaFold 3 系统的接口，就可以得到蛋白质结构预测和生成结果，还有对应的分析，如 9-12 所示。

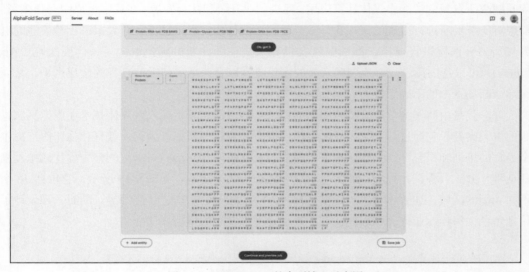

图 9-11　AlphaFold 3 的序列输入示意图

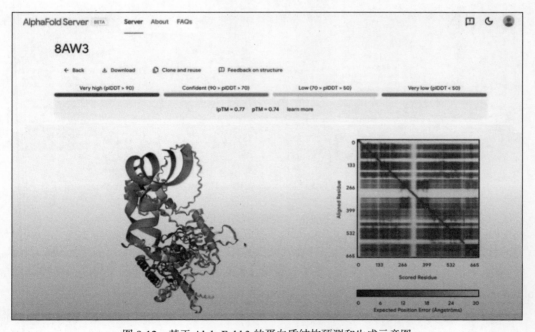

图 9-12　基于 AlphaFold 3 的蛋白质结构预测和生成示意图

9.5　虚拟真实世界

本节介绍的是虚拟真实世界，其定义简单来说，就是通过利用生成式融媒体技术、人工智能技术、计算机技术等对真实世界进行仿真和模拟，加深人们对现实世界中一些问题的理解（例如战争推演和经济发展），从而有助于寻找合适的解决方案。另外，虚拟真实世界涉及 6 种多媒体模态信息的智能融合，有助于读者理解和综合运用人工智能多媒体技术与生成式融媒体技术去解决实际问题或研发新的智能多媒体计算应用，促进产业升级和社会发展。在真实世界中有很多场所，目前想对所有场所进行准确的模拟还是十分具有挑战性的。本节选择一个大家都比较关注的真实世界场所——医院进行模拟，即面向真实世界疾病辅助诊断的虚拟医院——代理医院（Agent Hospital），可以帮助读者较好地理解病人的诊疗流程以及医生如何提升自身的诊疗水平，从而应对实际诊断场景中的不确定性。

代理医院是由清华大学联合科技团队共同研发的，标志着生成式融媒体技术在虚拟真实世界领域的重大突破，它通过对真实世界医院中所有医疗流程的模拟，为医疗教育和临床诊疗提供了一个逼真的培训和研究环境。该虚拟平台涵盖了从疾病发生到治疗与康复的整个诊疗模拟过程，包括挂号、分诊、咨询、检查、诊断、治疗和随访等关键环节。如图 9-13 所示，它包括 16 个具有不同功能的区域，如分诊台、门诊室、检查室、治疗室、药房、住院部等。同时，还设计了两种代理角色：医疗专业代理和居民代理。以下是虚拟医院的模拟环境介绍。

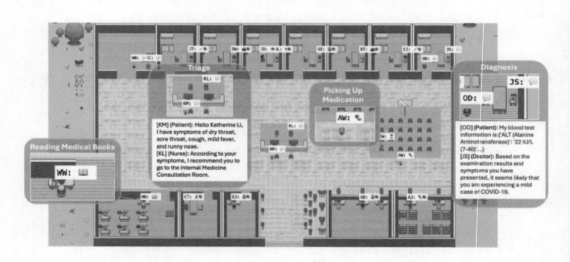

图 9-13　虚拟医院示意图

1. 代理角色设计

针对真实世界医院中的诊疗情况，该平台设计了两种主要的互动角色：医疗专业代理（Medical Professional Agents）和居民代理（Resident Agents），他们随时可能成为患者。

（1）医疗专业代理：医院中有各种门诊和检查室，因此需要设计一系列的医疗专业代理来代表在医院中工作的医疗人员，如医生、护士、医疗技术人员等。他们都有专业领域的知识和技能，能够较好地处理各种医疗状况和紧急情况。同时，他们负责诊断、治疗、照顾和管理患者，从而确保每个患者得到及时、有效的医疗服务。代理医院设计了 14 名医生和 4 名护士，其中医生代理负责诊断疾病和制定详细的治疗计划，而护理代理则负责落实分诊，支撑日常的治疗干预。如图 9-14 所示，Elise Martin 是一名女性内科医生，在内科门诊室提供诊断服务，而 Zhao Lei 是一名男性放射科医生，主要是解读各种医学影像的病理信息。

Patient
Name: Kenneth Morgan
Age: 35
Gender: Male
Disease: Acute Nasopharyngitis
Medical History: Hypertension
Symptoms: Diarrhea, persistent vomiting, enlarged cervical lymph nodes, recurrent fever, abdominal pain, headache

Internal Medicine Doctor
Name: Élise Martin
Age: 32
Gender: Female
Skill: Excellent communication and empathetic patient care abilities
Duty: Diagnose, treat, and provide preventive care for adult patients with a broad range of acute and chronic illnesses

Radiologist
Name: Zhao Lei
Age: 58
Gender: Male
Skill: Strong analytical skills and detailed observational abilities
Duty: Interprets medical images such as X-rays, MRIs, CT scans, and ultrasounds to diagnose patient conditions

Receptionist
Name: Fatoumata Diawara
Age: 48
Gender: Female
Skill: Excellent communication skills and proficiency with office software
Duty: Manages appointment scheduling, patient check-in, and communication coordination

图 9-14　几个代理人的简单介绍

（2）居民代理：在真实世界的医院中，最常见的就是病人。在代理医院中，需要从居民代理的健康阶段开始进行模拟，当居民代理生病了，就转变为病人代理。为了简化医院模拟环境的互动，假设医疗专业代理都是健康的。每个居民代理代表着不同人群的信息，并且可能会随机患上疾病。如图 9-18 所示，Kenneth Morgan 是一名患病的男性居民。一旦生病，这些居民代理会自动启动一个寻求医疗专业代理的过程，反映了真实世界医院中典型的患者行为。

代理角色设计是多项多媒体计算处理技术的综合应用，需要利用多媒体图像、图形、动画人工智能计算算法，同时结合 AIGC 技术，才能使各个代理都有自己的特色。

2．规划

为了增强代理医院中模拟环境的真实性，当收到一个指令时（例如，去哪一个门诊室），居民代理和医疗专业代理的行为和互动会基于特定的策略进行规划和重新安排，从而保证全面地模拟疾病诊疗的过程和恢复的进展。

（1）居民代理的规划：居民（患者）在真实世界医院中扮演最积极的角色，在代理医院中主要有以下两种规划。

① 日常规划：居民代理会随机生病，一旦生病，他们会主动去医院就诊。

② 动态规划：一旦到了医院，居民/病人代理通常会先去分诊台。随后，病人代理的行动和移动会根据分诊、登记、咨询、检查、诊断和治疗的顺序进行动态调整。这些过程是基于病人代理的医疗档案和医疗专业代理对不断变化的临床情况的反应而动态生成的。病人会根据自己的情况来制定优化的流程。这种动态配置可以全面评估治疗效果和疾病管理策略，从而在受控的虚拟医院环境中进行准确的诊疗过程模拟。

此外，病人代理的健康状况会被持续监控。同时，根据治疗和药物的效果，他们的健康状况可能会改善或恶化。如果健康状况出现恶化，病人代理会马上去医院就诊或第二天再次去医院就诊。相反，如果健康情况有所改善，病人代理会待在家中调养，直至完全恢复健康。为了更好地反映真实世界中居民的健康状况的不可预测性或随机性，虚拟医院会以随机的方式让处于康复或健康状态的代理出现健康问题，从而开启新一轮的医院就诊、检查、诊断和治疗周期。

（2）医疗专业代理的规划：医疗专业代理分布在医院内的不同功能区域，他们根据指定的角色履行职责。虽然他们的动作类型比居民代理少，但他们需要不断提升自己的专业技能，从而达到更高的治疗水平。医疗专业代理通过以下两种类型的行动进行医学培训。

① 临床实践：医生代理被安排到各自的科室去询问病人的情况，并在值班期间为分配给他们的患者提供治疗和护理。与此同时，来自病人代理的临床反馈信息有助于提升他们的临床诊断经验和完善病历资料。

② 学习：在工作时间之外，他们还会学习以前的病历资料以获得临床诊断经验，并阅读医学相关书籍来扩展他们的知识。

在居民代理和医疗专业代理的任务规划中，需要多媒体文本、图像、图形、动画智能、视频人工智能计算算法以及强化学习算法共同协作，从而使不同代理按照目标完成设定任务，这对人工智能多媒体信息计算处理技术的掌握和应用程度要求较高。

3. 病人活动或交互

虚拟医院针对真实世界医院的患者通常会经历的活动或交互场景，定制了 8 种主要类型的活动：疾病发生、分诊、登记、咨询、医学检查、诊断、治疗建议、康复/随访。图 9-15 展示了一个活动或交互案例，其中居民代理 Kenneth Morgan 在一天早上醒来时突然发现自己的皮肤状况不佳，决定去医院就诊。首先，他去分诊台接受医疗专业代理的初步评估。根据这次评估结果，他被建议转诊到医学院的皮肤科进行专科咨询，在医院接待处进行登记后拿到了咨询序号。随后，他前往指定区域等待，直到被叫到皮肤科医生代理的门诊室。在门诊过程中，皮肤科医生代理确定需要进行一次医学检查，Morgan 接受了这次检查。皮肤科医生代理基于检查结果给出了诊断结论，并制定了治疗方案和开具了药物。最终，Morgan 在医院药房处领取了药物，然后回家等待康复。

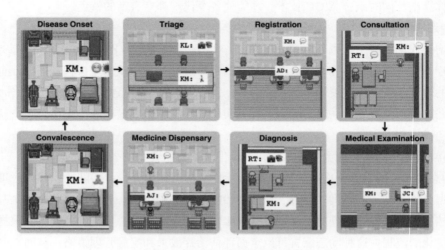

图 9-15　病人代理的活动或交互案例

（1）疾病发作：居民代理每天醒来时会随机被定义为感染不同疾病，其中每种疾病按严重程度分为轻度、中度或重度。医学虚拟平台会模拟和自动生成每个居民代理的特定疾病症状、诊断结果、潜在并发症、所有类型的检查结果、鉴别诊断、确诊诊断、治疗方案和预防措施。这些疾病信息都会在居民代理的病历档案中详细记录，如图 9-16 所示。这需要用到结合人工智能多媒体文本信息计算算法和生成式人工智能算法的生成式融媒体技术，如 ChatGPT、通义千问、文心一言等。出于隐私安全保护，所有居民代理的疾病信息对所有医疗专业代理都是不可见的，他们只能通过询问病人代理/查看医学检查报告才有权限获取相关信息，这与人工智能多媒体计算的伦理和安全研究内容密切相关。

Personal Information
Name: Kenneth Morgan
Age: 42
Gender: Male
Medical History: Diabetes, Chronic obstructive pulmonary disease

Disease Information
Disease: Acute Nasopharyngitis
Severity Level: Severe
Symptoms: Cough event, high fever, difficulty in breathing, acute muscle pain, complete loss of smell and taste, sore throat
Duration: Symptoms have been escalating rapidly over the past 48 hours

Examination Results
Blood Test:
ALT (Alanine Aminotransferase): 45 IU/L $(7-40)$
AST (Aspartate Aminotransferase): 50 IU/L $(13-35)$
Urea: 7.0 $mmol/L$ $(2.6-8.8)$
Creatinine (Cr): 95 $\mu mol/L$ $(41-81)$
Triglycerides (TG): 1.5 $mmol/L$ (<1.7)
Total Cholesterol (TC): 6.0 $mmol/L$ (<5.18)
Hepatitis B Surface Antigen (HBsAG): Negative
HIV Antibody Test (anti-HIV): Negative
Syphilis Test (RPR): Negative
White Blood Cell Ct. (WBC): $3.0 \times 10^9/L$ $(3.5-9.5)$
Red Blood Cell Ct. (RBC): $3.8 \times 10^{12}/L$ $(3.5-5.5)$
Hematocrit (Hct): 35% $(35-50)$
Hemoglobin (Hb): 110 g/L $(115-150)$
Platelet Ct. (PLT): $200 \times 10^9/L$ $(125-350)$
Lymphocyte Percentage (LYMPH%): 15% $(20-50)$
Neutrophil Percentage (NEUT%): 80% $(40-75)$
Lymphocyte Abs. Ct. (LYMPH#): $0.45 \times 10^9/L$ $(1.3-3.2)$
Neutrophil Abs. Ct. (NEUT#): $2.4 \times 10^9/L$ $(1.8-6.3)$
Monocyte Abs. Ct. (MONO#): $0.3 \times 10^9/L$ $(0.2-1.0)$
Monocyte Percentage (MONO%): 10% $(3-10)$
Eosinophil Abs. Ct. (EO#): $0.02 \times 10^9/L$ $(0.02-0.52)$
Eosinophil Percentage (EO%): 0.7% $(0.4-8.0)$
Basophil Abs. Ct. (BASO#): $0.01 \times 10^9/L$ $(0-0.06)$
Basophil Percentage (BASO%): 0.3% $(0-1)$
Mean Platelet Volume (MPV): 11 fl $(9-13)$
Lactate Dehydrogenase: 250 U/L $(135-225)$
Muscle Enzymes (CK): 200 U/L (22-198 for males)
Myoglobin: 80 ng/mL $(<90 ng/mL)$
Troponin I: 20 ng/L $(<14 ng/L)$
Ferritin: 600 ng/mL (20-500 for males)
CRP: 50 mg/L $(<3 mg/L)$
ESR: 40 mm/hr $(0-20)$
Procalcitonin: 0.5 ng/mL (<0.5)

D-dimer: 1.0 mg/L FEU $(0-0.5)$
Rh Type: Positive
ABO Group: O
Specific antigen: SARS-CoV-2 Nucleocapsid
Blood Silver Level: 60 $\mu g/L$ $(50 \sim 150)$

Chest X-ray Exam: Lung consolidation with bilateral pleural effusion
Chest Computerized Tomography: Multiple ground-glass opacities and infiltrations in both lungs
Serological Diagnosis: Normal
Viral Antigen Detection: Negative
Allergen Test: Normal
Bacterial Culture of Nasal Secretions: Normal
Respiratory Function Test: Severely impaired
Sputum Examination: Presence of viral particles
Nasopharyngeal Examination: Inflammation and edema
Serum Antibody Test: Positive for SARS-CoV-2 antibodies
Pulmonary Function Test: Impaired gas exchange
Nucleic Acid Amplification Test: Positive for SARS-CoV-2 **Eosinophil Count in Sputum:** Abnormal
Oral Pharyngeal Examination: Ulcerations and lesions
Nasal Endoscopy: Mucosal inflammation and congestion

图 9-16　居民代理的病历档案信息示例

（2）分诊：病人代理到达虚拟医院后，首先去分诊台并向护理代理描述自己的症状。护理代理根据代理的描述做出初步评估，从而形成决策，并引导病人代理到对应的科室进行进一步的咨询和诊断。

（3）登记：根据护理代理的建议或初步评估结果，病人代理到登记处进行登记和取号，然后在候诊区等待不同专科医生的咨询。

（4）咨询：当轮到病人代理的序号时，病人代理与医生代理进行初步对话，描述自己的症状及发病时间。然后医生代理确定病人代理需要进行哪些医学检查以便确定发病原因，并推动下一步诊断和治疗。这一活动/互动需要结合多媒体文本、语音、动画、视频人工智能计算算法和生成式人工智能算法的生成式融媒体技术。

（5）医学检查：病人代理收到规定的医学检查列表后，前往相关医学检查科室进行检查和得到检查报告。这些医学检查报告数据由 AIGC 技术生成，并呈现给病人代理和医生代理。

（6）诊断：基于医学检查报告，医生代理和病人代理进行再次对话，医生代理根据初步的疾病判断进行鉴别诊断和确诊，随后将诊断结果告诉病人代理，显示了生成式融媒体技术在融合复杂的多媒体数据和生成复杂应用场景方面的优越人工智能计算能力。

（7）治疗建议：医生代理根据病人代理描述的症状和医学检查结果来做出疾病诊断。虽然针对疾病的轻度、中度和重度情况已经制定了 3 种不同的治疗方案，但医生代理仍然需要根据病人代理的具体需求来选择合适的治疗方案。在开具治疗药物后，病人代理会前往药房领取。

（8）康复/随访：在诊断和治疗过程以后，病人代理会及时提供健康状况的反馈或更新，以便确定后面的治疗方案。为了精准地模拟疾病的动态进展，要特别注意对这个关键步骤的模拟：医生代理根据病人代理的详细健康信息和基于治疗方案的治疗效果对病人代理的未来健康状态进行模拟。

4. 医疗专业活动

除了与病人代理人进行互动外，医疗专业代理，特别是医生代理，主要从事以下两类行为，从而实现虚拟医院中医疗代理的技能自我进化和提升，与真实世界医院中医生技能的提升相似。

① 临床实践：医生代理在虚拟医院的治疗过程中可以不断学习和积累经验，从而提高他们的医疗能力，即医生代理在工作时间不断重复看病的过程，熟能生巧。

② 学习：与人类医生一样，医生代理也可以在工作时间之外阅读医疗档案来主动积累知识。医学虚拟平台的医生专业活动也涉及结合多媒体文本、语音、图像、图形、动画、视频人工智能计算算法和生成式人工智能算法的生成式融媒体技术研发。

以上为虚拟医院-代理医院的虚拟环境布置、代理角色设计、代理能力规划、代理互动场景的整体介绍。这是生成式融媒体技术在医学领域的一个复杂且综合的应用，需要各种人工智能多媒体计算算法和生成式人工智能算法共同协作，也是医学领域和其他领域的一个新的应用方向。

9.6　本章小结

本章主要介绍了生成式融媒体模型与 GPT-4o 以及 4 个生成式融媒体技术在医学领域的应用案例，包括图文生成式融媒体系统、通用生成式融媒体系统、生物学生成式融媒体系统和虚拟真实世界。从不同角度来介绍生成式融媒体技术在不同领域的应用，旨在让读者知道怎么运用生成式融媒体技术去解决实际问题。

习题

（1）展望一下生成式融媒体技术的未来发展方向。

（2）除了本章介绍的，生成式融媒体技术还在哪些具体应用领域具有广阔的发展空间？

（3）生成式融媒体技术带来的安全和伦理问题，可以从哪些方面解决？

（4）展望一下 Med-Gemini 和 AlphaFold 在生成式融媒体技术方面的突破方向。

（5）基于生成式融媒体技术对真实世界场景进行仿真，可以对哪些行业进行赋能？

第10章
人工智能多媒体信息融合系统

人工智能多媒体信息融合系统作为人工智能多媒体计算技术的主要体现，正重塑着我们的感知、交互和娱乐方式。本章将围绕虚拟数字人系统、增强现实系统和沉浸式游戏系统3个关键领域展开讨论，深入探索人工智能多媒体信息融合系统。通过本章的学习，读者将全面了解人工智能多媒体信息融合系统的基本概念、发展历程、关键技术以及应用场景。

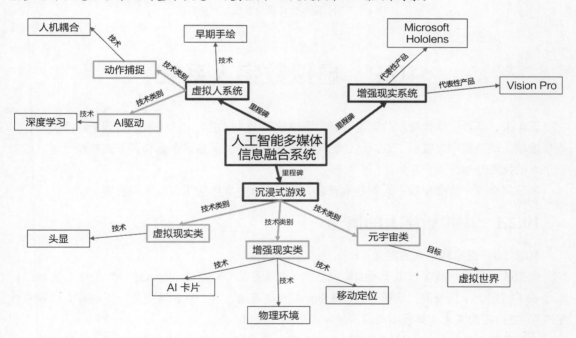

10.1　人工智能多媒体信息融合系统概述

人工智能多媒体信息融合系统通过集成和融合不同来源、不同格式的多媒体信息（如文本、图像、音频、视频、动画、图形等），实现信息的智能分析和高效利用，为用户提供更加丰富和多样化的交互体验。

对于人工智能多媒体信息融合系统的发展历程，我们总结了7个重要的里程碑，如图10-1所示。其中虚拟人系统包括基于动作捕捉和基于人工智能的虚拟数字人（虚拟人），增强现实系统包括微软的 HoloLens 和苹果的 Vision Pro，沉浸式游戏系统包括 AR 游戏、VR/MR 游戏以及元宇宙游戏。

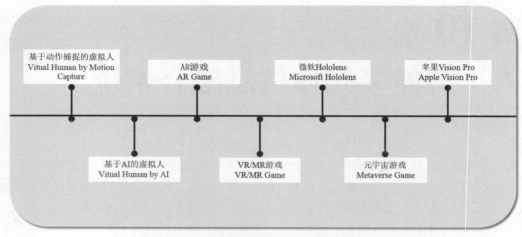

图 10-1　人工智能多媒体融合系统发展里程碑

10.2　虚拟数字人系统

近年来，随着数字化技术的飞速发展，虚拟数字人（虚拟人）这一概念得到了广泛关注。在娱乐领域，虚拟数字人吸引了数以亿计的流量关注，并受到了众多企业和资本的热烈追逐。虚拟数字人的发展开始进入快车道。

本节将全面介绍虚拟数字人的基本概念、发展历程、实际应用以及未来展望。

10.2.1　虚拟数字人的概念

10.2.1.1　虚拟数字人的定义

虚拟数字人这一概念起源于美国作家尼尔·斯蒂芬森（Neal Stephenson）于 1992 年发表的科幻小说《雪崩》中提及的"虚拟分身（Avatar）"。在我国，这一概念被更为广泛地称为"虚拟数字人"，其被视为未来连接现实与虚拟元宇宙的关键接口。

虚拟数字人是通过融合计算机图形学、语音合成技术、深度学习、类脑科学、生物科技与计算科学等多领域前沿技术而创造出的高度智能化、可交互的虚拟形象。这些技术共同赋予了虚拟数字人近似人类的外观、行为以及潜在的思想价值观。它们不仅承担着信息制造与传递的重要责任，还成为连接元宇宙中人与人、人与事物或事物与事物之间关系的桥梁。

10.2.1.2　虚拟数字人的分类

虚拟数字人作为现代科技与文化艺术融合的产物，其应用领域十分广泛。从技术层面来看，虚拟数字人可以分为动作捕捉型和人工智能驱动型两大类。动作捕捉型虚拟数字人的核心技术是人机耦合，该技术运用计算机图形建模和真人动作捕捉技术，将幕后模型人的动作、表情和语言准确地传达给虚拟形象，使虚拟形象能够完成表演、互动等任务。动作捕捉型虚拟数字人技术已经相对成熟，并且在虚拟偶像塑造、虚拟直播等领域得到了广泛应用。人工智能驱动型虚拟数字人更加依赖深度学习技术，通过学习和分析数据，虚拟形象能够拥有更加真实的人类动作、表情和思想。人工智能驱动型虚拟数字人目前主要用于虚拟客服、虚拟助手等，未来有望实现更加复杂的自主互动和输出。

10.2.2　虚拟数字人的发展

1. 虚拟数字人 1.0：萌芽于 20 世纪 80 年代

20 世纪 80 年代是虚拟数字人技术的萌芽期，这一时期的人们开始探索将虚拟人物融入现实世界的可能性。但是受限于当时的技术，虚拟数字人的制作主要依赖于手绘，导致制作过程冗长且成本高昂。

在这一时期的虚拟数字人中，虚拟偶像林明美堪称代表。作为日本动画《超时空要塞》和《太空堡垒》中的女主角，林明美的宇宙歌姬形象深入人心，制作方进一步以林明美的虚拟形象发布了音乐专辑，并受到了市场的热烈反响。林明美的成功极大推动了虚拟数字人技术的发展，为后续的技术革新和应用拓展奠定了坚实的基础。

2. 虚拟数字人 2.0：发展于 21 世纪初

随着 21 世纪的到来，虚拟数字人技术迎来了革命性的飞跃，从早期的手绘转向了计算机动画和动作捕捉技术的结合。这使虚拟数字人的制作变得更加高效、逼真，并且具备了更强的互动性和表现力。

在电影制作领域，虚拟数字人技术的发展和应用尤为突出。从《指环王》中的咕噜到《阿凡达》中的纳美族人，再到漫威《复仇者联盟》系列中的灭霸，这些虚拟数字人角色为观众带来了震撼的视觉效果。

以《复仇者联盟》中的灭霸为例，制作组首先通过三维建模技术创建了灭霸的原始模型，然后利用动作捕捉技术捕捉演员乔什·布洛林（Josh Brolin）的肢体和面部表情。技术人员通过高精度的传感器和摄像机，将演员的动作和表情数据实时捕捉并传输到计算机中，用于驱动虚拟数字人的运动和表情。其中面部是最难处理的部位。为确保最逼真的效果，布洛林的脸上排布了大约 150 个追踪标记点，再戴上头盔摄像机，以 48FPS 的刷新速度进行立体拍摄，对面部进行实时数据采集。同时，制作组还精心制作了灭霸的眼球模型，通过模拟真实眼睑的数据和识别眼睛周围皮肤和软组织的运动状态，实现了特写镜头下的逼真效果。此外，制作组还采用了先进的渲染技术，以模拟真实世界的光影效果、材质质感和纹理细节，如图 10-2 所示。

图 10-2　《复仇者联盟》中灭霸角色的制作过程

这一时期，虚拟数字人技术除了在电影领域大放异彩，也催生了一系列经典的虚拟偶像。2007 年，日本虚拟歌手初音未来被正式公布，她由 Crypton Future Media 公司通过雅马哈的 Vocaloid 2 语音合成引擎开发，其声音来自声优的录音合成，通过输入音调、歌词和音速等情感参数，便能够演唱出各种风格的歌曲。2010 年，初音未来在日本举行的"初音未来日的感谢祭"成为史上首场 3D 全息投影演唱会。这场演唱会利用先进的全息投影技术，将初音未来的虚拟形象以 3D 形式呈现在观众面前。她的每一个动作、每一个表情都栩栩如生，仿佛真实存在一般。这场演唱会的成功举办，让初音未来的人气达到了巅峰，也进一步推动了虚拟数字人技术在娱乐产业的应用。

同时期，国内也涌现出了众多优秀的虚拟偶像。2001 年诞生的青娜作为中国首位虚拟少女，由全数字、3D 动画和动作捕捉技术创建而成。2012 年首次公布的洛天依形象，更是成为中国最著名的虚拟偶像之一，她不仅在各大舞台上频繁亮相，还曾登上春晚、奥运会开幕式等重量级场合。

1970 年，日本机器人专家森昌弘提出恐怖谷理论，由于机器人与人类在外表、动作上相似，所以人类会对机器人产生正面的情感。但当机器人与人类的相似程度达到特定程度的时候，一点细微的差别都会显得非常刺目，并给人带来负面和反感情绪。而当机器人与人类的相似度继续上升，人类对其情感会再度回到正面。

然而，随着虚拟数字人的快速发展，恐怖谷效应也开始逐渐显现。为了解决这个问题，各大科技公司纷纷投入研发力量，致力于提升虚拟人的真实感和互动性。腾讯推出的 Siren 就是其中的一个典型案例，如图 10-3 所示，她的每一个动作、每一个表情都由特制设备实时跟踪和反映到 3D 脸部模型上，最终以 60FPS 的速度输出。这种实时捕捉和渲染技术的运用不仅提高了虚拟数字人的真实感，也增强了观众的互动体验。

图 10-3　腾讯打造的虚拟人物 Siren 建模过程

3. 虚拟数字人 3.0：爆发于元宇宙初期

2021 年，随着元宇宙概念的兴起，虚拟数字人迎来了发展的黄金时期。在这一年里，虚拟数字人不仅在技术上取得了显著的进步，而且在应用场景上也得到了极大的拓展。在技术上，制作虚拟数字人的水平、软硬件技术和设备都得到了跨越式的升级，例如新华社和腾讯联合打造的全球首位数字航天员、数字记者小诤，其制作过程采用了一套高效的人脸制作管线 xFaceBuilder，大大缩短了制作流程。在应用场景上，虚拟数字人开始在社交、游戏、金融、教育和文旅等多个领域得到广泛应用。其中，虚拟偶像、虚拟主播和数字员工等更是进入了商业化阶段，成为元宇宙赛道中的热门。此外，虚拟数字人在营销和服务等功能场景中也显现出一定的优势。

10.2.3　虚拟数字人的应用

随着科技的飞速发展，虚拟数字人的制造成本显著降低，这使其应用场景不断拓展，如表 10-1 所示。超写实虚拟数字人的外形和性格都在逼近真实的人类，在娱乐、游戏、服务行业展现出巨大潜力。此外，虚拟数字人凭借规模化、可复制的特性，以及不间断工作的优势，为众多制造或服务行业带来了巨大的商业价值。

表 10-1　　　　　　　　　　　　　　　　虚拟数字人的应用场景

领域	场景	角色
影视	数字替身特效可以帮助导演实现现实拍摄中无法表现的效果，已成为特效商业大片拍摄中的重要技术手段和卖点	数字替身 虚拟演员
传媒	定制化虚拟主持人/偶像，支持从音频/文本内容一键生成视频，实现节目内容快速自动化生产，打造品牌特有 IP 形象，提升观众互动和观看体验	虚拟偶像 虚拟主持人
游戏	逼真的数字人游戏角色使游戏者有了更强的代入感，增强游戏可玩性	数字角色
金融	通过智能理财顾问、智能客服等角色，实现以客户为中心的、智能高效的人性化服务	智能理财顾问 智能客服
文旅	博物馆、科技馆、主题乐园和名人故居等虚拟小剧场的虚拟讲解员	虚拟讲解员
教育	基于 VR/AR 的场景式教育，虚拟教师帮助构建自适应/个性化的学习环境	虚拟教师
医疗	虚拟数字人实现了家庭陪护/家庭医生/心理咨询的功能，实时关注家庭成员身心健康，并及时提供应对建议	心理医生 家庭医生
零售	电商直播中，虚拟数字人介绍商品，与真人观众互动	商家管理数字人 虚拟带货主播

10.2.4　虚拟数字人的未来趋势

回顾虚拟数字人的发展历程，人工智能多媒体计算技术始终是推动其进步的核心要素，而人们对虚拟数字人的想象与不懈追求，则进一步加速了这一进程。展望未来，虚拟数字人行业的发展将体现在以下几个关键方面。

（1）成本和制作时间的大幅降低：不断发展的技术能显著提高制作效率，降低门槛，使虚拟数字人技术更加普及。

（2）拟人化程度和交互能力的提升：借助大型人工智能模型，虚拟数字人将能够展现出更加自然的语言交互和人格特征，为用户带来更加真实的体验。

（3）呈现效果和应用场景的持续拓展：随着技术的不断进步，更专业的虚拟数字人将在娱乐、教育和医疗等多个领域得到更广泛的应用。

虚拟数字人将成为新的人机交互形式，甚至成为人类的另一种存在方式。随着虚拟数字人在越来越多的场景进行应用，一个无限接近现实的虚拟世界、虚实相生的美丽新世界将逐渐呈现在我们眼前。正如科大讯飞对虚拟数字人的想象：

懂情感，爱人以及被人喜爱；

有个性，并非千篇一律；

智慧并善良，帮助人类是他们的初心；

每个人都可以获得，而不是遥不可及。

10.3　增强现实系统

增强现实（Augmented Reality，AR）技术通过将虚拟信息无缝融合到真实世界中，为用户提供了前所未有的沉浸式体验。本书第 7 章已对 AR 技术做了基本解释，本节将重点介绍 AR 系统，详细解析两个具有代表性的 AR 系统——微软的 HoloLens 和苹果的 Vision Pro，并对它们进行技术和应用层面的详细对比。最后，我们将探讨 AR 系统的未来发展趋势，展望其未来可能带来的变革与影响。

10.3.1　增强现实的概念

AR 是一种集成现实世界与虚拟世界信息的前沿技术，它将原本难以在现实世界中直接体验到的信息（如视觉、声音、触觉等），通过计算机等科技手段模拟仿真后叠加到现实环境中，使用户能够实时感知到真实与虚拟的共存，带来超越现实的感官体验。

AR 技术的实现需要依靠专业的 AR 硬件系统（如 AR 眼镜/头戴式显示器），让用户能够看见现实场景中融入的虚拟元素，甚至通过虚拟界面与其进行交互，带来了不同于传统二维平面的三维显示效果。要实现 AR 系统的功能，需要克服多项技术难题，包括跟踪和定位、标定和可视化等技术。同时，在产品设计时还需考虑设备的轻便性、功耗和成本等因素，以确保产品的实用性和市场竞争力。其中，微软公司的 HoloLens 和苹果公司的 Vision Pro 可以看作 AR 技术的两个代表，下面将分别进行介绍。

10.3.2　HoloLens——从二维到三维的革新

HoloLens 1 由微软公司于 2015 年与 Windows 10 同时发布。HoloLens 1 可以看作是一个拥有 Windows 10 操作系统的头戴式显示计算机，如图 10-4 所示。该设备支持手势和语音控制，用户可以方便地设置多个窗口或虚拟物品到现实场景中，通过它体验到与现实世界紧密融合的三维全息影像。

然而，HoloLens 1 也存在一些明显的不足。首先，在高负载使用情况下，其电池续航时间仅有 2.5h。其次，HoloLens 1 的视野范围相对狭窄，影响了用户在使用过程中的舒适度和体验效果。

此后，微软于 2019 年推出了 HoloLens 2，如图 10-5 所示。相比第一代，HoloLens 2 在技术上的进步为用户带来了更沉浸的体验和更舒适的佩戴感受，其参数对比如表 10-2 所示。HoloLens 2 基于 Windows 10 风格的 Windows Holographic 操作系统，为用户、管理员和开发人员提供了一个可靠、高性能、安全且易于管理的规模化平台。在硬件方面，HoloLens 2 装备了一系列先进的传感器和摄像头，还搭载了高通骁龙 850 芯片组、定制的第二代 HPU（Holographic Processing Unit，全息处理单元）、4GB RAM 和 64GB 存储空间，并通过 Wi-Fi（802.11ac）和蓝牙 5.0 实现无线连接。此外，HoloLens 2 采用了改进的波导显示技术，通过双层波导传输红、绿、蓝光线，提高了透光率，使用户在佩戴设备时能够更清晰地看到现实世界。HoloLens 2 在设计上更注重实用性和用户体验，确保用户在长时间的使用中能保持舒适。

图 10-4　微软公司的全息眼镜 HoloLens 1 外观

图 10-5　微软公司的全息眼镜 HoloLens 2 外观

表 10-2　　　　　　　　　　　　　　HoloLens 1 与 HoloLens 2 的参数对比

参数对比	HoloLens 1	HoloLens 2
分辨率	1366×768 像素；16:9 光引擎	2K；3:2 光引擎
视角场	34 度	52 度
重量	579g	566g
续航	2～3h	2～3h
HPU	HPU 1.0	HPU 2.0
芯片	Intel Atom X5-Z8100P 芯片	高通骁龙 850
蓝牙	4.1	5.0
内存	2G RAM；64GB 内存	4GB LPDDR4x 系统 DRAM
摄像头	200 万像素；720P 视频	800 万像素；1080P 视频
系统	Windows 10	Windows Holographic
手部跟踪	单手识别与追踪	双手全关节模式识别与追踪
眼球追踪	无	实时眼球追踪

HoloLens 的应用广泛而多样，在多个领域都展现出了较大的潜力和价值，举例如下。

（1）工业设计：工程师可以在虚拟环境中查看和分析复杂的机械设计，进行模拟测试，以及在远程协助下进行维修工作，大大提高了设计和维护的效率。

（2）医疗应用：医生可以使用 HoloLens 2 进行手术规划和模拟，通过叠加虚拟图像到患者的身体上，提供更精确的手术指导。此外，它还可以用于医学教育，如图 10-6 所示的骨骼拼接手术模拟平台，通过在 HoloLens 中叠加动画，可以让学生在虚拟环境中进行更高效的解剖模拟学习。

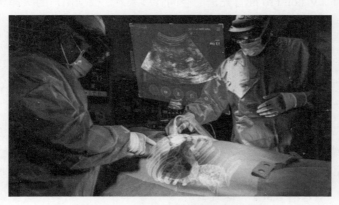

图 10-6　Hololens 在手术模拟中的应用

（3）教育与培训：学生和员工可以在虚拟环境中进行实践操作（例如机械维修、建筑设计等），提高了效率和安全性。

（4）远程工作与协作：对于需要远程工作和团队协作的企业，HoloLens 2 提供了一种新的沟通方式。团队成员可以在共享的虚拟空间中进行会议，即使身处不同地点也能实现高效协作。

10.3.3　Vision Pro——空间计算设备

2023 年，苹果公司发布了其首款头显设备——Vision Pro（如图 10-7 所示），该设备融合了先进的摄像头、Apple M2 芯片以及专为 Apple Vision Pro 设计的 R1 芯片。苹果将 Vision Pro 称作一台革命性的空间计算设备。

图 10-7   苹果公司首款头显 Vision Pro 外观

在技术层面，Vision Pro 采用了 Micro-OLED 显示屏，以其高对比度、快速响应时间和低功耗的特性，为用户带来了卓越的视觉体验。同时，它支持广色域和高动态范围（High Dynamic Range，HDR）技术，使色彩更加饱满、真实，极大地增强了用户的沉浸感。Apple M2 芯片为 Vision Pro 提供了强大的计算能力，能够高效处理复杂的图形和数据任务，确保用户在使用过程中获得流畅、无时延的体验。R1 芯片专注于处理来自多个传感器和摄像头的数据，实现了极低时延的交互反馈，使用户的动作和命令在虚拟世界中得到即时反映。

在交互方式上，Vision Pro 支持眼动追踪、手势控制和语音识别技术，为用户提供了直观、自然的交互方式。此外，Vision Pro 配备先进的空间音频系统，根据用户的头部和耳朵形状提供个性化的音效体验，进一步增强了沉浸感。

Vision Pro 的应用目前主要集中在游戏娱乐、艺术创造和社交等领域，举例如下。

（1）在娱乐领域，Vision Pro 为用户提供了家庭影院般的观影体验。通过其超大屏幕和环绕音效，用户可以尽情享受电影、电视剧或直播节目。此外，Vision Pro 的高分辨率显示和空间音频系统还为游戏玩家带来了前所未有的沉浸式游戏体验。

（2）对于设计师和艺术家而言，Vision Pro 提供了一个三维的创作空间。用户可以在虚拟环境中进行设计、建模或艺术创作，极大地提高了创作效率。

（3）Vision Pro 支持 FaceTime 等社交应用，使用户能够在虚拟环境中与朋友进行互动，共同观看视频或玩游戏，极大地丰富了社交体验。

与 HoloLens 对比，Vision Pro 在显示技术和处理器性能方面展现了更强的创新性，然而，由于其定位高端，成本相对较高，从而限制了其在更广泛市场的普及。相比之下，HoloLens 在实用性和企业应用方面更具优势，良好的稳定性和耐用性使它成为工业、医疗、教育和远程工作等领域的理想工具。总体而言，Vision Pro 和 HoloLens 各有优势，均为 AR 技术的未来发展提供了宝贵的经验。

10.3.4   增强现实的未来趋势

随着核心芯片、显示屏、光学方案和交互技术等关键技术的突破，AR 系统的整体性能得到显著增强（包括算力、清晰度、产品良率和交互灵活性等方面）。而计算机性能的提高将会使画面渲染和帧数得到显著改善，为用户提供更为流畅和逼真的虚拟体验。同时，AR 开发工具的不断完善也会进一步降低开发门槛，使更多开发者能够更轻松地创建高质量的 AR 应用。总之，AR 技术的发展前景十分广阔，未来会极大地推动相关产业的快速发展。

10.4　沉浸式游戏系统

近年来，沉浸式游戏系统的更新迭代为玩家带来了前所未有的游戏体验。本节将先解释相关的基本概念，随后从虚拟现实游戏、增强现实游戏以及元宇宙游戏 3 个方面展开详细介绍，最后对沉浸式游戏系统的未来发展趋势进行展望。

10.4.1　沉浸式游戏概述

沉浸理论最初由米哈里·希斯赞特哈伊（Mihaly Csikszentmihalyi）在其经典著作《超越无聊和焦虑》中提出，该理论解释了当个人完全投入某项活动时，会忽略外界干扰和无关刺激，全身心地投入到该活动中，进入沉浸的状态。另有研究表明，人们通常依赖五感来接收和解读外界信息，其中视觉占据主导地位，约占比 83%，听觉次之，占比 11%，而触觉、嗅觉和味觉等则占比不足 6%。因此，许多虚拟游戏系统主要通过视觉刺激来触发玩家的沉浸感。

目前，众多游戏制作团队正积极探索并致力开发具有高度沉浸感的虚拟游戏世界。

10.4.2　虚拟现实游戏

虚拟现实（Virtual Reality，VR）技术在第 7 章已有介绍，主要是通过构建沉浸式的三维虚拟环境，将虚拟场景以逼真的形式呈现于玩家眼前。此外，借助于 VR 体感外设装备，用户不仅能够观察，还能通过直观的肢体动作与虚拟世界中的各元素进行实时的交流和互动。

本节重点讲述基于 VR 技术的 VR 游戏。作为 VR 游戏的核心装备，头戴式显示器（Head-Mounted Display，HMD）为用户提供了全方位的沉浸式体验。这些 HMD 通常配备两个高分辨率的 OLED 或 LCD 显示器，分别为左右眼提供独立的影像，以实现立体图形的渲染，进而构建出 3D 虚拟世界。HMD 还配备了 3D 音效系统，以及六自由度运动追踪系统，用于捕捉用户的头部位置和旋转角度。一些先进的 HMD 还集成了触觉反馈的运动控制，允许用户以直观的方式在虚拟环境中进行物理交互，极大地减少了抽象感。

与传统游戏相比，VR 游戏在沉浸感上的提升主要体现在以下几个方面。

（1）第一人称视角：VR 技术使玩家能够直接进入游戏世界，提供传统游戏无法比拟的第一人称视角。这种视角不仅增强了玩家与游戏之间的连接，还使玩家的行动和决策更加直接和有力。

（2）增强的感官输入：现代 VR 系统结合了多种传感器和触觉反馈设备（包括运动控制器、触觉背心以及全身跟踪系统），使玩家能够以更加真实的方式感知虚拟世界，进一步增强沉浸感。

（3）真实的非玩家角色（Non-Player Character，NPC）：人工智能在 VR 游戏中发挥着至关重要的作用，特别是在创建逼真的 NPC 方面，这些 NPC 对于构建真实的故事情节和具有挑战性的游戏玩法至关重要。

（4）人工智能行为建模：人工智能算法被用于模拟 NPC 的行为，包括决策、寻路以及对玩家行为的反应。

VR 游戏的发展与 VR 设备的进步密切相关。下面我们将从 VR 游戏设备的角度，探讨 VR 游戏的发展历程。

1. 第一台虚拟现实游戏机 Virtuality

1991 年，Virtuality Group 推出了 Virtuality 游戏机（如图 10-8 所示），这是全球首款 VR 游戏机，标志着 VR 娱乐设备的大规模生产与应用。Virtuality 支持在线及多人游戏，并配备了 VR 眼镜、图形渲染系统、3D 追踪器和可穿戴设备等先进的硬件设备。

2. 第一款家用 VR 设备 Virtual Boy

任天堂于 1995 年推出的 Virtual Boy（如图 10-9 所示）是首款家用虚拟现实设备，但因理念超前和技术限制等因素，未能获得市场认可。尽管如此，Virtual Boy 仍被视为任天堂对 VR 游戏的初步尝试，为后续 VR 时代的发展奠定了基础。

图 10-8　第一台 VR 游戏机 Virtuality 外观　　　图 10-9　家用 VR 设备 Virtual Boy 外观

3. 虚拟现实元年

2016 年是 VR 技术飞速发展的一年。众多科技公司如亚马逊、苹果、Facebook、谷歌、微软、索尼、三星等纷纷涉足 VR 领域。以下是这一年中具有代表性的几个事件。

（1）2016 年 3 月，Oculus 公司推出了首款面向消费者的虚拟现实头戴设备 Rift（如图 10-10 所示）。Rift 凭借其高分辨率（每只眼 1080 × 1200）、高刷新率（90Hz）、宽广视野以及集成的空间音效和六自由度追踪技术，为用户提供了前所未有的沉浸式体验。

（2）2016 年 4 月，宏达国际电子（HTC）与维尔福（Valve）公司共同开发的 HTC Vive（如图 10-11 所示）正式发布。该设备利用房间规模技术，将真实房间转化为三维空间，使用户能够在虚拟世界中自由移动、导航和交互。

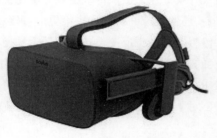 

图 10-10　第一代 Oculus Rift 设备外观　　　图 10-11　HTC Vive 外观

（3）2016 年 10 月，索尼公司推出 PlayStation VR（PSVR），如图 10-12 所示。其采用 OLED 显示面板，提供高达 120FPS 的刷新速度和 100 度的视野，来增强用户的沉浸式游戏体验。

图 10-12　索尼公司的 PlayStation VR 外观

回到当下，国内外的 VR 游戏开发商均处于加速开发阶段。除了 CCP Games、CAPCOM 等大型游戏公司外，众多中小型独立开发商和工作室也积极参与到了 VR 游戏的创作中。其中，腾讯、盛大、网易、完美世界等国内企业亦在 VR 游戏领域积极布局，探索全新的游戏体验。

尽管 VR 游戏及相关硬件技术发展迅速，但仍面临着一系列问题与挑战。其中，眩晕感是 VR 游戏最为突出的问题之一。这主要是由于虚拟现实设备的运动追踪系统存在时延或误差，导致画面与头部动作无法完全同步。为了解决这一问题，各大开发商仍需要不断创新来优化运动追踪系统并提高响应速度。

未来，VR 游戏也会与人工智能技术继续融合，创造出更加逼真的游戏场景和更加自然的交互方式，创造沉浸式 VR 游戏体验的新时代。

10.4.3　增强现实游戏

AR 游戏通过位置服务、图像识别以及数据处理等技术，对现实世界的物体、场景或位置信息进行增强，通过移动设备（如智能手机、游戏机等媒介）呈现给玩家，为玩家带来全新的游戏体验。VR 游戏与 AR 游戏的对比如表 10-3 所示。

表 10-3　　　　　　　　　　　　　VR 游戏与 AR 游戏的对比

对比项	VR 游戏	AR 游戏
沉浸感	全方位的虚拟环境，高度沉浸式体验	虚拟元素与现实世界结合，半沉浸式体验，保持了对现实世界的感知
硬件需求	高性能的计算设备和专业的头戴设备	智能手机、平板电脑或轻便的 AR 眼镜
游戏类型	更适合体验深入的故事情节和复杂的游戏世界	倾向于更轻松、社交向和基于位置的体验
用户体验	全沉浸式体验可能导致身体不适，如眩晕症状	更自然的游戏体验，玩家可以在现实世界中自由移动
挑战	避免晕动症和创建逼真的交互环境	将虚拟元素与现实世界有效结合

AR 游戏的发展经历了从最初的 AR 卡片游戏到基于物理环境的互动游戏，再到基于移动定位的游戏等多个阶段。

1. 基于 AR 卡片的 AR 游戏

早期的 AR 游戏起源于任天堂的卡片类 AR 游戏（如图 10-13 所示），玩家通过在桌面上摆放识别卡，利用手机屏幕与识别内容进行交互，开启了 AR 游戏的先河。

2. 基于物理环境的 AR 游戏

作为一款典型的基于物理环境的 AR 游戏，《惊悚夜：开始》通过 AR 技术将玩家的家转变为鬼屋，利用手机摄像头、GPS 等组件扫描家中环境，随机生成恐怖元素，为玩家提供沉浸式的恐怖体验。

图 10-13　任天堂的卡片类 AR 游戏场景

3. 基于移动定位的 AR 游戏

移动定位服务（Location Based Services，LBS）游戏是一种利用地图定位技术实现的 AR 游戏。其中，Niantic 公司发行的《Ingress》被视为 LBS 游戏的先驱，其创新的理念为后续的 AR+LBS 游戏奠定了基础。

值得一提的是，AR 游戏的发展过程中有个非常杰出的代表——《宝可梦 GO》（如图 10-14 所示）。它通过智能手机的摄像头和 GPS 定位技术，将虚拟的口袋精灵世界与现实世界无缝融合，玩家能够在不同的现实场景中发现并捕捉虚拟精灵，并且可以在基于真实地理坐标的虚拟道馆中进行战斗。

《宝可梦 GO》的成功不仅仅局限于游戏本身，更在全球范围内引发了 AR 技术的热潮。《宝可梦 GO》的成功主要源于以下两个方面：一是游戏方式与游戏世界设定的完美结合，《宝可梦 GO》作为任天堂经典游戏系列《精灵宝可梦》的衍生作品，实现了许多玩家儿时的梦想；二是技术实现的卓越性，谷歌地图的支持和 Niantic 公司的技术实力也是这款游戏走向成功的关键因素。这款游戏吸引了数亿玩家，极大地推动了 AR 技术的发展和普及，激发了其他开发者对 AR 游戏的兴趣。

图 10-14　《宝可梦 GO》游戏场景

在《宝可梦 GO》之后，AR 游戏进入快速发展阶段，游戏类型愈加丰富，成为推动游戏行业向前迈进的重要驱动力。以下为现代 AR 游戏中的几个优秀作品。

（1）《马里奥赛车 Live》（如图 10-15 所示）是一款结合实体玩具车和虚拟现实的赛车游戏。

通过将特定的指示物放置在现实地面，玩家能够构建自定义的赛道，并与虚拟场景和其他玩家进行互动。此外，该游戏还支持多玩家联机功能，增强了游戏的社交性。

图 10-15　《马里奥赛车 live》游戏场景

（2）《骑士陨落》是一款基于同名美剧改编的 AR 策略游戏。在游戏中，玩家将置身于圣殿骑士的世界，负责保卫阿克里城免受入侵军队的侵袭，同时保护珍贵的文物——圣杯。这款游戏以其独特的沙盒策略和富有深度的剧情吸引了大量玩家。

在中国，随着移动市场的快速增长和智能手机性能的不断提高，AR 游戏市场呈现出空前的繁荣。从网易推出的《破晓唤龙者：龙魂对决 AR》和《悠梦》，到阿里巴巴为支付宝独家发行的 AR+LBS 游戏《萌宠大爆炸》，以及腾讯作为国内第一游戏平台在 AR 游戏领域的积极投入，都预示着中国 AR 游戏市场将迎来百花争艳的局面。

AR 游戏市场展现出了巨大的潜力和多样性，互联网巨头在科技前沿领域的持续投入，为 AR 游戏这一尚未被充分发掘的内容领域提供了广阔的发展空间。在不久的将来，AR 游戏将打破当前手游市场的既有格局，逐渐发展成为手游市场中的主流趋势。

10.4.4　元宇宙游戏

元宇宙这一概念起源于 1992 年美国作家尼尔·斯蒂芬森在其科幻小说《雪崩》中的构想。近年来，元宇宙的概念逐渐从科幻走进现实。2018 年，科幻电影《头号玩家》中展现的绿洲世界，被广大观众视为对元宇宙形态最为接近的诠释。电影主角通过佩戴 VR 头盔设备，进入一个由自己设计的、高度逼真的虚拟游戏世界，与其他玩家在平行的虚拟世界中互动、社交、探索。

作为虚拟现实技术与元宇宙概念相结合的产物，元宇宙游戏允许玩家在虚拟世界中自由探索、互动和创造，为玩家带来了全方位的游戏体验。元宇宙游戏的特性主要包括以下几点。

（1）独特的游戏环境：元宇宙游戏为玩家提供了一个与现实世界不同的虚拟世界。这个世界既可以是现实世界的延伸，也可以是完全独立于现实世界的奇幻世界。

（2）高度的自由度：在元宇宙中，玩家可以通过自定义角色、建筑、装备等物品，创造属于自己的独特游戏体验。玩家可以设计个性化的虚拟家园，建造独特的游戏物品，甚至创造自己的游戏剧情和任务。

（3）深入的社交互动：元宇宙游戏鼓励玩家之间的互动、合作和竞争。玩家可以组建团队，共同完成任务和挑战；也可以参与大型多人在线活动，与全球玩家共同探索虚拟世界。

（4）丰富的游戏内容：元宇宙游戏涵盖了动作冒险、角色扮演、模拟经营、竞技等多种游戏类型，满足了不同类型玩家的需求。

在元宇宙游戏的发展浪潮中，Roblox 是其中的佼佼者，其独特的游戏创作平台和庞大的用户群体，为元宇宙的构建提供了坚实的基础。Roblox 是由 Roblex 公司于 2004 年创立的一个 3D 社交平台，它允许用户创作和开发游戏，鼓励用户积极参与其中。2021 年，Roblox 公司在纽交所成功上市，并将元宇宙写入其招股书，这标志着元宇宙热潮的兴起。此外，Roblox 提出的元宇宙 8 大要素——身份、朋友、沉浸感、低时延、多元化、随时随地、经济系统、文明——至今仍被视为业界主流观点。

Roblox 的元宇宙世界由 3 大核心要素构成：Roblox 客户端，作为用户接入的 3D 数字世界的入口；Roblox Studio 工具集，供开发者进行游戏创作、发行和运行；Roblox 云服务，为用户提供实时响应和个性化数据分析的基础设施。此外，Roblox 公司正在尝试将生成式人工智能技术融入元宇宙，来为其注入新的活力。

2019 年，Meta 公司推出了 VR 社交平台 Horizon，允许用户在其中构建环境、开发游戏，并与朋友进行社交互动。2021 年，Meta 公司正式开放了元宇宙平台 Horizon Worlds，为用户提供了一个在虚拟世界中玩游戏和社交的平台。Horizon Worlds 在某种程度上是电影《头号玩家》中虚拟世界绿洲的现实版，致力于为玩家构建一个引人入胜的虚拟社交网络。玩家可以在其中创建虚拟形象，与全球各地的用户进行社交、参加虚拟演唱会、体验各种小游戏，如图 10-16 所示。

图 10-16　Meta 打造的元宇宙游戏场景

10.4.5　沉浸式游戏的未来趋势

未来的沉浸式游戏将更加注重跨平台的兼容性，允许玩家在不同设备间无缝切换游戏进程。同时，云游戏将逐渐普及，通过云技术将游戏内容传输到终端设备，降低对硬件性能的要求，提供更便捷的游戏体验。此外，人工智能多媒体计算技术在游戏中的应用将更加广泛，游戏中的 NPC 将变得更加智能和逼真，人工智能算法将改善游戏体验，并提供更具挑战性的游戏内容。最后，游戏社交属性将进一步加强，多人在线游戏将继续受到玩家的喜爱，游戏将更加注重团队合作、社区互动和玩家之间的交流。未来，沉浸式游戏将会越来越多地融入我们的生活，给我们带来更多惊喜。

10.5　本章小结

本章详细探讨了 3 个有代表性的人工智能多媒体信息融合系统，分别是虚拟数字人系统、增强现实系统和沉浸式游戏系统。

首先介绍了虚拟数字人系统的主要发展过程，深入剖析了虚拟数字人在不同发展阶段的特点和应用场景，并展望了其未来的发展趋势。

随后介绍了增强现实系统，重点介绍了两个代表性系统：微软的 HoloLens 和苹果的 Vision Pro。通过增强现实系统，用户能够以前所未有的方式与数字内容进行交互，开辟了全新的工作、学习和娱乐方式。

最后聚焦于沉浸式游戏系统，包括虚拟现实游戏、增强现实游戏和元宇宙游戏。这些游戏通过高度逼真的虚拟环境和身临其境的交互体验，为玩家带来了前所未有的游戏乐趣。

在人工智能多媒体信息融合系统中，虚拟数字人系统、增强现实系统和沉浸式游戏系统作为极具代表性的热点，不仅推动了人工智能多媒体计算技术的快速发展，也为人们的生活带来了极大的变化和全新的可能性。

习题

（1）写出虚拟数字人在技术层面的分类类别。

（2）列举增强现实系统的 3 个应用。

（3）相比传统游戏，虚拟现实游戏的沉浸式体验是如何体现的？

（4）请解释虚拟现实游戏和增强现实游戏的区别。

第11章
人工智能多媒体计算的未来

在当今的数字化时代，人工智能多媒体计算已经成为推动技术进步和社会发展的重要力量。随着人工智能技术的迅猛发展，多模态生成式多媒体应运而生，成为人工智能多媒体计算领域的前沿方向。这些技术通过模拟人类的认知和创造能力，能够自动生成文本、图像、音频、视频等多种形式的多媒体内容。这不仅改变了我们与数字世界的互动方式，也为未来的多媒体应用带来了无限的可能性。

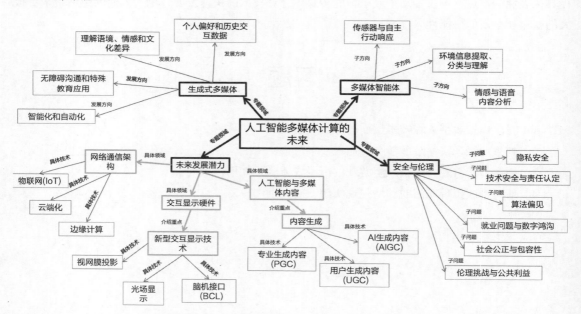

本章将深入探讨人工智能多媒体计算的未来，包括 7 个要点，如图 11-1 所示。本章首先介绍多模态生成式多媒体技术的最新进展，包括文本、语音、图像、图形、视频和动画等领域的前沿技术和突破。接着，探讨这些技术在多媒体智能体中的潜力和挑战，分析如何通过人工智能多媒体计算实现更丰富的多媒体内容创作和更自然的人机交互。此外，本章还将展望多媒体信息技术发展的未来趋势，探讨在网络架构、显示与交互技术以及内容生成等方面可能的发展重点。最后，将分析多媒体信息技术发展所带来的安全和伦理问题。通过系统的分析和论述，本章旨在为读者提供对人工智能多媒体计算的全面了解和深刻洞见，揭示其广阔前景和重要价值。

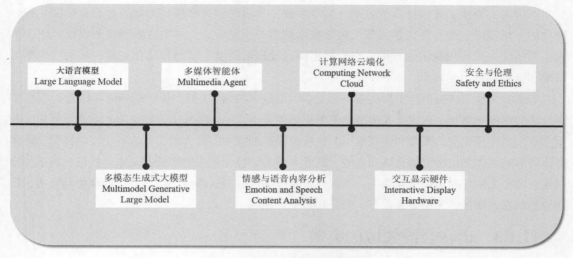

图 11-1　人工智能多媒体计算的未来

11.1　多模态生成式多媒体

11.1.1　多模态生成式多媒体概述

多模态生成式多媒体是一个充满潜力的领域，是人工智能技术快速发展的结果。多模态生成式多媒体旨在模拟人类的认知和创造能力，通过人工智能技术自动生成各种形式的多媒体内容。多模态生成式多媒体技术能够理解和处理不同模态的信息，并将其融合在一起，生成更丰富、更具创意的内容。

随着人工智能技术的不断发展，生成式文本、图像、语音、图形、动画和视频多媒体已经成为近年来重要的研究方向，多模态生成式多媒体技术的发展开启了新的可能性。这些生成式技术能够自主产生多样化的多媒体内容，为用户带来全新的体验。这不仅改变了我们与数字世界的互动方式，也为未来的多媒体应用铺平了道路。在本节中，我们将探讨多模态生成式多媒体的最新进展和未来发展趋势，聚焦于文本、语音、图像、图形、视频和动画等多个模态的前沿技术。

11.1.2　文本生成模型的新进展

在当前的人工智能领域，文本生成技术已经取得了显著的进展。ChatGPT、LaMDA、Claude 3 和 Gemini 等模型代表了这一领域的前沿技术。这些模型不仅能够生成连贯的文本、准确地理解用户意图并生成个性化的回答，还能理解和回应复杂的查询，显示出接近人类的理解能力。其中，ChatGPT 是一款基于强大的语言模型的文本生成系统，它能够生成流畅、自然的文本，并在多轮对话中保持一致性；LaMDA 是谷歌开发的一款对话型语言模型，它能够理解和生成自然的对话文本；Claude 3 和 Gemini 是由 Anthropic 和谷歌共同开发的模型，它们在理解复杂文本和生成高质量回答方面表现出色。这些模型的发展不仅推动了人工智能技术的进步，也为各行各业带来了变革。例如，在新闻撰写、内容创作、客户服务等领域，文本生成技术都有着广泛的应用。

展望人工智能多媒体计算的未来，文本生成技术将继续突破现有的边界，朝着智能化和个性化的方向发展。随着深度学习和大数据技术的进一步融合，文本生成模型将不仅仅局限于生成连贯的文本或回应复杂的查询，它们将更深入地理解语境、情感和文化差异，从而产生更加精准和富有创造力的内容。

未来的文本生成模型将更加注重与其他多模态技术的结合（如图像识别和语音处理），以实现更全面的多模态交互。这意味着模型能够根据图像或语音输入生成描述性文本，或者反过来，根据文本提示生成相应的图像和语音输出。这种跨模态的能力将极大地丰富人机交互的体验，使多媒体内容的创作和编辑更加直观和高效。此外，随着个性化需求的增长，文本生成技术将更加重视用户的个人偏好和历史交互数据，以提供定制化的内容。这将使每个用户都能获得独特的、针对性的信息和服务，无论是在教育、娱乐还是商业领域。

11.1.3　语音合成领域的突破

作为生成式语音模型的代表，WaveNet、Voicebox、Voice Engine 和 BASE TTS 等前沿技术不断地在语音合成领域取得新的突破。借助于深度学习和波形生成技术，这些技术能够生成高度逼真的语音波形，不仅声音质量优良，而且能够模仿各种语音和声音的特点，为用户带来更加自然和流畅的语音交互体验。语音合成技术将继续突破自然度和表现力的极限，提供更加丰富和真实的用户体验，以满足更广泛的应用需求。

随着深度学习和人工智能技术的不断进步，语音合成技术将实现多个重要突破。首先，未来的语音合成系统将能够根据用户的个人喜好和特定场景需求，生成更加个性化的语音内容。其次，语音合成技术将与语言学和心理学等多学科知识相结合，以提高合成语音的可懂度和接受度，使其更加符合人类的听觉习惯。此外，语音合成技术的发展还将扩展对多语种和多方言的支持，使全球范围内的用户都能享受到高质量的语音服务。与此同时，模型对情感的理解和表达能力也将进一步提升，使合成语音能够更准确地传达情感和语境。最后，语音合成技术可在无障碍沟通和特殊教育应用中发挥重要作用，为视障人士和特殊教育领域提供更好的支持和服务。

11.1.4　图像、图形生成模型的新突破

图像生成技术的新纪元正在到来，Stable Diffusion、Imagen 和 DALL·E 3 等模型已经展示了其在图像创意表达方面的巨大潜力。这些模型不仅能够根据文本提示创造出精美的美术作品，还能模拟特定艺术家的风格，为美术创作提供了前所未有的自由度和灵活性。图形生成的大模型也在发展之中，比如 Adobe 公司推出的 Firefly Vector Model 能够根据文本提示生成完整的矢量图形，VectorMind 平台可以使用生成式 AI 来创建矢量图。

未来的图像/图形生成技术将继续沿着智能化和个性化的道路发展。可以预见，随着深度学习和生成式模型的进一步优化，图像/图形生成技术将能够生成更高质量、更真实的图像/图形。这将极大地丰富视觉艺术的表现形式，使艺术家能够突破传统媒介的限制，创作出更加多元和创新的作品。此外，图像/图形生成技术在未来也将更加注重个性化定制，用户将能够根据自己的喜好和需求，定制独一无二的图像/图形内容。这种个性化的图像/图形生成将不仅限于艺术创作，还将扩展到广告设计、产品展示、虚拟现实等多个领域。

11.1.5　视频、动画生成技术的创新

视频和动画都是通过快速连续显示静态图像或图像帧来展示，因此在生成式模型方面，两者可以使用相同的模型进行生成。在视频和动画生成方面，Sora、Runway Gen-2 和 Stable Video Diffusion 等模型正在引领着一场新潮流。Sora 以其出色的生成效果和高效的训练速度，成为视频生成领域的佼佼者；而 Runway Gen-2 则致力于将视频生成技术推向实时性和交互性的新境界，为用户提供更加沉浸式和个性化的视频生成体验。它们不仅使从简单的动画到复杂的场景重建变为可能，而且为个人创作者提供了强大的工具，也为电影和游戏产业带来了新的可能性。

随着计算能力的提升和算法的优化，视频生成将变得更加快速，同时保证内容的真实性和合法性。这将使视频的创作和编辑更加直观和高效，为用户提供即时的互动体验。在内容创作方面，未来的视频生成模型将能够根据文本描述、图像提示或视频提示生成相应的视频内容。这意味着创作者可以通过简单的指令，让模型生成符合特定主题、情节和角色行为的视频，从而提高创作的灵活性和创新性。同时，动画生成技术不仅朝着注重个性化和交互性的方向发展，而且会更多地与其他媒体整合发展（例如 VR 和 AR 技术），为动画产业带来更大的创新，使动画能够在实时交互环境中生成和播放。

11.1.6　多模态生成式多媒体的总结与未来展望

在未来，多模态生成式多媒体的发展将更加注重智能化和集成化，呈现出更加多样的发展趋势，以适应日益增长的数据量和多样化的应用需求。随着人工智能技术的不断创新和进步，我们将会见证文本、语音、图像和视频等多个模态的深度融合和协同生成，以及更多创新的多模态生成模型的诞生。这些模型将能够更准确地理解和处理复杂的多模态数据，为用户提供更加丰富、动态和个性化的多媒体内容。

未来的多模态生成式多媒体技术将更加侧重于用户体验，提供更自然、更流畅的人机交互方式。语音识别、感知触觉交互、表情识别等技术将进一步发展，使用户能够以更直观的方式与多媒体内容进行交互。此外，随着 5G 和其他高速网络技术的普及，多媒体内容的传输和处理将变得更加高效，为用户提供即时的互动体验。

未来的多模态生成式多媒体技术也将与其他领域如大数据分析、云计算、物联网等技术深度结合，推动智慧城市、远程医疗、智能教育等应用的发展。多媒体知识图谱的构建和推理能力将得到增强，使从生成式大规模多媒体数据中提取知识和洞察变得更加容易。

在人工智能多媒体计算的未来发展中，多模态生成式多媒体将扮演重要的角色，为人们带来全新的视听体验和智能化服务。我们期待着在这个领域中取得更多的突破和进展，为社会的进步和发展做出更大的贡献。

11.2　多媒体智能体

11.2.1　多媒体智能体的定义与意义

上一节我们了解了多模态生成式人工智能的发展现状，更进一步就是将这些人工智能技术与

多媒体智能体结合起来。多媒体智能体是指具有自主行动能力，在特定环境中能够感知并响应环境变化的软件实体。在当今的数字化社会中，多媒体智能体扮演着越来越重要的角色。它不仅能够帮助人们更好地理解复杂的多媒体环境并与之互动，还能够参与到媒体内容的创作和编辑过程中，为人们的生活、工作和娱乐带来便利和乐趣。

11.2.2　传感器与自主行动响应

多媒体智能体通过各种传感器（如摄像头、话筒、激光雷达等）感知周围环境的信息，如图 11-2 所示为多媒体智能体的常见框架结构。这些传感器技术的不断发展与应用使多媒体智能体能够获取更加丰富和准确的环境信息，从而更好地理解其所处环境，识别出入侵者并自动报警。

图 11-2　多媒体智能体框架图

在感知到环境信息的基础上，多媒体智能体能够进行自主决策并做出相应的行动。这种自主行动能力使智能体能够适应不同的环境变化，并与环境进行有效的互动。多媒体智能体在不同领域的应用如下。

（1）医疗领域：多媒体智能体在医疗领域的应用已经取得了重大突破。例如，智能医疗影像诊断系统能够通过分析医学影像，辅助医生诊断疾病。诊断系统中可包括文本信息以及 MRI、CT 等医学图像信息。

（2）教育领域：智能教育系统能够根据学生的学习情况和需求，个性化地提供学习内容和指导。例如，智能辅导机器人可以通过语音和图像交互，帮助学生解决问题并激发其学习兴趣。这些图像信息非常丰富，包括智能教育应用场景（如学生与机器人交互的场景）。

（3）娱乐领域：多媒体智能体在游戏、VR 和 AR 等娱乐领域有着广泛的应用。例如，智能游戏角色能够根据玩家的行为和情感变化做出相应的反应，以提升玩家的游戏体验。

（4）安防领域：智能监控系统（例如智能监控摄像头）可以通过视频分析技术，实时监测和识别出异常行为，提高安防效果。

11.2.3　环境信息提取、分类与理解

多媒体智能体能够从环境中提取出关键信息，并对其进行分类和整理，包括但不限于图像、视频、音频等多媒体形式的信息。通过对各种信息的提取和分类，智能体可以帮助用户更快速、准确地获取所需信息，提高信息利用效率。举例来说，智能监控系统可以从监控视频中提取出关键的行为特征，如人物活动轨迹、异常动作等，然后对这些信息进行分类，以便快速识别出潜在的安全隐患或异常事件。此外，智能搜索引擎也可以从海量的网络信息中提取出用户感兴趣的关键词、主题或者情感倾向，然后将相关信息进行分类和整理，为用户提供更加精准的搜索结果。

当前，多媒体智能体在对象与场景识别领域取得了显著的进展。通过深度学习技术，智能体可以从图像或视频中准确地识别出各种对象和场景，图 11-3 为环境理解网络的示意结构。这一过程通常包括以下步骤：首先，智能体从输入的图像或视频中提取出各种特征，如颜色、纹理、形状等；其次，通过将提取的特征与预先学习的模型进行匹配，从而确定图像或视频中的对象和场景；最后，智能体结合对象之间的关系和环境的语境信息，进一步理解图像或视频中的整体场景。在算法方面，常用的对象与场景识别技术包括卷积神经网络、循环神经网络以及它们的变种。这些技术能够在大规模数据集上进行训练，从而实现对各种对象和场景的准确识别。

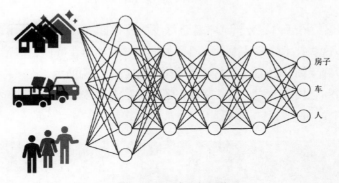

图 11-3　环境理解网络

11.2.4　内容编辑与创作

多媒体智能体可以参与到媒体内容的编辑和创作过程中，为用户提供更加个性化和丰富的内容体验。智能体能够根据用户需求和偏好，自动编辑和生成符合用户兴趣的媒体内容，从而增强用户的参与感和满意度。例如，智能视频编辑系统可以根据用户指定的主题、风格和音乐等要素，自动生成符合用户期望的视频作品。又如，智能音乐创作软件可以根据用户的情感倾向和音乐风格偏好，自动生成符合用户口味的音乐作品。这些智能体可以通过对大量的媒体素材进行学习和分析，从而实现对用户需求的个性化响应，为用户提供更加满意的媒体内容。

11.2.5　情感与语音内容分析

情感与语音内容分析是多媒体智能体在人机交互中至关重要的一环。图 11-4 所示是情绪体验的自我评估法（Self-Assessment Manikin，SAM），是一种被大多数研究人员普遍接受的情感评估模型。该模型使用卡通人脸的图像来表示情感的效价维度（Valence）和唤醒维度（Arousal），即情感的积极性/消极性和强度/激动程度，并以此作为情感评估的标准。通过对语音内容和情感倾向的分析，智能体可以更好地理解用户的需求和意图，从而提供更加个性化和贴近用户需求的服务。这一过程通常包括以下步骤：首先，智能体利用语音识别技术将用户的语音输入转换为文本形式，以便后续分析和处理；其次，智能体通过自然语言处理技术对用户的语音内容进行情感分析，识别出其中的情感倾向，如喜怒哀乐等；最后，智能体根据对语音内容的情感分析结果，调整自身的行为和反馈，与用户进行更加智能、贴心的互动。

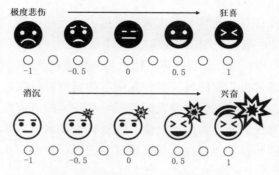

图 11-4　多媒体智能体的情感识别

在技术方面，情感与语音内容分析通常基于深度学习和自然语言处理技术，如循环神经网络、长短时记忆网络等。这些技术能够从大量的语音数据中学习到语音特征与情感之间的关联，从而实现准确的情感分析和反馈。图 11-5 为智能体在养老领域的应用演示，连接特定模块后，机器人能够通过语音、表情和触摸等方式与老人互动，还能提醒老人按时吃药和进行锻炼。新增的防跌倒功能使机器人能够安全地四处"走动"。

图 11-5　多媒体智能体在养老服务领域的应用

11.2.6　多媒体智能体发展的总结与未来展望

在过去几年中，多媒体智能体的发展取得了显著的成就，其在感知、理解和创作多媒体内容方面展现出了强大的潜力和应用价值。通过对多媒体智能体的发展现状进行总结，我们可以得出以下几点结论。

（1）技术进步：随着深度学习、自然语言处理等人工智能技术的不断发展，多媒体智能体在感知、理解和创作方面的能力得到了显著提升。传感器技术、图像识别技术、语音识别技术等在智能体的发展中起到了至关重要的作用。

（2）应用广泛：多媒体智能体已经在各个领域得到了广泛的应用，包括但不限于医疗、教育、娱乐、安防等。它为人们的生活和工作带来了诸多便利和创新，成为推动社会进步的重要力量。

（3）发展趋势：未来，随着人工智能技术的不断发展和普及，多媒体智能体将呈现出更加智能化、个性化和普适化的趋势。它将更加贴近人类的需求和情感，为用户提供更加个性化和便捷的服务。

在展望未来的同时，也需要注意到多媒体智能体发展过程中可能面临的挑战和问题，如数据隐私保护、技术伦理道德等。因此，我们需要在技术创新的同时，不断加强对多媒体智能体应用的监管和规范，确保其发展能够符合社会和人类的整体利益。多媒体智能体作为人工智能技术的重要应用领域，将在未来发挥更加重要的作用，为人类社会的进步和发展做出更大的贡献。

11.3　多媒体信息技术的发展潜力

11.3.1　多媒体信息技术概述

了解了生成式人工智能及其与多媒体智能体结合的应用及发展现状，接下来我们将从更大的范围探讨多媒体信息技术的发展潜力。本节从基础框架、硬件、社会 3 个角度选取了网络通信架构、交互显示和内容生成进行深入分析。

11.3.2　计算网络云端化

多媒体信息技术的进一步发展，对网络通信速度和万物互联范围提出了更高的要求。在未来，我们期待网络有更高的宽带、更低的时延和更广的覆盖范围。网络终端是通信的端点，能展现出更多的形态，如智能手机、平板电脑、VR 眼镜/头戴显示器、可穿戴设备、机器人和各种类型的传感器等。这些设备将具备更全面的感知能力、更智能的计算能力、更便捷的交互方式、更环保的能耗特性以及更安全的使用保障。在不久的将来，任何物体（包括人类）都将能够在任何时间、任何地点无缝接入互联网，享受身临其境的沉浸式通信体验，实现物理世界与虚拟世界的交互与融合，进而完成物理世界的数字化表达、控制与优化。

物联网（Internet of Things，IoT）是未来发展的一个重要趋势，它通过将物理设备连接到网络，实现设备间的互联互通，从而实现远程监控和管理，如图 11-6 所示为物联网的整体架构。物联网的核心基础仍是互联网，但其将信息交换和通信的对象扩展到了任何物体。物联网的理念打破了传统的物理基础设施与 IT 基础设施分离的思维模式，将钢筋水泥、电缆与芯片、宽带等整合为统一的基础设施，广泛应用于经济管理、生产运行、社会管理以及个人生活。

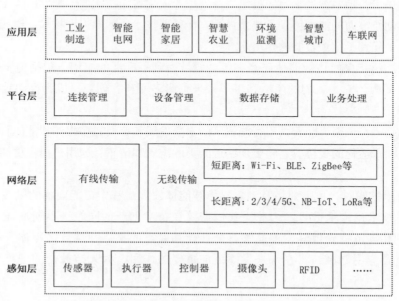

图 11-6　物联网架构

未来的另一个趋势是云端化（Cloudification）。云端化是将传统的 IT 资源和应用程序迁移到云计算平台的过程，涉及数据存储、计算能力和应用程序等方面，由第三方提供商管理，并通过互联网提供这些资源和服务。企业对计算资源的需求不断变化，云端化服务正好满足了这种按需使用的需求。同时，游戏产业的快速发展需要更精美的场景和动画，这就要求用户下载大量数据。云端化让用户能够快速开始游戏，无须等待长时间的数据下载过程。

第三个未来趋势是边缘计算（Edge Computing）。边缘计算是一种分布式计算架构，将数据的处理和存储从中心节点转移到网络边缘，从而减少数据传输距离，降低时延，并减少带宽的使用。随着物联网的兴起，智能终端、各类无线传感器等设备产生的数据量以及对服务的访问需求呈指数级增长。同时，自动驾驶等场景对实时性服务的要求极高，这推动了计算模型的变革，从集中式的云计算转向分布式的边缘计算。

11.3.3　交互显示硬件

多媒体技术的未来目标是提供更深层次的沉浸式体验。这种需求最初源于战争中飞行员的模拟训练，并由此确立了高沉浸感硬件系统的三个关键标准：提供全视角的虚拟视觉环境、在触觉和动觉上进行相应的环境模拟，以及实现接近真实场景的高响应速度。本小节将介绍包括脑机接口在内的多种设备和新技术。

目前，VR、AR 和 MR 技术备受关注，不同交互技术的区别如图 11-7 所示。在传统交互界面中，人与计算机系统和真实世界分别进行交互；在 VR 中，人与设备交互，设备与真实世界交互；而在 AR 中，人虽然主要与设备交互，但现实世界的信息也可以通过设备传递给人。

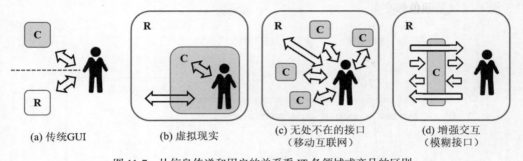

(a) 传统GUI　　　(b) 虚拟现实　　　(c) 无处不在的接口　　　(d) 增强交互
　　　　　　　　　　　　　　　　　　（移动互联网）　　　　　（模糊接口）

图 11-7　从信息传递和用户的关系看 IT 各领域或产品的区别

注：图中 R 代表真实世界，即 Real World；C 代表计算机系统，即 Computer。

沉浸式体验面临的最大挑战是运动引起的晕眩。晕眩是由于视觉输入与内耳前庭感应的加速度信息不一致，导致身体产生应激反应，如晕车、晕船。当感官在虚拟世界中的沉浸比例越高，感受到的输入与真实世界不一致的可能性就越大。科研界和产业界正在努力解决这一问题，国际顶级学术会议如 IEEE VR、SIGGRAPH 等，以及行业领先企业如 Facebook、微软、苹果、谷歌等，都在召集顶尖科学家进行研究并推动其产品化。生态系统中的关键企业，如高通、英伟达、Epic Games 等，也在各自擅长的芯片、通信、渲染等领域加大投入，多方面解决时延、视差和运动问题，以提升 VR 产品的体验。

除此之外，目前还产生了大量新型交互显示技术。下面介绍几个主要的交互显示技术。

（1）视网膜投影技术通过特定的光路投影，直接将图像投射到人眼的视网膜上，无须借助外部物理显示屏或近眼虚拟图像。其具体技术细节如图 11-8 所示。这种方法允许用户同时聚焦于不同图像平面或焦深，从而显著减轻用户疲劳和视觉引起的眩晕感。

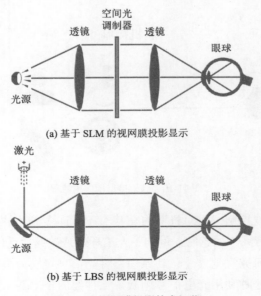

(a) 基于 SLM 的视网膜投影显示

(b) 基于 LBS 的视网膜投影显示

图 11-8　视网膜投影技术细节

（2）光场显示技术是一种创新的显示方法，能记录并复现光线在三维空间中的传播，生成逼真的三维视觉效果。其具体技术细节如图 11-9 所示。该技术的关键在于它能捕捉并展现光线的方向性，而不仅仅是颜色和亮度。

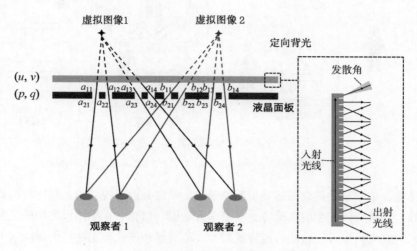

图 11-9　光场显示技术细节

（3）脑机接口（Brain-Computer Interface，BCI）技术是一种创新的通信与控制技术，它建立在大脑与计算机或其他电子设备之间，不依赖传统的神经和肌肉输出路径。脑机接口技术能够直接从大脑接收信号，用于控制虚拟环境中的行为和交互。图 11-10 所示为脑机接口在人类生活中的应用流程。

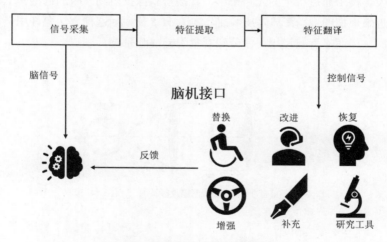

图 11-10　脑机接口的应用流程

除了利用人类脑电波控制"人对机"的交互，还有许多成功的技术通过"机对人"的输入方式来修复和增强残障人士的感官。例如，人工耳蜗是最成功且广泛应用的脑机接口技术。此外，许多科学家正在研究视觉重建，其原理是将光信号转换为电信号来直接刺激视网膜，从而产生视觉。然而，这种利用光电信号刺激视觉神经的技术要求患者大脑中仍具有视觉的概念。

11.3.4　人工智能与多媒体内容

内容生成是虚拟世界发展的关键部分。随着直播和短视频的兴起，人们开始认识到内容创作的重要性和巨大潜力。互联网不仅让用户消费内容，还便利了内容的创造，吸引了更多人参与。内容和创意成为平台竞争力的核心，根据创作者的不同，内容可分为专业生成内容（Professionally Generated Content，PGC）、用户生成内容（User Generated Content，UGC）和人工智能生成内容（Artificial Intelligence Generated Conted，AIGC）。在如今的互联网时代，内容创作门槛降低，内容数量激增，供过于求。然而，剔除低质内容，留下高质量、具有商业价值的产品，并通过个性化细分市场后，仍有大片空白领域，市场潜力巨大。随着时间的推移，人们对内容产品质量的要求将不断提高。

随着人工智能技术的进步，内容制作正经历重大变革。人工智能不仅改变了内容创作的速度和规模，还影响了内容的多样性、个性化和质量。人工智能能生成图像、视频、文本、语音、动画等内容，并能通过分析用户的历史行为和偏好，提供个性化的内容推荐。人工智能技术正广泛而深刻地影响着互联网世界，但也引发了版权纠纷和影响就业的问题，因此，确保人工智能技术的合理使用和制定有效的监管机制变得至关重要。

11.3.5　多媒体信息技术的总结与未来展望

本节全面审视了多媒体信息技术的发展潜力，从网络技术、计算资源、新一代显示交互技术以及人工智能和内容生成的角度，探讨了多媒体信息技术进步的广泛影响。未来，网络通信将追求更高的速度和更广泛的连接，涵盖物联网、云端化和边缘计算等领域。为了增强沉浸式体验，显示交互设备将追求更高的分辨率和更广阔的视野，同时致力于解决运动晕眩等问题。在内容生成方面，UGC 和 AIGC 可能成为主流，人工智能将在内容创作、监管和个性化推荐等方面发挥更大的作用。人类社会、物理世界和信息空间的深度融合，不仅推动了我们对技术需求的增长，同时技术也在深刻地改变着我们。

11.4　多媒体安全与伦理

11.4.1　多媒体安全与伦理概述

随着科技的迅速发展和互联网的普及，多媒体技术已经成为我们日常生活中不可或缺的一部分。然而，在其为我们带来便利和乐趣的同时，一些安全与伦理问题已经显露，并且逐渐变得不容忽视。本节将从隐私安全、技术安全与责任认定、算法偏见、就业问题与数字鸿沟等安全和伦理角度，探讨多媒体技术在当今及未来发展中可能面临的安全与伦理挑战，并探究解决之道，以引导读者在数字化时代中做出正确的选择与行为，确保个人和社会的利益得到最大程度的保护与尊重。

11.4.2　隐私安全

隐私权是指个人在其个人生活和私人事务中所享有的不受侵犯的权利以及个人信息不被他人非法侵扰、知悉、搜集、利用和公开的一种人格权。在大数据时代，个人信息在收集、传输过程中存在着诸多风险，这种潜在的隐私泄露风险，很有可能导致用户的名誉权、肖像权、信用权等权利遭受侵害。比如人脸识别技术中的隐私侵犯和信息泄露问题曾多次引起舆论热议，泄露的人脸数据可能会被用于不法用途。它们可能会在黑市上以低价出售给数据公司，也可能会落入不法分子手中用于各种欺诈活动，比如利用人脸照片进行身份认证，甚至用于制作换脸色情视频等。技术创新带来的便捷不能以牺牲隐私为代价。为了保护隐私安全，一系列隐私保护技术应运而生，例如数据加密、匿名化处理、边缘计算以及联邦学习等。如今，隐私计算技术正在快速发展并逐渐成熟，相信在未来，多媒体技术的隐私安全问题将得到有效的解决。

11.4.3　技术安全与责任认定

新技术的落地常常伴随着安全问题。自动驾驶车辆的事故、手术机器人操作中的意外事件等，引发了公众对技术安全性的担忧和焦虑。同时，对于这些技术事故，责任认定也变得愈发复杂且重要。以自动驾驶为例，事故可能涉及多方责任主体，包括汽车制造商、汽车所有者、实际操作者等。对此，2023 年 11 月发布的《关于开展智能网联汽车准入和上路通行试点工作的通知》首次对中国 L3 级和 L4 级自动驾驶汽车的责任进行了明确定义。其中，责任主体包括汽车制造方、自动驾驶技术开发方、车辆运营方以及安全员。此外，对事故的分类和处理也被纳入考量。

如今，全球各国正在努力完善人工智能的问责和监管制度。期待在不久的将来能够建立起一套健全的责任认定机制和法律体系，以确保技术的安全性和可持续发展。

11.4.4　算法偏见

在大数据时代，人类的生产、生活与算法决策密切相连。尽管算法决策被认为比人类的决策更加客观公正，但事实上，算法也可能产生歧视性决策，这一问题已经在许多方面显露端倪。例如，"大数据杀熟"现象即在商品价格等方面给予消费者差别待遇，一些广告软件向女性推送高薪职位的情况明显少于向男性推送的情况。近期，谷歌公司推出的人工智能模型 Gemini 由于无法生成白人图像而引发了争议。这种无形的歧视可能会损害个人的权利和尊严，并加剧社会的不平等现象。我们需要认识到算法偏见中潜在的政治与道德伦理风险，同时，也应该采取措施来确保算法决策的公平性和准确性。增强算法的透明度和可解释性、建立合适的监管机制、提升数据质量和多样性等都是合理的策略。此外，算法偏见本质上是一个社会性、时代性的问题，要消除算法中的偏见，还需从根本上消除社会上固有的偏见和歧视，从这个角度考虑，算法偏见问题的解决还任重道远。

11.4.5　就业问题与数字鸿沟

随着自动化、人工智能等新技术的发展，一些传统的工作岗位可能会被取代，这将导致就业问题进一步加剧。然而，失去工作的人面临经济困境，而新技术所创造的就业机会往往又需要高级技能和专业知识，导致贫困人口难以获得新的就业机会，从而进一步加重贫富差距。

同时，由于数字技术的普及和经济、社会和地理上存在的差距，一些人群（如老年人、残疾人等弱势群体，以及不发达地区的居民）无法享受到数字化带来的便利和机遇。这种现象被称为数字鸿沟。一项调查显示，老年人群体在"出示或扫健康码、行程码""网络支付、网上缴费""使用智能手机进行医院挂号、叫网约车、购买火车票等生活服务"和"使用社交网络进行社交"等方面都存在不同程度的不便。另外，无论是手机和计算机等日常电子设备，还是 VR 和元宇宙等新鲜技术，往往是由发达地区的居民或者富人最先体验。这种现象会造成社会资源的不平等分配和利用，影响到整个社会的发展和稳定。

　　未来，就业问题与数字鸿沟所带来的公正问题需要各界共同努力解决。例如，加强对贫困人口和失业人员的教育和技能培训，制定更加普惠的就业政策和社会保障制度，以及推动数字技术的普及和应用。只有这样，才能促进数字化对全社会的包容和融合。

11.4.6　结语

　　如今，我们正处于科技变革的前沿，多媒体技术的发展为我们带来了更多可能性，但同时也引发了新的安全与伦理问题。但正如论文 Autonomous Technology: Technics-out-of-Control as a Theme in Political Thought 的作者兰登·温纳（Langdon Winner）所言："我们应该努力想象并寻求建立与自由、社会公正和其他关键政治目标相兼容的技术体系"。我们务必要把控好技术发展带来的风险，不能将技术趋势置于公共利益之上。为此，我们需要不断创新、加强监管、提升公众意识，以更加理性、负责任的态度应对未来多媒体技术的安全与伦理挑战。

11.5　本章小结

　　本章我们综合讨论了人工智能多媒体计算在新时期的发展趋势与挑战。首先介绍了多模态生成式多媒体的快速发展，强调了人工智能技术进步推动下的多种多媒体内容理解和生成能力。之后深入探讨了多媒体智能体在数字化社会中的重要性，以及在多个领域的应用和多样化功能。接着深入分析了多媒体信息技术未来发展的关键领域，包括网络架构、显示交互技术以及内容生成等方面，并探讨了它们对未来生活和工作方式的影响。最后，我们聚焦于多媒体技术带来的安全与伦理问题，强调了建立相关法律法规和监管机制的重要性，以维护健康的信息环境。

　　值得全世界共同关注的是，人工智能多媒体计算的未来发展虽然充满无限可能，但也带来了新的挑战。我们在享受技术带来的便利和乐趣的同时，必须正视多媒体技术所带来的隐私泄露、数据安全、伦理道德等安全问题，共创一个安全、公正、包容的数字世界，让多媒体技术真正成为推动人类社会进步的积极力量。

习题

　　（1）请列举各个模态最新的生成式模型，并选择其中的 3 个进行应用尝试。

　　（2）多媒体智能体在社会中可以有哪些应用？

　　（3）未来的多媒体技术将追求更高的清晰度以及更好的沉浸式体验，目前在沉浸式方面遇到的最大问题是什么？有哪些新的成像技术出现？

　　（4）人工智能在内容生成方面带来了巨大的改变，我们可以根据内容产生的方式将内容分成 3 种类型：PGC、UGC 和 AIGC，请分别解释这 3 个词。

　　（5）多媒体技术逐渐成为日常生活中不可或缺的部分，同时也带来了一些安全问题，请举例说明具体会带来哪些可能的安全伦理问题。

[1] 同济大学数学系. 高等数学（上册）[M]. 北京: 人民邮电出版社，2016.

[2] 同济大学数学系. 高等数学（下册）[M]. 北京: 人民邮电出版社，2017.

[3] 同济大学数学系. 线性代数[M]. 北京: 人民邮电出版社，2017.

[4] 姜伟生. 数学要素[M]. 北京: 清华大学出版社，2023.

[5] 姜伟生. 矩阵力量[M]. 北京: 清华大学出版社，2023.

[6] 庞淑萍，孙伟. 概率论与数理统计[M]. 北京: 化学工业出版社，2016.

[7] 奥本海姆，威尔斯基，纳瓦卜. 信号与系统（第二版）[M]. 刘树棠，译. 北京: 电子工业出版社，2013: 182.

[8] 田宝玉，杨洁，贺志强，许文俊. 信息论基础（第二版）[M]. 北京: 人民邮电出版社，2016.

[9] 冈萨雷斯. 数字图像处理（第二版）[M]. 阮秋琦，译. 北京: 电子工业出版社，2003: 276-412.

[10] 周志华. 机器学习[M]. 北京: 清华大学出版社，2016.

[11] 邱锡鹏. 神经网络与深度学习[M]. 北京: 机械工业出版社，2020.

[12] 张奇，等. 自然语言处理导论[M].电子工业出版社，2023.

[13] Chowdhury G G. Introduction to modern information retrieval[M]. Facet publishing，2010.

[14] Landauer T K, Foltz P W, Laham D. An introduction to latent semantic analysis[J]. Discourse processes, 1998, 25(2-3): 259-284.

[15] Mikolov T, Sutskever I, Chen K, et al. Distributed representations of words and phrases and their compositionality[C]. Advances in neural information processing systems, 2013, 26.

[16] Hochreiter S, Schmidhuber J. Long short-term memory[J]. Neural computation, 1997, 9(8): 1735-1780.

[17] Vaswani A, Shazeer N, Parmar N, et al. Attention is all you need[C]. Advances in neural information processing systems, 2017, 30.

[18] Zhang Y, Qi P, Manning C. Graph Convolution over Pruned Dependency Trees Improves Relation Extraction[C]. Proceedings of the 2018 Conference on Empirical Methods in Natural Language Processing. ACL, 2018: 2205-2215.

[19] Fu Y, Peng H, Khot T. How does gpt obtain its ability? tracing emergent abilities of language models to their sources[J]. Yao Fu's Notion, 2022.

[20] Hou W, Xu K, Cheng Y, et al. ORGAN: observation-guided radiology report generation via tree reasoning[C]. Proceedings of the 61st Annual Meeting of the Association for Computational Linguistics(Volume 1: Long Papers). ACL, 2023: 8102-8122.

[21] Ren S, He K, Girshick R, et al. Faster R-CNN: Towards real-time object detection with region proposal networks[J]. IEEE transactions on pattern analysis and machine intelligence, 2016, 39(6):

1137-1149.

[22] Li S, Qin B, Xiao J, et al. Multi-channel and multi-model-based autoencoding prior for grayscale image restoration[J]. IEEE Transactions on Image Processing, 2019, 29: 142-156.

[23] Redmon J, Divvala S, Girshick R, et al. You only look once: Unified, real-time object detection[C]. Proceedings of the IEEE conference on computer vision and pattern recognition. 2016: 779-788.

[24] Qiu Z, Hu Y, Li H, et al. Learnable ophthalmology sam[J]. arXiv preprint arXiv:2304.13425, 2023.

[25] Cao Z, Simon T, Wei S E, et al. Realtime multi-person 2d pose estimation using part affinity fields[C]. Proceedings of the IEEE conference on computer vision and pattern recognition. 2017: 7291-7299.

[26] Yunus R, Lenssen J E, Niemeyer M, et al. Recent Trends in 3D Reconstruction of General Non-Rigid Scenes[C]. Computer Graphics Forum. 2024: e15062.

[27] Kajiya J T, Von Herzen B P. Ray tracing volume densities[J]. ACM SIGGRAPH computer graphics, 1984, 18(3): 165-174.

[28] Mildenhall B, Srinivasan P P, Tancik M, et al. Nerf: Representing scenes as neural radiance fields for view synthesis[J]. Communications of the ACM, 2021, 65(1): 99-106.

[29] Kerbl B, Kopanas G, Leimkühler T, et al. 3D Gaussian Splatting for Real-Time Radiance Field Rendering[J]. ACM Trans. Graph., 2023, 42(4): 139:1-139:14.

[30] Schonberger J L, Frahm J M. Structure-from-motion revisited[C]. Proceedings of the IEEE conference on computer vision and pattern recognition. 2016: 4104-4113.

[31] Zwicker M, Pfister H, Van Baar J, et al. EWA volume splatting[C]. Proceedings Visualization, 2001. VIS'01. IEEE, 2001: 29-538.

[32] Zhang J, Hu Y, Qi X, et al. Polar Eyeball Shape Net for 3D Posterior Ocular Shape Representation[C]. International Conference on Medical Image Computing and Computer-Assisted Intervention. Cham: Springer Nature Switzerland, 2023: 180-190.

[33] Nikolakakis E, Gupta U, Vengosh J, et al. GaSpCT: Gaussian Splatting for Novel CT Projection View Synthesis[J]. arXiv preprint arXiv:2404.03126, 2024.

[34] Chen Y, Wang H. EndoGaussians: Single View Dynamic Gaussian Splatting for Deformable Endoscopic Tissues Reconstruction[J]. arXiv preprint arXiv:2401.13352, 2024.

[35] 李小平. 多媒体技术[M]. 北京：北京理工大学出版社, 2008.

[36] 李祥生. 多媒体信息处理技术[M]. 北京：高等教育出版社, 2010.

[37] 王利霞. 多媒体技术导论[M]. 北京：清华大学出版社, 2011.

[38] 吴家安. 数据压缩技术及应用[M]. 北京：科学出版社, 2009.

[39] 洪佐，张菁，李晓光，等人. 视频压缩与通信 = Video compression and communications [M]. 北京：人民邮电出版社，2011.

[40] Lin W, Hu Y, Hao L, et al. Instrument-tissue interaction quintuple detection in surgery videos[C]. International Conference on Medical Image Computing and Computer-Assisted Intervention.

Cham: Springer Nature Switzerland, 2022: 399-409.

[41] Zhao H, Ling Q, Pan Y, et al. Ophtha-llama2: A large language model for ophthalmology[J]. arXiv preprint arXiv:2312.04906, 2023.

[42] Christensen M, Vukadinovic M, Yuan N, et al. Vision–language foundation model for echocardiogram interpretation[J]. Nature Medicine, 2024: 1-8.

[43] Saab K, Tu T, Weng W H, et al. Capabilities of gemini models in medicine[J]. arXiv preprint arXiv:2404.18416, 2024.

[44] Abramson J, Adler J, Dunger J, et al. Accurate structure prediction of biomolecular interactions with AlphaFold 3[J]. Nature, 2024: 1-3.

[45] Jumper J, Evans R, Pritzel A, et al. Highly accurate protein structure prediction with AlphaFold[J]. Nature, 2021, 596(7873): 583-589.

[46] Li J, Wang S, Zhang M, et al. Agent hospital: A simulacrum of hospital with evolvable medical agents[J]. arXiv preprint arXiv:2405.02957, 2024.

[47] Zhang X, Xiao Z, Wu X, et al. Pyramid Pixel Context Adaption Network for Medical Image Classification With Supervised Contrastive Learning[J]. IEEE Transactions on Neural Networks and Learning Systems, 2024.

[48] Jiang H, Gao M, Liu Z, et al. GlanceSeg: Real-time microaneurysm lesion segmentation with gaze-map-guided foundation model for early detection of diabetic retinopathy[J]. IEEE Journal of Biomedical and Health Informatics, 2024.

[49] Zhang X, Xiao Z, Fu H, et al. Attention to region: Region-based integration-and-recalibration networks for nuclear cataract classification using AS-OCT images[J]. Medical Image Analysis, 2022, 80: 102499.

[50] 苏凯，赵苏砚.VR 虚拟现实与 AR 增强现实的技术原理与商业应用[M].北京：人民邮电出版社，2017.

[51] 陈龙强，张丽锦. 虚拟数字人 3.0：人"人"共生的元宇宙大时代[M]. 北京：中译出版社，2022.

[52] 张以哲. 沉浸感：不可错过的虚拟现实革命[M]. 北京：电子工业出版社，2017.

[53] 布鲁诺阿纳迪，帕斯卡吉顿. 虚拟现实于增强现实-神话与现实[M]. 北京：机械工业出版社，2020.

[54] 马修·鲍尔. 元宇宙改变一切[M]. 杭州：浙江教育出版社，2022.

[55] 叶毓睿 李安民 李晖. 元宇宙十大技术[M]. 北京：中译出版社，2022.

[56] 沈寓实. 人工智能伦理与安全[M]. 北京：清华大学出版社，2021.

[57] Cao, H., Tan, C., Gao, Z., Xu, Y., Chen, G., Heng, P. A., & Li, S. Z. A survey on generative diffusion models[J]. IEEE Transactions on Knowledge and Data Engineering, 2024.

[58] Alslaity, A., & Orji, R. Machine learning techniques for emotion detection and sentiment analysis: current state, challenges, and future directions[J]. Behaviour & Information Technology, 2024, 43(1), 139-164.

后 记

今年已经是笔者团队在南方科技大学开展多媒体信息处理课程的第 5 年。这 5 年里，多媒体技术日新月异，我们的课件也不停地更新换代。为了挖掘学生们的心声、探寻学生们对于多媒体技术课程的真实诉求，我们不断地收集来自选课同学的评价与反馈，来帮助完善课程设置、课件内容以及本书的知识架构和体系。

以下是学生们的感受与收获的原文收录，希望与其他高校的多媒体技术授课教师共勉。

刘江老师的课堂总能让人收获满满，其中不仅包括扎实的理论知识、前沿的科研进展、生动有趣的课堂互动，更重要的是为我们架起了一座从理论到实践的桥梁。2022 年，在刘江老师的课堂上，我们与深圳市第三人民医院合作开展了一项基于 HoloLens 的骨科手术 AR 模拟平台项目。在骨科医生的指导下，我们从 CT 图像中重建并注释了三维骨骼模型，并在平台上以可交互的方式展示注释的骨骼全息图，这有助于为骨科手术提供更全面的术前指导。纸上得来终觉浅，通过这个项目，我更深刻地理解了多媒体技术切实应用在临床上可能会遇到的难题，并积累了解决这些难题的经验。这些宝贵的经验为我从南方科技大学毕业后的发展提供了有力的帮助。

——南方科技大学 2018 级本科生 周颖泉

刘江老师的多媒体信息处理课程是我在南方科技大学上过的最有意义的课程之一。不同于其他课程主要偏向于理论教学，刘江老师的课程在教授必要的理论基础之上增加了许多实践内容，尤其是贴近生产的实践。通过刘江老师的多媒体信息处理课程，我得以与南方科技大学附属医院的医生们取得联系，并在他们的指导下，与小组同学设计并完成了一套简单的手术导航系统。这次宝贵的经历不仅让我对机器学习有了更深的理解，更让我对如何将机器学习应用到解决实际问题上有了新的认识。在看到了人工智能的强大的同时，我也看到了我所掌握的知识距离落地还有很大的鸿沟。

——南方科技大学 2019 级本科生 董叔文

多媒体信息处理是我大学生涯中最印象深刻的一门课程。首先，我要赞美这门课的老师刘江，他是一位极富激情和专业知识的教育家，总是用生动的案例和实际应用场景来讲解课程内容，让抽象的理论变得具体而有趣。在这门课上，我们学习了图像处理、音频处理和视频处理等多个方面的内容。刘江老师还为我们提供了宝贵的项目机会，让我们能够与南方科技大学医院的骨科专家面对面交流并合作完成"人体上肢肘关节的神经图像手术导航"项目。通过课堂教学与项目实践的双重驱动，我了解到了多媒体技术对于各大领域尤其是医疗领域的巨大潜力。

——南方科技大学 2019 级本科生 徐驰

多媒体信息在生活中几乎无处不在，通过选修刘江老师的多媒体信息处理课程，我第一次对人工智能多媒体计算和信息处理技术有了系统的认知。该课程在帮助我快速学习基础知识的同时，也通过项目实践让我体验到了其如何在真实场景中改变人们的生活，深刻地影响了我未来科研和工作方向的选择。相信该课程可以在未来帮助更多同学更加全面地了解人工智能多媒体计算的相关知识。

——南方科技大学 2020 级本科生 莫砚成

通过刘江教授的多媒体信息处理课程，我对多媒体技术的未来发展充满了期待。在课程中，刘江老师用他独特的教学风格带领我们学习了多媒体的知识，同时让我们发散思维，甚至让学生自己去决定自己的主题，但他也会对我们的实践项目做出有针对性的评估和指导，真正意义上帮助我们将所学到的知识融入到课程项目中。这种课程项目的方式，不仅让我们从多个角度全面学习和熟悉了多媒体知识，同时也为我们后续的科研道路进行了很好的启发。

——南方科技大学 2020 级本科生 曾令玺

在 2024 的春季学期，我选修了刘江老师的多媒体信息处理课程。经过 16 周的课程学习和项目制作，我对于多媒体的概念有了新的理解。在刘老师提倡的"弱监督学习"教学模式下，课堂以外我们并没有繁多的任务，从而获得了更多自我探索知识的时间，可以随着课程的引导深入思考和探索感兴趣的部分。在第 12 周的课堂上，我对图像和视频信息处理中的生成技术产生了强烈兴趣，因此，我在课后查阅了很多文献查阅和书籍，并通过在实验课上与老师和同学们交流收获良多。

——南方科技大学 2021 级本科生 冯泽欣

刘江老师的多媒体信息处理课程让我深入理解了多媒体技术的概念、发展历程和以及它的广泛应用。该课程系统讲述了文本、语音、图像、动画、图形和视频等多种媒体形式以及融媒体的应用，并科普了多媒体的最新技术，比如 2024 年刚刚问世的视频生成模型 Sora 等，大大提高了我们对多媒体的兴趣。此外，刘江老师十分注重理论与实践相结合，为我们提供了丰富的项目实践平台。我和组员们跟随自己的兴趣萌生了"眼睛里有你"这个项目的想法，而刘江老师不仅为我们的项目给出了建设性意见，还为我们提供了仪器和人员支持。

——南方科技大学 2022 级本科生 张伟祎

在大二的下学期，我有幸选修了刘江老师的多媒体信息处理课程，该课程涵盖了文本、语音、图像、视频、动画等多种多媒体形式及其应用。刘江老师的教学方式独特且富有激情。他通过生动的案例和实际应用场景，让我们能够更直观地理解抽象的理论知识。在刘老师和授课团队悉心指导的课程项目中，我们学会了如何将所学知识应用到解决实际问题上，同学们的工程能力也得到了锻炼。在课程中，我不仅掌握了多媒体技术的基础知识和技能，还对其在实际生活中的应用有了更深刻的理解。

——南方科技大学 2022 级本科生 李嘉霖